KB272307

외계인 방정식

과학적으로
외계인
찾는
법
외계인 ✕ 방정식
문학수첩
애덤 프랭크 지음
이강환 옮김

문학수첩

브루스 발릭Bruce Balick 교수님께

저는 항상 신입생들에게 좋은 박사 지도교수를 선택하는 것이
대학원에서 내리는 가장 중요한 결정이라고 말합니다.
저는 그렇게 했습니다.
정말 운 좋게도 교수님을 만났기 때문입니다.
과학자의 삶이 어떤 모습이어야 하는지를
몸소 보여주셔서 감사합니다.
창의성, 친절, 즐거움, 정확성이었습니다.

····················· ✕ CONTENTS ✕ ·····················

THE LITTLE BOOK OF ALIENS

일러두기
· 이 책은 2023년에 출간된 Adam Frank의 *The Little Book of Aliens*를 번역한 것이다.
· 인명, 과학 용어 등의 표기는 국립국어원 외래어표기법을 따랐다.
· 저자가 원문에서 이탤릭으로 강조한 부분은 굵게 표기했다.
· 본문의 각주(*, **, …)와 미주(1, 2, …)는 모두 저자가 단 것이며, 역주는 본문에 '—옮긴이'로 표시했다.

모두가 외계인을 좋아한다. 나는 이것을 잘 안다. 모두가 나에게 자기가 외계인을 좋아한다고 말하기 때문이다. 내가 천체물리학자라고 하면 사람들이 가장 먼저 묻는 질문이 우주의 생명체에 관한 것이다. "외계인이 존재하나요?"라는 질문은 "사람이 죽으면 어떻게 되나요?"와 같은 특별한 질문 중 하나다. 의견은 많지만 정답은 없고, 무엇보다도, 실제로 답을 알게 되면 세상이 바뀔 것이다.

중요한 건, 나도 외계인을 좋아한다. 사실 나는 어렸을 때부터 외계인을 좋아했다. 다섯 살 때 아버지의 대중 SF 잡지를 발견하고 처음 매료되었다. 모든 호의 표지에는 우주선, 황량한 달, 벌레 눈의 외계 괴물 그림이 실려있었다. 그 순간부터 나는 별과 외계 생명체에 대해 가능한 한 모든 것을 알아야 한다는 사명감을 갖게 되었다. 이 집착은 나를 꽤나 성가신 아이로 만들었지만(예를 들어, 빛의 속력을 소수점 넷째 자리까지 말하는 것을 좋아했다), 현존하는 온갖 다큐멘터리,

형편없는 SF 영화, 〈스타 트렉Star Trek〉 재방송을 시청하게 만들기도 했다. 외계인에 대한 그 어떤 묘사도 나에게는 저 먼 곳에서 발견되기를 기다리고 있는 존재의 가능성을 꿈꾸게 하기에 충분했다.

내가 우주에 최고로 집착하던 어린 시절인 1970년대는 우주 생명체에 대한 과학적 탐구가 거의 시작되지 않았을 때였다. 소수의 용감하고 결단력 있는 선구자들만이 '외계 지적 생명체 탐색SETI'에 나섰고, 그들 대부분은 동료들의 비웃음을 샀다. 과학계에서 SETI는 기껏해야 '저 바깥에 있는' 미미한 것으로 여겨졌다. 이러한 무시에는 편견이 크게 작용했다. 당시에는 우주적 맥락에서 생명체 문제를 생각하는 천문학자가 많지 않았기 때문이다. 그리고 그 당시에는 똑똑하든 그렇지 않든, 별들 사이에서 생명체를 찾기 위한 진정한 과학적 탐색을 할 방법이 많지 않았던 것도 사실이다.

무엇보다도 우리는 은하계에 태양 주위를 도는 8개 행성 외에 다른 행성이 있는지 몰랐다. 이것은 치명적인 문제였다. 과학자들은 간단한 생명체라도 존재하려면 행성이 있어야 한다고 생각하기 때문이다. 그러므로 외계 행성의 예가 하나도 없다는 것은 말 그대로 어디를 찾아야 할지 모른다는 것을 의미했다. 그리고 우리는 행성과 생명체가 어떻게 함께 진화하여, '고등' 동물과 기술 문명까지 등장할 만큼 긴 시간인 수십억 년 동안 세계를 살 수 있는 곳으로 유지하고 있는지에 대해서도 잘 알지 못했다. 요컨대, 우주에서 외계 생명체를 찾는 데에서 우리는 거의 암흑 속에 있었다.

이제 더 이상 그렇지 않다.

여러분이 이 글을 읽는 지금, 인류는 가장 위대하고 중요한 여정의

끝자락에 서있다. 지난 30년 동안 우주의 생명체에 대한 과학적 탐구 분야는('우주생물학'이라고 불린다) 폭발적으로 증가했다. 우리는 은하의 **모든 곳**에서 행성을 발견했고, 이 새로운 세계의 대기에서 외계 생명체의 흔적을 찾으려면 어디를 어떻게 보아야 하는지 알아냈다. 그리고 생명체가 살고 있는 세계로서 지구의 40억 년에 가까운 역사를 깊이 들여다보았다. 이러한 관점에서 우리는 행성과 생명체가 함께 진화하는 방식에 대한 새롭고 강력한 통찰력을 얻었다. 생명체가 오랜 세월에 걸쳐 지구의 진화를 이끌어 온 방식을 살펴보면 먼 행성에서 무엇을 찾아야 할지에 대한 단서를 얻을 수 있다(예를 들어 산소는 일반적으로 생명체가 있어야만 대기 중에 존재할 수 있다). 우리는 또한 우리 태양계의 모든 행성에 로봇 사절단을 보냈다. 바퀴나 착륙 패드를 장착한 탐사선들은 지상에 착륙하여 현재 혹은 먼 과거에 존재했을 수 있는 생명체의 증거를 찾기 위해 이웃 행성들을 탐사하기 시작했다. 가장 중요한 것은, 놀랍도록 강력한 차세대 망원경을 발사했고 또 제작 중이라는 점이다. 이러한 도구를 통해 우리는 결국 우주의 생명체에 대한 우리의 **견해**를 서로에게 외치는 수준을 넘어서게 될 것이다. 대신, 외계 생명체가 존재하는지, 어디에, 언제 존재하는지에 관한 진정한 과학적 관점을 얻게 될 것이다.

외계 행성에서 지구의 오랜 역사에 이르기까지, 이 모든 새로운 발견들은 우리가 생각하는 SETI의 개념을 변화시키고 있다. 과학자들이 '기술 흔적*'이라고 부르는 새로운 연구 분야가 떠오르고 있는데,

---

* 일부 과학자들은 이 분야를 여전히 'SETI'라 부르고 있고 그것도 상관없다. 하지만 나를 포함한 많은 사람들은 '기술 흔적'이라는 용어가, 우주의 '진보된' 생명체 관련 연구에서 변화하고 있는

이 분야는 SETI의 '고전적인' 노력을 수용하면서 지적 생명체 탐색을 새로운 형태와 방향으로 발전시키고 있다. 은하계에 행성이 넘쳐난다는 것은 이제 외계 문명을 어디서 어떻게 찾아야 할지 정확히 알게 되었다는 뜻이다. 누군가가 자신의 존재를 알리는 신호탄을 발사해 주기를 바라는 대신(1세대 SETI의 전제 중 하나), 이제 우리는 그 문명이 '문명화'를 진행하고 있을지도 모르는 행성을 직접 살펴볼 수 있게 되었다. 외계 사회의 일상적인 활동의 흔적(기술 흔적)을 탐색하여 우리는 문명을 건설하고 있는 지적 생명체를 찾을 수 있는 완전히 새로운 도구들을 구축하고 있다. 이 도구들은 문명을 건설하지 않은 생명체도 찾을 수 있게 해줄 것이다. 망원경으로 외계 미생물이나 외계 숲으로 뒤덮인 행성의 흔적(생명 흔적)을 찾아낸다면 인류가 우주에서 자신의 위치를 바라보는 관점에도 큰 변화가 있을 것이다.

이제 드디어 우리는 내가 어렸을 때 그렇게도 집착하던 그런 외계인을 찾는 길에 들어섰다. 혹은 우주에 정말 우리뿐인지 알아가는 중이라고 할 수도 있겠다. 어떤 답이든 멋질 것이다. 정말 흥분되는 순간이다.

하지만 혼란스러운 순간이기도 하다. 외계 생명체에 대한 과학적 탐색이 활발해지면서 바로 지금 지구를 방문하고 있을 것으로 추정되는 외계인에 대한 관심도 폭발적으로 증가하고 있다. 지난 몇 년 동안 미국 전투기 조종사가 촬영한 영상들에는 일반 항공기로는 불가능한 방식으로 비행하는 것처럼 보이는 흐릿한 물체가 몇 개 등장했

모든 면을 정확하게 포착한다고 본다.

다. 이 영상들로 인해 미확인 공중현상Unidentified Aerial Phenomena, UAP이 주목을 받으면서 외계인 논쟁에 대한 관심이 높아졌다. 그러나 UAP 논란은, 외계인이 존재할 가능성이 가장 높은 곳(즉, 외계 행성)에서 외계인을 찾기 시작하면서 크게 도약하고 있는 과학 관련 이슈를 혼동하게 만들기도 한다.

UAP는 미확인 비행물체UFO에 대한 미국 정부의 새로운 명칭으로, 수년 동안 현대 문화를 사로잡아 온 주제다. 외계인 방문자로서의 UFO는 《엑스 파일》부터 〈인디펜던스데이〉, 〈놉〉에 이르기까지) 다양한 SF의 소재가 되었다. 실제 존재 가능성은 과학자들에 의해 대부분 무시되어 왔다. 대다수의 천문학자들은 UFO를 오인된 자연현상, 국방과 관련된 물체 또는 그저 의도적인 사기극으로 보고 있다. 그런데 2021년에 미국 정부는 명확하게 설명할 수 없는 100건 이상의 UAP 목격 사례를 공개했다. '설명할 수 없다'는 것은 설명을 시작할 수도 없을 만큼 자료가 충분하지 않거나 좋지 않다는 것을 의미한다고 대부분의 과학자들이 강조했음에도 불구하고 UAP 영상에 대한 언론의 열광적인 관심은 멈추지 않았다. 그리고 여전히, 정부의 새로운 관심으로 인해 "이런 일들이 정말 외계인과 관련이 있는 것일까?"라는 의문이 남는다.

한편에서는 우주생물학과 기술 흔적이 획기적으로 발전하고 있고, 다른 한편에서는 UAP에 대한 보도가 쏟아지는 사이에서 외계인은 큰 뉴스거리다. 우리는 그 어느 때보다 알고 싶어 한다. 저 밖에 다른 존재가 있을까? 나는 과학자들이 바라보는 외계인의 모습, 과학자들이 찾고자 노력하는 확실한 대답, 그리고 무엇보다도 우리가 그 대답에 얼마나 가까이 다가갔는지에 대한 이해를 돕기 위해 이 책을 썼다.

천체물리학자로서 경력의 상당 기간 동안 나는 덜 괴상한 것들을 연구했다. 나는 로체스터 대학에서 학생들과 함께 세계에서 가장 강력한 컴퓨터를 사용하여 거대한 성간 기체 구름에서 별이 어떻게 만들어지는지, 그리고 거대한 항성풍에 의해 성간 기체 구름이 어떻게 찢겨 죽는지 탐구하는 '계산 천체물리학' 연구 그룹을 운영했다. 이것은 정말 멋진 프로젝트였고, 나는 이 프로젝트의 결과물을 정말 좋아했다. 하지만 우주 생명체에 대한 어린 시절의 관심은 결코 잃지 않았다. 그래서 약 10년 전에 외계 행성과 그 대기를 연구하는 우주생물학 연구 프로그램을 시작했다. 그러다가 우주생물학의 관점에서 기후변화에 대해 생각하기 시작했고, 모든 문명이 나름의 온난화를 유발할 수 있다는 가정을 세웠다.

그런데 2019년에 동료들과 함께 외계 행성 기술 흔적 연구를 위한 NASA의 첫 번째 지원금을 받게 되면서 내 인생은 완전히 바뀌었다. 그러니까 NASA에서 외계 문명을 찾는 최선의 방법을 연구할 수 있도록 자금을 지원하기 시작한 것이다. 우리는 국제회의에서 저녁 식사를 하면서(그리고 맥주를 마시면서) 외계 행성 발견과 그것이 지적 생명체 탐색에 어떻게 도움이 될 수 있는지에 대한 생각에 너무 흥분한 탓에(맥주가 있었다) 지원금을 신청했다. 그런데 NASA는 우리가 생각했던 것과 같은 프로젝트에 자금을 지원한 적이 없었다. 사실, 의회에서 세금을 낭비한다는 이유로 SETI 연구 자금 지원을 중단한 지 몇 년이 지난 후에도 NASA는 우주 지적 생명체 연구에 자금을 거의 지원하지 않았다.

그래서 제안서를 제출할 때만 해도 크게 기대를 하지 않았다. 하지만 놀랍고, 기쁘고, 즐겁게도(더 많은 맥주를 먹었다) 제안이 채택되었다. 새로운 지평이 열렸다. 인류 역사상 가장 흥미진진한 탐험을 할 기회가 주어진 것이다. 이것은 이 분야의 이정표이자 우주의 생명체에 관한 과학적 사고에 얼마나 많은 변화가 있었는지를 인정하는 일이었다. 그 이후로 우리를 비롯한 여러 연구자들은 새로운 영역으로 나아가고 있다. 우리 모두는 외계 생명체와 외계 문명에 대한 진정으로 체계적이고 과학적인 탐색을 준비하고 있다. 그 탐색은 **이제** 막 시작되었다.

바로 이 지점에서 나는 왜 모든 사람들이 외계인에 대해 궁금해하는지 뼛속 깊이 이해하고 있다. 하지만 과학에—SETI에서부터 우주생물학, 기술 흔적에 이르기까지—관심이 있다면, 어디서부터 시작해야 할까? 앞으로 일어날 일을 이해하기 위해 알아야 할 역사, 개념, 용어가 복잡하게 얽혀있다. 예를 들어 드레이크 방정식이란 무엇이며, 왜 그렇게 중요한가? 페르미 역설이란 무엇이며, 이 역설을 해결하기 위해 실제로 얼마나 많은 SETI 탐색이 이루어졌나? 외계 행성은 몇 개나 있으며, 그중 어떤 것이 중요할까? 기술 흔적(또는 생명 흔적)이란 무엇이며, 어떻게 찾을 수 있을까? 그리고 UFO/UAP는 무엇일까? 그것들을 진지하게 받아들여야 할까? 만약 그렇다면 어떤 질문을 어떻게 해야 할까?

이 책의 목표는 현재 일어나고 있는 일과 곧 일어날 일, 그리고 그것이 왜 그렇게 중요한지에 관한 개괄적인 개요를 제공하는 것이다. 이 책을 쓰면서 가장 큰 목표는 모든 질문의 어머니라고 할 수 있는 다음과 같은 질문을 둘러싼 온갖 놀라운 질문과 이슈에 대해 빠르고 재미있게 알아가는 길을 제시하는 것이었다.

우주에는 우리뿐인가?

그러니 준비하시라. 이제 여정을 시작할 시간이다. 다뤄야 할 내용이 많다. 하지만 여정이 끝날 때쯤이면 외계인에 대해 (적어도 지금) 알아야 할 모든 것을 알게 될 것이다. 그때부터 여러분은 이 위대한 발견의 항해에 동참할 준비가 된 것이며, 누군가 '그들을' 찾았다고 말할 때 준비된 사람이 될 것이다. 결국 우리는 그저 믿기를 원하는 것이 아니기 때문이다. 우리는 알아야 한다.

그들은 어떻게 여기에 왔을까?

외계인에 대한
오래된 질문은
어떻게 현대적 형태를
띠게 되었나

THE LITTLE BOOK OF ALIENS

손을 한번 보라. 이상한 말 같지만 잠시만 보라. 여러분의 손과 몸의 모든 세포 안에는 약 30만 년 전 호모 사피엔스의 기원으로 거슬러 올라가는 조상 모두의 유전적 기억이 담겨있다. 이는 1만5천여 명의 증조, 고조, 그리고 더 위 조상들의 기억이다. 여러분은 수많은 사람을 품고 있다. 그리고 시간을 거슬러 올라가 모든 할머니와 할아버지들이 인생의 일부를 맑은 밤하늘의 별을 바라보며 보냈다고 장담할 수 있다. 그게 무슨 의미일까? 외계인에 관심이 있는 사람이 여러분만은 아니라는 의미다. 여러분의 부모님도 그랬다. 조부모님, 증조부모님, 고조부모님, 더 위 조상들도 그랬다.

좋다. 정확하게는, **여러분의** 부모님이나 14세기에 살았던 **여러분의** 먼 조상은 외계 생명체에 집착하지 않았을 수도 있다. 하지만 그 세대의 다른 누군가가 외계 생명체에 대해 열심히 생각하고 있었다는 것은 확신할 수 있다. 우주의 생명체에 대한 논쟁은 논쟁 그 자체만큼이나 오래된 것이기 때문이다. "우주에는 우리뿐인가?"라는 질문은 정말정말 오래된 질문으로 밝혀졌다.

생명체가 살고 있는 다른 행성의 존재에 관한 논쟁은 아주아주 오래전으로 거슬러 올라가며, 그 논쟁의 양상을 이해하는 것이 중요한데, 논쟁의 열기가 매우 뜨거울 수 있기 때문이다. 더 중요한 것은 이러한 오래된 논쟁이 20세기 중반에 일어난 거대한 변화 및 오늘날의 폭발적인 가능성과 관련한 일종의 무언의 배경으로 자리 잡고 있다는 점이다. 제2차 세계대전 이후 로켓, 라디오, 레이더, 원자폭탄 기술은 우주와 외계 문명의 가능성에 대한 우리의 생각을 변화시켰다. 이것은 또한 UFO 목격담이 널리 알려지고 기록되면서 외계인에 대한 생각이 대중의 의식 깊숙이 자리 잡게 된 첫 번째 물결을 일으켰다. 이 첫번째 장에서는 인류만큼이나 오래된 질문이 어떻게 답을 얻을 준비가 된 이 미친 듯이 놀라운 순간에 이르렀는지 그 역사를 살펴본다.

정말 오래된 질문
역사를 통한 외계인 논쟁

외계인에 관한 논쟁은 적어도 고대 그리스 시대까지 거슬러 올라간다. 가장 유명한 그리스 철학자 중 한 명인 아리스토텔레스는 '외계인 비관론자'였다. 여러분은 그를 알겠지만 어떤 면은 모를 수도 있다. 서기전 350년경*에 살았던 아리스토텔레스는 예술의 본질부터 생물

---

* 이러한 논쟁의 오래된 역사에 대해 알아볼 수 있는 좋은 자료로 스티븐 J. 딕(Steven J. Dick)의 《여러 세계: 데모크리토스부터 칸트까지의 외계 생명체 논쟁》(케임브리지 대학 출판부, 1984)이 있다.

학의 본질에 이르기까지 모든 것에 관한 정교한 사상을 발전시켰다. 아리스토텔레스는 다른 행성의 생명체와 관련해서는 지구가 전적으로 유일하다고 확신했다. 아리스토텔레스에게 지구는 말 그대로 우주의 중심이고, 태양과 5개의 행성(망원경 없이 볼 수 있는 수성, 금성, 화성, 목성, 토성)이 지구 주위를 돌고 있었기 때문이다. 아리스토텔레스는 지구가 매우 특별하다고 생각하여 우주를 달 궤도 아래의 영역과 천상의 영역으로 나누었다. 생명과 그 모든 변화는 달 아래 영역에서만 일어날 수 있었다. 천상의 영역은 영원하고 변하지 않는 영역이었다. 이러한 관점에서 아리스토텔레스는 "하나 이상의 세계는 있을 수 없다"라는 유명한 선언을 했다. 전 우주 어디에도 지구와 같은 곳(고유한 생명체가 있는 곳)은 존재할 수 없다는 뜻이었다.

알다시피 아리스토텔레스는 당시와 그 후 1,900년 동안 큰 사상의 전형이었다. 결국 가톨릭교회조차도 그의 견해 중 일부를 교리로 채택하게 된다. 하지만 그렇다고 해서 약 2,350년에서 2,050년 전 헬레니즘 시대의 다른 그리스 철학자들이 모두 그 의견에 동의한 것은 아니었다. 예를 들어, 원자론자라고 알려진 사상가 그룹이 있었는데, 이들은 달 아래 영역과 천상의 영역 구분이 어리석다고 생각했다. 서기전 300년경에 살았던 에피쿠로스와 같은 원자론자들에게 우주의 모든 것은 원자라는 쪼갤 수 없는 작은 물질로 만들어진 것이었다. 이 원자들은 우주를 빠르게 돌아다니면서 충돌하고 그 과정에서 온갖 방식으로 결합했다. 우주의 일부인 이곳 지구에서도 원자들이 충돌하여 지구와 지구의 온갖 생명체가 만들어졌다.

그런데 원자는 어디에나 존재하고 모든 것은 원자로 이루어져 있으므로, 에피쿠로스는 우주에는 다른 행성이 많이 존재해야 하고 그 중 많은 행성에 생명체가 살아야 한다고 추론했다. 다른 경우는 있을 수 없었다. 원자가 보편적이라면 지구가 어떻게 특별할 수 있겠는가? 이러한 관점은 에피쿠로스를 '외계인 낙관론자'로 만들었고, 그는 아리스토텔레스의 관점에 반격하여 "우리가 사는 이 세계와 같은 세계와 다른 세계가 무한히 존재한다.… 더구나, 모든 세계에는 우리가 이 세상에서 보는 동식물과 다른 존재가 살고 있다는 것을 믿어야 한다"라고 말했다.

외계인 낙관론자와 외계인 비관론자, 이 두 입장의 세부적인 내용은 몇 세기에 걸쳐 변화해 왔지만, 그 기본 윤곽이 2,000년도 더 전의 기록으로 남아있다는 것은 상당히 놀라운 일이다. 이것은 '여러분의 증조-증조-증조부모' 식으로 약 백 번을 반복해야 하는 과거다. 그렇다. 사람들은 오랫동안 외계인에 대해 논쟁을 벌여왔다.

서기 500년경 로마 제국이 멸망한 후 천문학의 발전은 페르시아와 여러 이슬람 제국으로 옮겨갔다. 위대한 이슬람 사회의 천문학자들은 그리스 천문학을 기반으로 새롭고 더 정확한 별 지도를 만들고, 아리스토텔레스가 믿었던 지구 중심 우주에 대한 새로운 아이디어를 추가했다. 이들 역시 이슬람 신학적 관점을 더하여 낙관론자와 비관론자 사이에서 논쟁을 벌였다. 일부 학자들은 쿠란이 다른 세계와 다른 인간의 가능성을 지지한다고 주장했다. 그 후 유럽이 암흑시대에서 벗어나 1500년대에 새로운 과학적 탐구를 시작하면서 논쟁은 더욱 뜨거워졌다.

16세기 후반, 급진적인 도미니크회 수도사 조르다노 브루노 Giordano Bruno가 등장했다. 브루노는 코페르니쿠스주의자로, 지구가 아닌 태양을 중심에 두고 태양계를 바라보는 폴란드 천문학자 니콜라우스 코페르니쿠스Nicolaus Copernicus의 관점을 믿었다. 모든 행성이 태양 주위를 돌기 때문에, 지구는 특별한 존재가 아닌 '그저 또 하나의 행성'으로 강등되었다는 의미다. 이 **태양 중심** 모형은 교회의 공식적인 관점인 아리스토텔레스의 **지구 중심** 모형에 반대하는 것이었다. 코페르니쿠스는 교회가 천문학적 이단에 휘둘리기를 좋아하지 않는다는 것을 알고 있었기 때문에, 죽을 때까지 안전하게 자신의 이론 발표를 미루었다.

조르다노 브루노는 그렇게 하지 않았다. 그는 지적으로 용감한 동시에 일종의 악당이어서, 그를 지지하는 대부분의 사람과 멀어졌다. 유럽의 도시에서 다른 도시로 쫓겨 다니면서도 브루노는 이단 사상에 대해 가톨릭교회가 용인하는 한계를 거침없이 뛰어넘었다. 브루노로서는 지구를 포함한 모든 행성이 태양 주위를 돌고 있다는 사실을 인정한다면, 별들이 다른 태양에 불과하다는 사실도 당연히 인정해야 했다. 거기에서 브루노는 모든 별이 자신의 주위를 도는 행성 가족을 가지고 있으며, 그중 일부에는 지구와 마찬가지로 생명체가 살고 있을 것이라고 추론했다. 교회의 견해는 "아니, 절대 그렇지 않아"였다. 결국 교회 사람들은 브루노를 붙잡았고, 그는 무시무시한 종교재판소로 끌려갔다. 여러 가지 공식적인 이유로 브루노는 이단으로 규정되어 로마의 광장으로 끌려가 말뚝에 거꾸로 묶인 채 화형을 당했다. 앞서 말했듯이 외계인 논쟁은 과거에 확실히 뜨거웠다.

불과 80여 년이 지나자 외계 생명체 관련 논쟁의 분위기는 상당히 식었다. 1687년 아이작 뉴턴Isaac Newton은 운동 법칙과 중력에 대해 설명하면서 현대 천문학을 출발시켰다. 그 무렵에는 태양 중심 모형이 승리한 상태였다. 교육을 받은 사람들은 모두 태양이 매일 아침 지평선 너머로 떠오르는 것이 아니라는 데 동의했다. 지평선이 지면서 태양이 드러나는 것이었다. 이러한 새로운 지적 환경에서 베르나르 드 퐁트넬Bernard de Fontenelle이라는 프랑스인이 1686년에 《여러 세계에 관한 대화Entretiens sur la pluralité des mondes》를 썼다. 널리 읽힌 이 책은 우주가 행성과 생명체로 가득 차있다고 주장했다. "고정된 별들은 수많은 태양이며, 그 모든 태양들은 그 세계에 빛을 비추고 있다." 드 퐁트넬은 분명 외계인 낙관론자였다. 한 세기 반 후, 찰스 다윈Charles Darwin의 진화론이 소개되면서 생명체와 행성에 관한 완전히 새로운 논의의 틀이 생겨났고, 이는 외계인 낙관론에 유리하게 작용했다. 진화가 지구에서 암석과 물, 에너지로 생명체를 만들어 냈다면 다른 곳에서도 그렇게 하지 못할 이유가 어디 있는가?

그러나 20세기에 접어들면서 생물학이 아닌 천문학에서의 새로운 발견으로 인해 생명체는 놀라울 정도로 희귀해 보이게 되었다. 천문학자들이 지구와 같은 행성이 놀라울 정도로 드물 것이라는 결론을 내렸기 때문이다. 1910년까지 행성 형성에 대한 지배적인 이론은 두 별이 거의 충돌할 뻔해야 한다는 것이었다. 두 별이 서로 가까이 지나갈 때 서로의 중력이 두 별의 물질을 우주로 날아가게 하고, 그 물질이 뭉쳐져 행성이 된다는 것이다. 그러나 계산 결과 별들은 거의 충돌하지 않는 것으로 나타났다. 즉, 행성은 거의 만들어지지 않는다는 말이었다. 행성이 없다는 것은 생명체가 없다는 것을 의미하기 때문에, 1940년대 후반까지도 대부분의 과학자들은 어떤 종류의 외계인도 존재 불가능하다고 생각했다.

큰 그림으로 보면, 2,500년 동안 사람들이 같은 질문을 반복해서 던져왔다는 것을 알 수 있다. 그 시간 동안 여러 세대에 걸쳐 이 질문은 조금씩 다른 형태를 띠었다. 지구가 우주의 중심인가? 다른 행성이 있는가? 다른 곳에도 생명체가 존재할까? 하지만 그 모든 과정에서 변하지 않은 것은, 누구도 단서를 가지고 있지 않다는 것이었다. 외계인에 대한 질문은 지구에 사는 사람들에게 서로 불같은 논쟁을 벌이게 하는 것일 뿐이었다. 그건 그들의 **의견**일 뿐이지, 뭐.

하지만 1950년대의 운명적인 10년이 지나면서 상황이 바뀌기 시작했다. 앞으로 살펴보겠지만 '외계 생명체의 과학'을 향한 첫걸음을 내디딘 것이 바로 이 시기다. 그러니까 외계인에 대한 질문은 아주 오래된 것일지 모르지만, 그 질문에 답할 수 있는 우리의 능력은 아주아주 새로운 것이다. 이것이 이 책의 나머지 부분에서 다룰 이야기다.

페르미의 역설
왜 이렇게 조용한가?

인공조명에서 충분히 멀리 떨어져 있으면 밤하늘은 압도적이다. 깊은 산속이나 사막에서는 지평선 끝에서 끝으로 이어지는 은하수의 빛나는 띠를 비롯해 별들이 찬란하게 빛난다. 하지만 우리 대부분은 빛으로 오염된 도시 한가운데에 살기 때문에 이런 광경을 볼 기회가 거의 없다. 현대사회의 많은 사람들이 인공조명을 필요로 하는 탓에 이 고대로부터의 경외감을 느끼지 못하는 상황은 기묘하다. 우리 조상들은 우주의 어둠을 들여다보는 데서 오는 현기증에 익숙했다. 어두운 밤하늘에는 묘한 깊이가 있다. 마치 어딘가로 뻗어나가는 우주의 공허함을 느낄 수 있는 것 같다. 하지만 무엇보다도 수정처럼 맑은 밤하늘을 바라본 적이 있는 모든 인간과 우리를 하나로 묶어주는 깨달음이 찾아온다. "세상에, 온통 별이야."

지구 밖 생명체에 관한 인류의 오랜 논의를 이끌어 온 것은 밤하늘과 무한히 펼쳐진 별들의 파노라마에 내재된 가능성에 대한 본능적인 감각이었다. 우주에는 생명체가 존재할 수 있는 곳이 너무나 많은데 어떻게 우리뿐이겠는가? 그러나 이러한 주장은 외계 생명체 과학을 시작하는 측면에서는 큰 도움이 되지 않는다. 다른 행성의 생명체가 **언제, 어디서, 어떻게** 생겨날 수 있는지와 관련해 '그렇게 많은 별'을 어떻게 정량화할 수 있을까? 과학을 하려면 특정한 연구 프로그램을 구체화할 수 있는 구체적인 질문이 필요하다. 이러한 질문이 없으면 논쟁이 너무 흐릿해진다. 답을 향해 진전을 이루고 있는지조차 알기 어렵다.

지난 세기의 절반에 접어들면서 천문학과 물리학은 마침내 외계 지적 생명체(즉, 기술 문명*)에 대한 과학적 의문을 뒷받침할 만큼 충

---

* '문명'이라는 단어를 사용할 때 신중을 기해야 할 좋은 지점이다. 인류는 '우리'와 '그들'의 집단으로 스스로를 분리해 온 길고 비극적인 역사를 가지고 있다. 종종 '우리'는 문명을 가진 집단이고 '그들'은 야만인이나 그런 의미로 그 당시에 통용되던 별칭을 가진 집단이다. 나의 견해로는, 인간은 현재 뉴욕 북부에 있는 놀라운 세네카 연맹부터 로마 제국, 중국 당나라에 이르기까지 수많은 문명을 만들어 왔다. 하지만 이 책에서 우리가 관심을 두는 것은 기술적인 능력을 가진 종족이 성간 거리를 가로질러 자신들이 보이도록 만드는 방식이다. 여기에는 많은 에너지를 얻을 수 있는 능력이 필요하며, 아마도 우리가 최근에야 달성하기 시작한 수준의 기술을 필요로

분한 진전을 이루었다. 이러한 최초의 질문은 우연히 제기되었지만, 그 기원에 대한 이야기보다는 그 영향력이 중요하다. 우리가 지금은 '페르미 역설'이라고 부르는 질문은 과학자들에게 성간 외계 문명에 대한 최초의 잘 정리된 문제 중 하나를 던졌다. 페르미 역설은 10년 후에 등장한, 다음 섹션에서 다룰 드레이크 방정식과 함께 1950년대의 주목할 만한 10년을 장식한다.

엔리코 페르미Enrico Fermi는 다른 천재들을 수군거리게 하는 종류의 천재였다. 그는 사람들을 당황하게 만드는 과학적 문제의 핵심을 단번에 꿰뚫어 볼 수 있었다. 외계 문명에 대한 질문이 바로 그런 경우였다. 1950년 어느 늦은 아침,[1] 페르미와 몇몇 동료들은 당시 미국의 주 핵무기 연구소였던 로스알라모스 국립연구소에서 점심을 먹으러 걸어가고 있었다. 대화는 UFO 목격담으로 넘어갔다. 현대의 첫 번째 UFO 목격담 물결이 불과 3년 전에 시작되었다. 과학자들은 UFO가 외계인과 관련이 있다는 사실에 회의적이었지만, 성간 추진과 관련된 기술적 세부 사항을 포함하여 외계 문명의 가능성에 대해 서로 질문하기 시작했다. 전형적인 물리학자의 점심시간이다. 잠시 후 대화는 다른 주제로 옮겨갔고 동료들은 그저 점심 식사를 즐겼다. 얼마 후 페르미가 불쑥 말했다. "그런데 모두 어디 있는 거지?"

페르미는 점심을 먹던 그 순간, 별을 여행하는 기술적으로 진보된 문명이 정말 흔하다면 지구를 포함한 모든 곳에 그들이 **이미** 존재해야 한다는 것을 깨달았다. 이것은 별에 대한 경외심을 한 단계 더 끌

할 것이다. 내가 '문명'이라고 표현한 것은 바로 이런 의미이다.

어올리는 간단한 통찰이다. 페르미는 이렇게 물었다. 다른 행성에서 생명체가 쉽게 만들어지고 고도의 문명으로 쉽게 진화한다면, 왜 외계인이 타임스퀘어에 착륙하여 자신을 알리지 않았을까? 왜 그들은 진작에 여기 와서 길거리에서 우리와 대화를 나누거나 정부를 장악하지 않았을까? 페르미는 외계인이 흔하다면 지금쯤 여기 있어야 한다는 것을 알고 있었다. 페르미는 이것을 어떻게 알았을까? 답은 간단하다(페르미 같은 사람이 알려주면).

페르미의 통찰에 기반한 논리는 대략 다음과 같다. 빛의 속력보다 빠르게 이동할 수 있는 것은 없다. 이는 물리학의 기본 법칙이다. 그러니까 외계 우주선은 아무리 빨라도 빛보다 약간 느린 속력으로 여행해야 한다. 은하계는 수천억 개의 별들로 이루어져 있으며 끝에서 끝까지 약 10만 광년 길이로 뻗어있다. 거리(우리은하의 크기)를 속력(외계인이 이미 은하계를 날아다니고 있다면 아마도 광속의 10분의 1 정도를 달성했다고 가정해 보겠다)으로 나누면 페르미의 질문에 대한 답을 구할 수 있다. 기술적으로 진보된 문명이 항성계들을 가로질러 은하계를 횡단하려면 수십만 년이 걸릴 것이다(어쩌면 도중에 정착지를 건설할 수도 있다). 수명이 100년에 불과한 우리 인간에게는 수십만 년이 긴 시간처럼 느껴질 수 있지만, 은하의 나이는 약 136억 년이다. **훨씬** 더 오래된 것이다. 은하의 나이에 비추어 볼 때, 우주를 여행하는 생명체는 눈 깜짝할 사이에 은하계 어디든 도달할 수 있어야 하지만 지구에서는 아직 그 어떤 결정적인 증거도 발견되지 않았다. 기술적으로 진보된 외계 문명이 흔하다면, 우리는 이미 그 존재와 관련한 직접적인 증거를 가지고 있어야 한다.

바로 여기에 역설이 있다. 우리에게는 그런 증거가 없다. 그래서, 그러니까… 뭐? 사람들은 이 질문에 답하기 위해 많은 고민을 해왔다. 천문학자 마이클 H. 하트Michael H. Hart는 1975년 페르미의 통찰에 관한 유명한 논문을 발표했는데, 여기에서 하트는 타임스퀘어에 외계인이 나타나지 않았다는 것은 외계인이 결코 존재하지 않는다는 뜻이라고 주장했다. 하트에게는 페르미의 역설이 우리가 은하 전체에서 유일한 지적 생명체라는 것을 의미했고, 이야기는 끝났다. 별이 그렇게 많은데 외계인이 방문한 확실한 증거가 없다면, 하트가 내린 유일한 결론은 외계 지적 생명체는, 어쩌면 그냥 외계 생명체도 매우 드물다는 사실이었다.

다른 사람들은 아직 포기할 준비가 되지 않았다. 실제로 페르미의 역설을 설명하려는 과학 논문이 쏟아져 나왔다. 예를 들어, 은하는 외계인으로 가득 차있지만 외계인은 의도적으로 지구를 내버려두고 멀리서 우리를 지켜보고 있다는 동물원 가설이 있다. 우리가 동물원에서 동물을 보는 것과 마찬가지다. 칼 세이건Carl Sagan이 지지한 또 다른 가설은, 우주를 여행하는 외계 종의 확장은 자원 문제로 인해 항상 빠르게 멈춘다는 것이다. 은하 전체가 정착지가 되지 못하기 때문에 지구에 외계인 정착지가 없다는 것이다.

몇 년 전, 나도 그 재미있는 주제를 다루는 한 연구팀의 일원이었다. 우주를 여행하는 외계인이 어떻게 은하 전체로 퍼져나갈 수 있는지 더 잘 이해하기 위해 우리는 성간 정착을 시뮬레이션하는 방법을 만들었다. 먼저 우리은하에서 임의의 별을 도는 임의의 행성에서 하나의 문명이 진화했다고 가정했다. 그런 다음 빛의 몇 퍼센트의 속력으로 성간 거리를 가로지르는 우주선을 보내는 문명을 모델링했다. 우주선이 새로운 별에 도착하면 승무원들이 그 행성 중 하나에 정착하여 새로운 우주선을 만든다고 가정했다. 그런 다음 그 우주선은 근처의 다른 별들로 보내진다. 이런 식으로 우리는 하나의 문명이 은하를 휩쓸고 지나가는 정착촌의 눈사태를 '지켜볼' 수 있었다. 페르미가 1950년 그날 예측한 대로, 시뮬레이션의 결과는 그 문명이 은하 전체에 정착하는 데 불과 수십만 년에서 길어야 수억 년이 걸릴 것으로 나타났다(은하의 나이에 비하면 여전히 짧은 시간이다). 은하의 일부를 멸망시키는 초신성(폭발하는 별)을 포함한 그 어떤 것도 문명의 확장을 막지 못했다. 초신성으로 인해 생명체가 살 수 없는 '죽음의 지역'이 생긴다 하더라도 그 지역 밖에서 온 정착선이 금방 그 자리를 채울 수 있었다. 그 물결은 결코 멈추지 않았다. 칼 세이건은 틀렸다.

하지만 우리의 모형은 페르미 역설에서 벗어날 수 있는 방법을 보여주었다. 지구의 역사를 통해 알 수 있듯이, 문명은 영원히 지속되지 않는다. 외계 문명도 마찬가지이며, 정치, 전쟁, 질병, 그리고 초신성과 같은 자연재해처럼 우리가 이해하는 이유로 인해 실패할 수 있다. 또한 디지털 기술을 좀비 킬러로 만드는 아원자 슈퍼 기생충과 같은 우리가 경험하지 못한 원인으로 인해 종말을 맞을 수도 있다. 방금 지어낸 이야기다. 할리우드에 전화해서 설명하는 동안 내 술잔 좀 들고 있어달라.

핵심은, 시뮬레이션에서 정착지가 결국에는 일정한 비율로 소멸하도록 허용하면 새로운 효과가 나타난다는 것이다. 주어진 시간에 별들 사이를 오가는 외계인이 많을 수 있지만, 정착 행성이 결국 사라진다는 사실은 은하의 거주지 지도에 항상 구멍이 생긴다는 것을 의미했다. 별들이 서로 충분히 멀리 떨어져 있다는 조건이 맞는다면, 그 구멍은 오랫동안 메워지지 않을 수도 있다. 그래서 우리는 상대적으로 큰 우주 주머니가 수백만 년 동안 거주지가 없는 채로 남아있을 수 있음을 발견했다. 만약 우리 태양계가 이러한 빈 주머니 중 하나, 즉 우리 종이 비교적 최근에 생겨났을 때 비어있던 곳이었다면 지금 여기에 외계인이 없는 이유가 설명될 수 있다. 하지만 이것은 외계인이 오고 있을 수도 있다는 뜻이기도 하다.

물론 UFO가 외계 방문자라고 믿는 사람들에게는 이미 외계인이 왔기 때문에 전혀 역설이 아니다. 하지만 이것은 왜 그들이 (대부분) 숨어있는가 하는 의문을 제기한다. 다음 장에서 살펴볼 것처럼, UFO를 외계인으로 보는 것의 문제는 왜 외계인은 항상 숨으려고 하는지와 그들은 왜 그렇게 숨는 데 서투른지를 동시에 설명해야 한다는 것이다.

점심을 먹으며 그 말을 내뱉은 순간, 엔리코 페르미는 자신의 통찰력이 얼마나 중요해질지 몰랐을 것이다. 페르미 역설은 그가 이 문제에 대해 생각하게 한 이후 수십 년 동안 과학자들과 외계 문명을 생각해 보려는 모든 사람을 괴롭혀 왔다. 이 역설은 골치 아프고 심지어 맥이 빠지게 만들 수도 있지만, 과학자들에게 잘 정립된 질문을 제공하여 SETI에 대해서 많은 생각을 하게 만들었다. 따라서 우주생물학, 기술 흔적 또는 UFO에 관심이 있는 사람이라면 누구나 페르미의 역설이 무엇이며 그것이 무엇을 의미하는지 이해하는 일이 중요하다.

하지만 그것이 말하지 **않는** 것이 무엇인지 아는 일도 마찬가지로 중요하다.

페르미 역설은 외계 생명체에 관해서 우주가 침묵하고 있다고 말하는 것이 아니다. 그것은 외계인이 왜 바로 지금 **여기** 지구에 오지 않는지만 묻는다. 먼 행성에서 외계 문명의 신호를 찾는 우리의 탐색에 대해서는 아무 말도 하지 않는다.

내가 설명하겠다.

간혹 사람들은 SETI와 거대한 침묵에 대해 이야기한다. 그들은 우리가 80년 넘게 전파망원경으로 하늘 전체를 탐색했지만 외계인의 메시지나 신호, 무작위 TV 송출을 발견한 적이 단 한 번도 없다고 말한다. 하지만 이것은 완전히 잘못된 생각이다. 사실 우리는 이제 겨우 보기 시작했을 뿐이다. 전 세계의 천문학자들이 매일 밤 전파망원경으로 별을 탐색하며 외계인 신호를 찾는다는 오해가 있다. 현실은 훨씬 더 단순하고 슬프다. SETI는 항상 자금이 부족했다. 외계인 신호를 찾으려고 몇몇 열정적인 사람들이 여기저기서 탐색을 벌이는 것을 제외하고는 별다른 일을 하고 있지 않다. 해야 할 방대하고 엄청난 양의 탐색은 **아직 이루어지지 않았다.**

SETI 연구자가 탐색을 완료하기 위해 조사해야 하는 변수가 아주 많다. 우선, 살펴봐야 할 별이 너무 많다. 다음으로, 어떤 전파 주파수를 사용할지 결정해야 한다. 그다음에는 얼마나 자주 각 별을 살펴봐야 하는지에 관한 문제가 있다. 매일? 매시간? 매초? 이 목록은 계속 이어지기 때문에 누가 무엇을 봤는지 추적하기가 어렵다. 2018년에 펜실베이니아 주립대학의 제이슨 라이트Jason Wright와 그의 동료들은 바로 이 문제를 해결하려고 했다. 이들은 질 타터Jill Tarter의 아이디어를 바탕으로 지금까지 수행된 모든 SETI 탐색을 조사했다. 그들은 전체적이고 체계적인 탐색의 몇 퍼센트가 완료되었는지 알고 싶었다. 그들의 결론은 꽤 놀라웠다. SETI 연구자들이 탐색해야 할 우주의 면적을 지구의 바다로 가정했을 때, 라이트의 연구팀은 지금까지 탐색한 물의 양이 욕조 하나에 불과하다는 사실을 발견했다. 욕조 하나 분량의 물을 탐색한 후에 바다에 물고기가 없다고 선언하는 것이 합리적일까?

이 이야기의 교훈은 '직접적인' 페르미 역설은 분명 존재하지만 '간접적인' 페르미 역설은 존재하지 않는다는 것이다. 그렇다. 외계인은 왜 아직 지구에 정착지를 마련하지 않았을까? 여러분은 이 질문에 가장 좋아하는 대답을 생각해 낼 수 있다. 이 질문은 직접적인 페르미 역설이기 때문이다. "외계인은 없다"에서부터 "UFO가 있잖아, 친구"에 이르기까지 다양한 대답이 있을 수 있다. 하지만 먼 행성에 외계 생명체가 있다는 증거를 의미하는 '간접적인' 페르미 역설의 경우 답은 간단하다. 그런 종류의 페르미 역설은 존재하지 않는다. 우리가 아직 찾지 못했을 뿐이다. 아직은. 다음 장에서 다루게 될 여러 가지 이유로 인해 외계 생명체 탐색은 점점 더 뜨거워지고 있다. 우리는 준비되었다. 우리는 할 수 있다. 우리는 하려고 한다.

드레이크 방정식
올바른 질문 하기

외계인 낙관론자들은 별로 가득 찬 밤하늘을 보며 지구 생명체에게 일어난 일이 다른 곳에서도 일어났을 것이라고 확신한다. 별이 이렇게 많은데 어떻게 우리만 있을 수 있겠는가? 외계인 비관론자들은 생명체가 만들어지지 않을 확률이 별의 수에 비해 압도적으로 높다고 확신하기 때문에 밤하늘에 감명을 받지 않는다. 그러니까, 복권 1,000장을 샀는데 당첨 확률이 100억 분의 1이라면 여전히 (아마도) 잃게 될 것이다.

아시다시피, 외계인 낙관론자와 비관론자는 인류 역사상 대부분의 기간 동안 각자의 주장을 뒷받침하기 위해 개인적인 견해만을 내세우며 대립해 왔다. 하지만 과학은 견해로 움직이지 않는다. 과학은 연구를 기반으로 한다. 외계 생명체 문제에 대한 진정한 과학적 진전이 이루어지려면 누군가가 어딘가에서 양측 모두에게 실제로 연구할 수 있는 무언가를 제공해 주어야 했다. 페르미 역설은 과학자들에게 질문을 던져주었지만 계획을 제시하지는 못했다. 여전히 누군가가 과학자들이 외계 생명체 탐색 연구 프로그램을 구축할 때 따라갈 수 있는 로드맵을 만들어야 했다.

그 역할을 한 사람이 미국 중서부 출신의 부드러운 말투의 전파천문학자 프랭크 드레이크Frank Drake였는데, 그의 용기는 창의력만큼이나 대단했다. 외계인 과학에 대한 드레이크의 계획은 60여 년 전에 공식화된 간단한 방정식으로 구체화되었다. 드레이크는 이 방정식을 통해 우주의 생명체에 관해 생각하는 방식과 생명체를 찾는 방법을 근본적으로 바꾸어 놓았다. 이 드레이크 방정식은 우주생물학에서 가장 중요한 공식으로 남아있다.

1961년, 드레이크가 웨스트버지니아의 그린뱅크 천문대에서 전파 망원경을 이용해 외계 생명체와 관련한 최초의 과학적 탐색을 시작한 지 1년이 조금 지난 때였다. 당시 서른을 갓 넘긴 드레이크는 외계 생명체에 대한 관심이 동료들의 조롱거리로 전락할까 봐 걱정했다. 초기 탐색으로 모든 과학자가 동료 과학자들에게서 기대하는 종류의 찬사를 받지는 못했지만, 그는 미국 국립과학아카데미National Academy of Sciences, NAS로부터 중요한 전화를 받았다. 전화를 건 사람은 J. 피터 피어먼J. Peter Pearman으로, 그는 '항성 간 통신'에 관한 워크숍을 드레이크에게 맡기고 싶어 했다.

피어먼과 NAS는 우리가 곧 외계 문명과 신호를 주고받을 수 있을지도 모른다는 가능성을 탐구하고 싶었다. 다른 누군가가 우주 생명체에 관심을 갖고 있다는 사실에 감격한 드레이크는 제안을 수락하고 회의를 조직하기 시작했다. 드레이크와 피어먼은 저명한 천문학자 오토 스트루베Otto Struve, 곧 노벨상을 수상할 생화학자 멜빈 캘빈Melvin Calvin, 돌고래 언어 전문가 존 릴리John Lilly, 야심 찬 젊은 천체물리학자 칼 세이건 등 8명의 연구자를 회의에 초대했다. 개막일이 다가오자 드레이크는 토론을 이끌 의제를 정하기 위해 자리에 앉았지만, 이 작은 작업에도 특별한 문제가 있었다. 과학적으로 논의된 적이 없는 주제에 대해 어떻게 과학적 토론을 조직할까? 프랭크 드레이크는 이 문제를 해결하고자 지금은 유명해진 그 방정식을 만들었다.

첫 번째 단계는 질문을 명확하게 정의하는 것이었다. 워크숍에 참석한 과학자들은 정확히 어떤 질문에 답하고 싶었을까? 순진하게 생각하면 '외계 문명이 존재할까?'일 것이라고 생각할 수도 있다. 하지만 이 질문은 답을 찾기 위해 어떤 단계(가장 중요한 연구 계획)가 필요한지 결정하고 알아낼 명확한 방법을 제시하지 못했다. 과학자들은 계획 세우기를 좋아하기 때문에 드레이크는 대신 다른 질문을 던졌다. 그는 외계인이 존재하는지 안 하는지 묻는 대신 저 밖에 얼마나 많은 외계인이 존재할지 물었다. 작은 변화였지만 이는 모든 것을 바꾸었다.

드레이크의 정확한 과학적 질문은 다음과 같다. 우리 은하계에는 얼마나 많은 진보된 기술 문명이 존재할까? 드레이크는 성간 통신에 사용할 수 있는 전파망원경을 보유하고 있는 것을 '진보된 기술 문명'으로 정의했다. 그렇다. 문명을 정의하는 꽤 좁은 방법이라는 것은 알지만 특정한 목적에는 도움이 된다. 바로 외계인 문제를 여러 부분으로 나눌 수 있다는 것이다. 각 부분은 하위 문제가 되어 과학자들이 적절한 계획을 세울 수 있게 되었다. 각 하위 문제에 단계별로 답함으로써 연구자들은 N이라고 부르는, 그들이 원하는 첨단 기술 문명의 수로 향하는 길을 만들 수 있었다.

각 하위 문제를 개별적으로 논의하면서 드레이크는 워크숍의 의제를 정했다. 과학자들이 가장 경제적으로 생각하는 방법인 수학으로 문제를 구성한 그는 모든 하위 문제를 하나의 공식으로 결합했다.

$$N = R_* \cdot f_p \cdot n_e \cdot f_l \cdot f_i \cdot f_c \cdot L$$

이 방정식을 말로 표현하면 다음과 같다. (소리 내어 말하고 싶으면 심호흡을 하시라. 문장이 길어질 테니까.) 은하에서 탐지 가능한 외계 문명의 수는 매년 만들어지는 별의 수(R_*) 곱하기 행성을 가진 별의 비율(f_p) 곱하기 생명체가 살기에 적합한 환경을 가진 태양계별 행성의 수(n_e) 곱하기 실제로 생명체가 형성되는 적합한 행성의 비율(f_l) 곱하기 생명체가 지능을 진화시키는 행성의 비율(f_i) 곱하기 기술 문명을 창조하는 지능의 비율(f_c) 곱하기 해당 문명의 평균 수명(L)과 같다는 뜻이다.

이제 숨을 내쉬어도 된다.

60여 년 전 칠판에 끄적인 드레이크의 작은 방정식은 이후 외계 **지적** 생명체뿐만 아니라 온갖 종류의 외계 생명체에 관한 사고의 토대가 되었다. 이 방정식은 수많은 과학 논문에 등장하고, 티셔츠에 인쇄되고, 영화와 TV 쇼에 등장하고, 수많은 팟캐스트와 유튜브 영상의 주제가 되었다.

그래서 중요한 건 무엇일까? 드레이크의 방정식은 우주 외계 생명체에 대해 실제로 무엇을 알려주며, 왜 살아남았을까? 답은 바로 진화이다. 드레이크 방정식은 기술 문명의 출현이 단순한 것에서 시작해 복잡한 것으로 발전하는 우주적 과정임을 명확하게 보여준다. 이를 확인하기 위해 방정식의 7개 항을 왼쪽에서 오른쪽으로 살펴보자.

첫 번째 항인 R_*은 우주에서 최초로 진화한 '구조물'인 별에 초점을 맞춘다. 138억 년 전 빅뱅 직후 우주는 매우 단순하게 시작되었다. 원시 기체의 부드러운 수프 속에 불과 몇 가지 종류의 입자가 완벽하게 섞여있었다. 별은 그 초기 상태에서 진화한 최초의 큰 '물체'

중 하나였다. 매년 만들어지는 별의 수에서 시작하는 것은, 드레이크 방정식이 별이 우주의 단순성에서 기술 문명의 복잡성으로 올라가는 사다리의 첫 번째 단계임을 인식하는 방식이다.

방정식의 두 번째 항은 행성에 초점을 맞춘다. 행성은 한 단계 더 복잡하다. 화학이 마법을 부리고 생명이 시작되는 일은 아마도 행성의 표면이나 바다에서만 가능할 것이다. 하지만 드레이크가 방정식을 적었을 당시에는 태양 주위를 도는 행성 외에 다른 행성이 존재하는지 아무도 몰랐다. 자연이 행성을 만들지 않았을 가능성도 충분했다.

그래서 드레이크의 두 번째 항은 주어진 별이 행성을 가질 **확률**(f_p로 표기)이 된다. f_p가 0에 매우 가까우면 행성이 드물어 생명체가 만들어지는 데 걸림돌이 될 수 있다.

하지만 생명이 시작되는 데는 모든 행성이 똑같지 않다. 수성은 태양에 무척 가까워서 표면이 계속해서 태양복사에 의해 폭격을 받는다. 수성의 낮 표면 온도는 370℃에 달한다. 이런 환경에서 어떻게 생명체가 만들어질지 상상하기는 **매우** 어렵다. 태양계의 먼 가장자리에 있는 얼어붙은 행성은 상황이 정반대다. 온도가 어는점 아래로 너무 내려가면 세포와 같은 복잡한 생명체를 만드는 데 필요한 에너지가 고갈될 수 있다. 그래서 드레이크 방정식의 세 번째 항은 태양계당 표면 환경이 너무 덥지도 춥지도 않은 궤도 대역에 있는 행성 수의 평균인 n_e이다. 이를 '거주 가능 영역'이라고 한다.

다음 세 항은 정말 흥미로워지기 시작하는 부분이다. 생명체는 우주의 다른 어떤 물리적 시스템과도 다르다. 다윈의 진화 과정을 통해, 생명은 창조적이다. 별, 혜성, 블랙홀이 결코 할 수 없는 방식으로 새로운 형태를 만들어 낸다. 캥거루는 도대체 어디에서 왔을까? 캥거루는 얼굴에 주먹을 날릴 수 있는 이상한 거대 토끼 같다. 혜성은 캥거루를 만든 적이 없고 블랙홀도 캥거루를 만든 적이 없지만, 수십억 년 전 단세포동물부터 시작된 지구상의 생명체는 진화의 과정을 통해 캥거루를 **발명**해 냈다.

그런데 생명체가 가장 먼저 발명해야 하는 것은 바로 자기 자신이다. 이런 식으로 생명의 탄생은 우주가 복잡성을 수용하는 능력에서 일종의 빅뱅을 나타낸다. 드레이크 방정식의 네 번째 항은 바로 '아비오제네시스^{abiogenesis}(생명 발생)'라고 불리는 과정을 다루고 있다. 이는 생명체가 무생물(즉, 화학물질)로부터 어떻게든 만들어져야 한다는 사실을 정교하게 표현한 이름이다. 다시 한번 드레이크는 무작위로 선택된 거주 가능 영역의 행성에서 생명 발생이 일어날 가능성을 확률 f_l로 표현한다.

생명 발생 이후에 드레이크는 여기 지구에서 더디게 진행되어 온 지능의 진화에 초점을 맞춘다. 지구상의 생명체는 적어도 35억 년 전에 만들어졌다. 최초의 동물은 그로부터 20억 년 후(약 5억 년 전)에야 나타났고, 동물의 지능에 대한 최초의 가능성은 약 1억 년 전 공룡과 같은 수준으로 뇌 크기가 커진 후에야 나타났다. 보수적으로 생각한다면, 큰 포유류가 등장하고 나서야 지능이 실제로 발현되었다고 말할 수 있다. 드레이크는 지능의 문제를 생명체가 출현한 후 유인원이나 돌고래 또는 똑똑한 공룡과 같은 형태로 진화할 확률 f_i로 표현한다. 이 문제를 고려하는 것이 왜 중요할까? 다음 단계인 전파망원경과 같은 기술적 성과가 이루어지려면 지구에 어떤 종류의 지적인 종이 있어야 하기 때문이다.

전파망원경을 만들려면 지능적인 종이 대규모 협력 형태를 개발해야 한다. 그들은 세상에 관한 지식을 생산하고 저장하는 수단을 개발해야 한다. 그런 다음 그 지식을 사용하여 대규모로 자원을 추출하고 정제해야 한다. 요컨대, 이러한 지적 생명체는 우리가 문명이라고 여기는 것을 발전시켜야 한다. 물론 로마, 당나라, 아즈텍 모두 고도로 복잡한 문명이었지만 드레이크가 말하는 문명은 아니다. 드레이크가 전파망원경에 초점을 맞춘 이유는 **최소한** 우리 수준의 발전에 도달한 문명만이 그의 질문에서 중요하기 때문이다(그가 성간 통신에 관심이 있었다는 것을 기억하라). 드레이크는 이 진화의 단계를, 일단 지적인 종족이 나타난 후 별 사이의 엄청난 거리를 가로질러 메시지를 보내는 장치를 만들 수 있는 복잡한 기술 문명으로 진화할 확률 F_c로 표현한다.

드레이크 방정식의 마지막 항은 우리가 이미 알고 있는 지식을 넘어서는 것에 초점을 맞추고 있다. 행성에서 생명체가 기술 종으로 진화하는 빈도는 알 수 없지만, 적어도 한 번은 일어났다는 사실은 알수 있다. 하지만 우리가 가진 것과 같은 첨단 기술 문명은 평균적으로 얼마나 오래 지속될까? 인류가 산업 문명을 이룩한 지는 불과 몇 세기이며, 전파 기술을 보유한 지는 약 1세기에 불과하다. 그렇다면 우리 앞에는 수천 년, 아니 수백만 년의 시간이 남아있을까? 아니면 한 세기 정도만 더 지나면 멸망할까? 어쩌면 다른 종은 핵무기를 발명할 만큼 멍청하지 않을지도 모른다. 어쩌면 다른 종들은 기후변화를 일으키고 행성의 동식물 대부분을 멸종시키고 있다는 사실을 놓칠 만큼 둔하지 않을 수도 있다. 반면에 대부분의 종은 우리보다 훨씬 더 한심할 수도 있다. 어쩌면 그들은 너무 비열하고 공격적이며 이기적이어서, 한 세기도 채 되지 않아 한심한 짓을 저지르는 바람에 은하의 체스판에서 스스로를 제거할지도 모른다. 이것이 바로 드레이크 방정식의 마지막 항인 문명의 평균 지속 기간, 즉 은하 전체 문명의 평균 수명(L)에 관한 질문이다.

드레이크가 했던 방식으로 질문을 구성함으로써 인간이 소통할 수 있는 문명의 수인 N을 구하는 길이 만들어졌다. 60여 년 전 드레이크가 방정식을 적었을 당시에는 매년 만들어지는 별의 수라는 단 하나의 항만 알려져 있었다는 사실에 주목할 필요가 있다. 이제 우리는 $f_p=1$, 즉 하늘의 거의 모든 별이 행성을 갖고 있다는 사실을 확실히 알고 있다. 또한 N_e가 약 0.2라는 것도 알고 있다. 별 5개 중 1개는 생명체가 살 수 있는 거주 가능 영역에 행성을 보유하고 있다는 뜻이다. f_p와 n_e에 대한 답을 이미 알아냈다는 것은 매우 놀라운 일이다. 이는 2,500년 이상 지속되어 온 질문과 관련해 지난 수십 년 동안 눈부신 진전을 이뤘음을 보여준다.

드레이크 방정식은 어떻게 작동할까? 원칙적으로, 먼저 측정을 하거나 이론을 세우거나 폭넓게 추측하여 각 항에 대한 값을 구한다. 그런 다음 모든 요소를 곱해 우리은하에 있는 선진 문명의 총 수인 N을 구한다. 몇 가지 숫자를 선택해서 어떻게 계산되는지 살펴보자.

우리는 이미 R_*, f_p, n_e를 알고 있으므로 다른 모든 확률에 대해 낙관적으로 생각하여 다른 확률은 1.0이라고 가정해 보겠다(즉, 거주 가능 영역의 모든 행성이 지능을 가진 생명체를 탄생시키고 문명을 만들어 낸다고 가정한다). 또한 평균수명에 대해 낙관적으로 생각해 L=10억 년이라고 가정해 보자. 모든 것을 곱하면 N=2억 개의 문명이 된다. 이 은하는 문명으로 가득 찬 은하다! 우리은하에는 4,000억 개의 별이 있으므로, 문명이 있는 별 하나를 찾으려면 약 2,000개의 별을 무작위로 살펴보면 된다. 현재 기술로는 충분히 가능한 일이다.

반면에 비관적으로 추정하면 생명과 관련된 모든 항을 1,000분의 1의 확률로 볼 수도 있다. 또한 기술 문명의 평균수명이 500년에 불과하다고 볼 수도 있다. 우리가 전파를 사용한 지 100년이 지났으니 아마겟돈까지 400년 정도밖에 남지 않았지만, 이 정도면 충분하다. 이 모든 숫자를 드레이크 방정식에 넣으면 우리은하 전체에 문명이 하나도 없는 N=0이 나온다. 이 경우 은하는 불모지다. 물론 우리는 존재하기 때문에 이런 비관적인 추정이 적어도 조금은 틀렸다는 사실을 알고 있다.

어떤 경우가 진실일까? 아직 말할 수 없다. 하지만 드레이크 방정식을 통해 낙관론자와 비관론자는 자신이 무엇을 낙관하거나 비관하고 있는지 정확히 파악할 수 있다. 또한 낙관론과 비관론의 근거가 되는 명확한 과학적 질문(거주 가능 영역 행성, 생명 발생, 문명 수명)을 이해하게 해준다. 또한 프랭크 드레이크는 우리 자신의 무지를 이해하고 그 무지에서 벗어날 길을 정리하는 방법을 우리에게 물려주었다. 그 덕분에 3세대에 걸친 우주생물학자들이 동기를 부여받아 오늘날에 이르렀고, 마침내 그의 외계인 질문에 곧바로 완전하게 답할 수 있는 기술을 갖추게 되었다.

UFO의 도착

케네스 아널드가 비행접시들을 목격하다, 로즈웰이 바빠지다

정부 보고서

성간 여행 시간에 대한 페르미의 순간적인 통찰부터 명확한 연구 프로그램의 윤곽을 제시한 드레이크의 방정식까지, 냉전 초기에 외계 생명체와 외계 문명에 대한 과학이 등장했음을 알 수 있다. 그러나 같은 시기에 외계인 문제와 관련한 또 다른 버전이 등장했고, 이 역시 사람들이 우주의 생명체에 대해 생각하는 방식에 지속적인 흔적을 남기게 된다. 엔리코 페르미가 친구들과 함께 그 유명한 점심을 먹은 지 불과 몇 년 만에 UFO가 대중의 상상 속에 등장했다.

1947년 6월 24일[2] 태평양 북서부는 비행하기에 좋은 날이었다. 워싱턴주 미네랄Mineral 상공의 하늘은 맑고 밝았다. 아마추어 조종사 케네스 아널드Kenneth Arnold는 한낮에 자신의 소형 단발 엔진 비행기를 타고 레이니어산의 우뚝 솟은 정상을 지나 오리건주에서 열리는 에어쇼를 향해 비행하고 있었다. 그런데 그는 해병대 수송기 한 대가 실종되었고 그 잔해를 발견하는 사람에게 포상금을 준다는 소식을 들었다. 아널드는 몇 바퀴 돌며 찾아보기로 결정했다. 그는 자신이 UFO의 역사 속으로 곧장 날아가고 있다는 사실을 전혀 몰랐다.

아널드는 아래 지형을 살펴보다가 푸른빛을 띠는 섬광을 보았다. 다른 비행기에서 반사된 햇빛이었을까? 아널드는 저 멀리 DC-4(미국 더글러스사에서 만든 항공기—옮긴이)가 날아가는 것을 보았지만 번쩍이는 불빛은 거기에서 나오지 않았다. 그리고 섬광이 다시 나타났다.

이번에는 섬광이 어디에서 나오는지 정확하게 보았다. 대각선을 이룬 9개의 물체였다. 흡사 "중국 연의 꼬리"처럼 일제히 움직이고 있었다. 아널드는 물체들이 마치 첨단 군용기를 보는 듯한 착각을 불러일으킬 정도로 방향을 틀고 회전하는 모습을 지켜보았다. 아널드는 레이니어산과 애덤스산을 일종의 척도로 삼아 이 이상한 비행체의 속력을 추정할 수 있었다. 그의 간단한 계산으로는 음속의 거의 2배에 달하는 시속 2,400킬로미터 이상이 나왔다. 1947년은 척 예거Chuck Yeager가 실험용 로켓비행기로 음속의 장벽을 깨기 몇 달 전이었기 때문에 아널드가 방금 계산한 속도는 불가능해 보였다. 아널드는 물체가 시야에서 사라지기 전까지 잠시 동안 그 모습을 추적했다. 전체 사건은 오래 지속되지 않았지만 아널드에게 "섬뜩한 느낌"을 남겼다. 급유를 위해 착륙한 후, 그는 비행장에 있는 친구들과 이야기를 나눴다. 그 후 일어난 일은 역사에 큰 반향을 불러일으키며 UFO와 우주에서 온 외계인과의 관계에 대해 우리가 하는 생각 전부를 형성하게 된다.

아널드의 이야기는 빠르게 퍼져나갔고, 〈이스트 오레고니언East Oregonian〉 기자들은 아널드에게 더 자세한 이야기를 해달라고 요청했다. 신문기자들에게 아널드는 믿을만한 목격자이자 주의 깊은 관찰자처럼 보였다. 아널드는 자신이 목격한 시간 순서를 제시하며 비행체와 그 움직임을 설명했다. 그다음에 정확히 무슨 일이 일어났는지는 논란의 여지가 있지만, 아널드가 물체가 "물 위를 건너뛰는 접시처럼 움직인다"고 묘사하면서 저널리즘 역사상 가장 큰 잘못된 인용이 될 일련의 사건들을 촉발시켰다.

소규모 신문인 〈이스트 오레고니언〉의 기사는 "접시 모양의 비행체"

라는 말과 함께 실렸다. 그러고는 기자 중 한 명이 작성한 다른 기사가 AP통신에 보도되었고, 이상하게도 설명이 왜곡되었다. 아널드의 설명은 '날개' 달린 초승달 모양의 비행체가 호를 그리며 날아갔다는 것이었다. 아널드의 설명을 잘못 해석한 것으로 보이는 AP통신의 기사를 그대로 받아쓴 다른 신문들의 기사 내용은 그렇지 않았다. 그런 다음 결코 작은 신문이 아닌 〈시카고 선Chicago Sun〉이 이 기사를 1면 헤드라인으로 화려하게 장식했다. "아이다호의 조종사가 목격한 초음속 비행접시".[3]

〈시카고 선〉의 기사는 눈사태처럼 커졌다. 6개월 만에 미국 전역 140개 이상의 신문에 비행접시 이야기가 실렸다. 더욱 놀라운 것은 비행접시 목격담이 미국 전역을 휩쓸기 시작했다는 것이다. 이 보도 이후 몇 달 동안 미국과 캐나다에서 830건 이상의 UFO가 목격되었는데, 흥미롭게도 그 대부분이 접시 모양으로 묘사되었다. 1947년 여름이 끝날 무렵, '비행접시'는 공식적인 존재가 되었다.

케네스 아널드는 그날 실제로 무엇을 보았을까? 난들 알겠나. 나는 거기에 없었다. 하지만 그거 아나? 여러분도, 케네스 아널드라는 이름을 가진 사람이 아닌 다른 누구도 거기에 없었다. 이것이 바로 그의 이야기에서 배워야 할 첫 번째 중요한 교훈이다. 아널드의 이야기는 헤드라인을 장식한 최초의 대중적인 UFO 이야기다. 이 이야기는 UFO 논쟁을 정의하게 될 신봉자와 반박자 사이의 상호작용을 설정했다. 신봉자들은 아널드가 존경할 만한 사업가였으며, 나중에 그를 인터뷰한 미국 관리들을 포함한 대부분의 사람들에게 근거가 있고 진지하다는 인상을 주었다는 사실을 지적할 것이다. 그것은 사실인 듯하다. 당시 누구도 아널드가 사기를 치려 한다고 생각하지 않았고, 산 사이의 알려진 거리를 이용해 비행체의 속도를 추정하려는 아널드의 시도는 그가 숙련된 조종사이자 사려 깊은 관찰자임을 보여주었다.

하지만 회의론자들은 적어도 한 관계자가 아널드가 "흥분한" 것 같다고 말했다는 사실을 지적하고(정말 자신이 봤다고 말한 것을 봤다면 흥분하지 않을 수 있을까?), 아널드가 실제로 봤을 수 있는 외계인이 아닌 합리적인 것들을 제시한다. 여기에는 대기의 열 역전으로 인한 신기루, 높이 날아가는 기러기, 심지어 부서지는 유성까지 포함된다. 그러면 신봉자들은 자신들만의 반론을 제시하며 그 반론이 이러한 가정된 설명들을 무너뜨린다고 주장한다. 그들은 유성이 아널드가 묘사한 연처럼 움직이는 것을 본 적이 없다고 주장한다. 그리고 기러기는 극초음속으로 날아다니지 않는다. 이런 종류의 공방은… 다른 사람들이 죄다 귀를 기울이지 않고 각자의 삶을 살아갈 때까지 계속된다.

목격자가 믿음이 가는 사람이라 하더라도 개인적인 증언만으로 과학이 할 수 있는 일은 많지 않다. 사실, 모든 경찰과 심리학자들이 개인적인 증언은 최악의 증거라고 말할 것이다. 개인적인 증언은 오류가 발생하기 쉽다는 사실이 여러 차례 밝혀졌다. 기억은 사실이 아닌 것으로 판명된 세부 사항을 부풀리거나, 목격자가 흥분한 나머지 설명에 필수적인 사항을 놓칠 수 있다. 아널드 같은 사람에게 할 수 있는 최선의 말은 "그래, 나는 당신이 진지하고 당신이 묘사하는 것이 당신이 본 것이라 믿는다는 걸 믿는다"이다. 이 말이 약해 보인다면 "넌

나를 속일 수 있다고 생각하는 못된 거짓말쟁이야”라고 말하는 것보다는 훨씬 낫다는 점을 지적하겠다.

그렇다면 아널드는 **정말로** 무엇을 본 걸까? 전례 없는 속력으로 이동하는 우주선이었을까? 75년이 넘도록 아직 공개되지 않은 첨단 군용기였을까? 자연현상이었을까? 알 수 있는 방법도 없고, 우리가 안다고 거기에 동의할 방법도 없다.

아널드에게서 배울 수 있는 두 번째 중요한 교훈은 이야기의 힘이다. 아널드는 하늘을 나는 접시를 보았다. 그는 처음으로 비행접시를 목격했다. 그리고 신문에 보도되자마자 다른 사람들도 비행접시를 보기 시작했다. 하지만 케네스 아널드는 ‘비행접시’를 본 것이 아니다. 그는 배트맨이 던지는 박쥐 모양의 표창처럼 생긴 얇은 C 자 비슷한 비행체를 본 것이었다. 그런데 신문은 아널드의 말을 잘못 인용했고, 그래서 사람들이 하늘에서 본 무언가는 비행‘접시’가 되었다. 아널드 이야기 **이후** 비행접시 목격담이 쏟아져 나온 것은 사실이다. 신봉자들은, 이전에는 목격담을 기사로 쓸 만큼 진지하게 받아들이는 사람이 없었기 때문이라고 주장할지도 모른다. 그러나 회의론자들 입장에서는, 아널드는 접시를 보지 못했는데 아널드 이후 ‘접시’ 목격담이 쇄도하는 것을 보면, 특히 새로운 목격담이 한꺼번에 몰려드는 것을 보면 이 이야기에 무게를 부여하기가 훨씬 더 어려워진다. 그렇다고 해서 이러한 개별 이야기가 거짓이 되는 것은 아니다. 밀알 하나당 쭉정이가 많다는 의미일 뿐이다.

아널드의 목격은 외계인에 대한 인간의 사고방식에 결정적인 전환

점이 되었다. 이 사건은 최초의 실제 UFO(즉, 비행접시) 이야기였으며, **바로 지금** 지구에 기술적으로 진보된 성간 생명체가 존재한다는 아이디어가 대중의 의식 속에 들어온 지점이기도 하다. 이런 일이 실제로 일어나고 있다고 믿든 믿지 않든, 외계인으로서의 UFO가 전 세계 문화에 폭발적으로 등장하면서 지구 밖 생명체에 대한 과학적 탐구에 심대한(그리고 대부분 부정적인) 영향을 미쳤다. 앞으로 살펴보겠지만, 우리 문화에 UFO가 등장한 방식과 정부 안팎에서 UFO가 다루어지는 방식은 UFO가 실제로 무엇인지 이해하는 데 도움이 되지 않았다. 기본적으로 아널드는 의도하지 않은 쓰레기 쇼를 시작했고, 뉴멕시코주 로즈웰보다 쓰레기가 더 단단하게 착륙하고 더 깊게 쌓인 곳은 없었다. 진지한 과학자들이 UFO와 이를 둘러싼 문화를 멀리하는 이유가 있다면, 그것은 바로 로즈웰이라는 이름에 진짜와 가짜, 사기꾼이 뒤섞여 붙어있기 때문이다.

사건의 기본 사실은 다음과 같다.* 1947년 6월 14일, W. W. '맥' 브레이즐W. W. 'Mac' Brazel과 그의 아들은 그들이 일하는 목장을 지나던 중 고무 조각, 은박지, 막대기로 이루어진 잔해를 발견했다.[4] 브레이즐은 집에 전화나 라디오가 없었기 때문에 케네스 아널드와 그의 비행접시에 관한 지난주의 소식을 놓쳤다. 하지만 브레이즐은 마을 사람들과 이야기를 나눈 끝에 비행접시 소동과 파편 사이의 연관성을 알아냈다. 그는 지역 보안관과 이야기했고, 보안관은 로즈웰 육군 비

행장RAAF(현 워커 공군기지)에 연락할 것을 제안했다. 육군은 제시 마셀Jesse Marcel 소령에게 사건을 조사하도록 지시했다. 브레이즐과 보안관, 마셀 소령은 목장으로 돌아가 파편을 수거했다. 마셀 소령은 추후 지역 언론에 발표를 했고 이것은 "RAAF, 로즈웰 목장에서 비행접시 포착"이라는 멋진 제목으로 헤드라인을 장식했다. 그로부터 며칠 후, 워싱턴의 전쟁부 성명은 브레이즐의 목장에서 발견된 물건이 기상 풍선에서 온 것이라고 주장하며 소란을 잠재웠다. 지역 신문은 새로운 헤드라인을 달았다. "육군, 전 세계가 흥분하는 가운데 로즈웰 비행 원반 반박". 마셀과 파편이 찍힌 사진을 보면 첨단 외계 우주선이 아니라 **순전히** 막대기와 고무 더미처럼 보였다.[5]

그리고 그게 전부였다. 이야기는 거기서 전적으로 완전히 중단되어 역사 속으로 사라져 버렸다. 그 후 아무도 로즈웰에 대해 깊이 생각하지 않았다. 당연히, 로즈웰 주민을 제외하고는.

30년 후, 마을에 서커스가 들어섰다.

1970년대 말경, 스탠턴 프리드먼Stanton Friedman이라는 UFO 연구자가 제시 마셀을 인터뷰하면서 로즈웰이 다시 주목받기 시작했다. 이 인터뷰에서 브레이즐이 사실은 목장에서 비행접시 조각을 '발견'했다는 주장이 나왔다. 다음 단계는 로즈웰과 외계인, 그리고 정부의 은폐 의혹을 다룬 TV 시리즈 〈In Search of...〉의 에피소드였다. 로즈웰의 이야기는 마치 암처럼 스스로 성장하고 진화하기 시작했고, 단계가 거듭될수록 더 많은 목격자와 세부 정보가 추가되면서 달라졌다.

1980년 찰스 벌리츠Charles Berlitz와 윌리엄 L. 무어William L. Moore는

《로즈웰 사건The Roswell Incident》을 출간하여 불에 기름을 끼얹었다. 이 두 저자는 이전에 버뮤다 삼각지대와 필라델피아 실험에 관한 책으로 소소한 성공을 거둔 적이 있었다. 두 번째 책은 제2차 세계대전 당시 미 해군 구축함이 타임워프에 휘말린 사건에 관한 것이었다.

로즈웰은 이들에게 완벽한 프로젝트였다. 그들의 책에 따르면, 1947년에 실제로 일어난 일은 미국의 핵무기 실험 활동 근처를 비행하던 비행접시가 번개에 맞은 것이었다. 그 순간까지 무사히 성간 우주를 가로지르던 이 우주선은 번개로 인해 치명적인 피해를 입고 브레이즐 목장에 추락하여 탑승한 외계인 전원이 사망했다. 《로즈웰 사건》에는 추락 현장에서 목격된 외계인 시체에 대한 언급이 처음으로 포함되어 있으며, 이는 이후 점점 더 중요한 역할을 하게 된다. 가장 중요한 것은 저자들이 수많은 목격자를 인터뷰했다고 주장했다는 점이다.

《로즈웰 사건》은 오리지널 이야기를 캐내려는 일련의 책들 중 첫 번째 책에 불과하다. 새로운 책이 나올 때마다 죽은 외계인을 볼 기회를 얻은 장의사 글렌 데니스Glenn Dennis의 이야기를 비롯해 더 많은 목격자와 더 자세한 내용이 추가되었다. 뭐, 그럴 수도 있고 아닐 수도 있다…. 어떤 책에서는 비행접시와 외계인이 더 많았고, 어떤 책에서는 죽었고, 어떤 책에서는 죽지 않았다. 심지어 이 외계인 중 둘은 정부에 의해 구금되었다는 주장도 있었다. 어떤 이들은 아이젠하워 대통령이 외계인의 시체를 보았다고 말하기도 했다.

여러 저자에 의해 여러 번 입증되었듯이 이 모든 것은 매우 복잡하고, 더 중요한 것은 **전혀 사실이 아니라는** 점이다. 진짜 문제는 이러한 기록에서 아무리 많은 모순, 부조리, 허위가 발견되더라도 믿는 사람들의 믿음은 흔들리지 않는다는 것이다. 이런 것을 연구하는 학자들에게 로즈웰은 신화의 탄생을 보여주는 사례다. 거짓임을 증명할 수 없는 이야기다. 신화를 믿는 사람들에게 이것은 거짓으로 밝혀질 가능성 바깥에 존재한다.

로즈웰의 이야기는 과학계에서 UFO를 바라보는 시각에 미친 영향 때문에 반드시 언급되어야 한다. 우리 과학자들은 증거로 간주되는 것에 꽤 높은 기준을 가지고 있다. 로즈웰 이야기와 함께 펼쳐진 서커스는 UFO를 진심으로 믿는 커뮤니티의 일원이 아닌 사람이라면 누구나 고개를 절레절레 흔들 수밖에 없게 만들었다. 이 사건은 오늘날에도 UAP에 대한 논의에 긴 먹구름을 드리우고 있다. (UAP가 무엇인지에 대한 선입견 없이) 이 문제를 다루고자 하는 진지한 과학자들은 UFO라는 놀이공원 거울의 세계에 들어가기 전에 오랫동안 열심히 생각해야 한다. 왜 그런 터무니없는 소용돌이에 휘말려 자신의 평판을 위험에 빠뜨려야 하는가?

그런데 이 이야기에는 실제로 음모였던 부분이 하나 있다. 로즈웰에서 정부의 은폐가 있었다. 기상 풍선 이야기는 사실 거짓말이다. 브레이즐의 목장에 추락한 것은 러시아의 핵실험을 감시하고자 고고도 풍선을 이용한 비밀 실험 프로그램인 프로젝트 모굴Project Mogul이었다. 1997년 **정부에서** 이 프로젝트와 로즈웰에서의 은폐에 대해 자세히 설명하는 〈로즈웰 보고서: 사건 종결The Roswell Report: Case Closed〉이라는 제목의 상세하고 완전한 보고서를 발표했기 때문에 우리는 이 사실을 알고 있다.

현실은 웃기는 면이 있다.

아널드의 1947년 보고 이후 비행접시 목격담이 쇄도하자 정부도 주목하지 않을 수 없었다. 그 후 수십 년 동안 일반인과 각국 정부는 열광적인 관심, 주목할 만한 보도, 그리고 결국에는 기대가 사라지는 반복적인 UFO 주기에 들어섰다. 이 주기는 미 해군 조종사가 UAP와 마주친, 지금은 유명해진 사건이 공개되면서 다시 시작되었다. 이어서 2021년에는 하늘에서 미확인 비행물체가 다수 목격되었다는 정부 보고서가 발표되면서 상황이 진정되기는커녕 더 심각해졌다. 심지어 NASA는 2022년에 자체 UFO/UAP 패널을 소집하기까지 했다. 이러한 새로운 노력을 제대로 이해하려면 미국 정부가 UFO에 대해 보고한 오랜 역사를 되돌아봐야 한다. 하지만 잘 준비하라. 그 길은 똑바르지 않다.

1947년 첫 비행접시 열풍이 불고 바로 1년 뒤, 미국 정부는 이 주제를 연구하기 위해 상상력 넘치는 제목의 프로젝트 비행접시Project Saucer를 시작했다. 이것이 대중의 공포를 완화하려는 노력에 어울리지 않는 이름이라는 것을 깨닫고 프로젝트 사인Project Sign으로 이름을 변경했다. 공식적인 임무는 UFO의 본질(즉, 실제로 존재한다면)과 그것이 국가 안보에 위협이 되는지를 파악하는 것이었다. 국가 안보에 대한 강조는 여기서 주의 깊게 살펴봐야 할 부분이다. 다음에 나오는 방대한 내용을 이해하는 데 도움이 될 것이다(이해가 가능하다면).

성향에 따라 다르겠지만, UFO 목격과 정부의 관심이 냉전이 가열되던 시기에 나타난 것은 놀라운 일이 아닐 수 있다. 미국은 러시아와 치명적인 승자 독식 경쟁을 벌이고 있었다. 첨단 비밀 무기와 심리전이 편집증적인 시대의 질서였던 경쟁이었다. 언론의 관심과 함께 UFO 목격 건수가 늘어날 때마다 정부는 두 가지 문제에 동시에 관심을 갖게 되었다. 첫째, UFO가 위협이 되는가? 지구인이든 외계인이든 누군가가 국가를 상대로 사용할 수 있는 기술인가? 두 번째 질문은 다른 방향으로 이어졌다. UFO를 향한 관심 **자체가** 위협이 되는가? UFO에 대한 대중의 불안감이 국가를 상대로 악용될 수 있는가? 이 두 가지 우려에 대한 정부의 대응은 우리가 어떻게 형태가 바뀌고 음모로 가득 찬 현대의 UFO 문화라는 영원한 안개를 갖게 되었는지에 관해 많은 것을 설명해 준다.

프로젝트 사인 내에서 UFO가 실제가 아니라고 생각하는 사람들과 '외계인 가설'로 알려진 것을 믿는 사람들 사이에 분열이 일어났다. 작가 세라 스콜스Sarah Scoles의 표현대로 이는 "이것은 엉터리다 대 이것은 외계인이다"의 대결이었다.* 이 의견 불일치는 엄청난 결과를 가져왔다. 프로젝트 사인의 일환으로 〈상황 추정Estimate of the Situation〉이라는 묵직한 제목의 문서가 작성된 것으로 보이며, 에드워드 루펠트 Edward Ruppelt 대위(이후 UFO 조사를 주도했다)에 따르면 이 두꺼운 극비 보고서의 결론은 UFO가 행성 간 기원을 가지고 있다는 것이었다.[6]

와우! 1950년대 초에 우리가 행성 간 외계인의 방문을 받고 있다는 것을 인정한 정부 보고서가 있었다고? 글쎄, 그럴 수도 아닐 수도 있다. 루펠트는 몇 년 후 저술한 책에서 그 보고서의 존재를 밝혔다. 하지만 현재까지도 〈상황 추정〉의 문서는 공개 기록에 존재하지 않는

---

* UFO의 역사와 지금 일어나고 있는 일에 대해 전반적으로 알려주는 책으로 세라 스콜스의 《그들은 이미 여기에 있다: UFO 문화, 그리고 왜 우리는 비행접시들을 보는가》를 추천한다.

다. 루펠트가 전직 정부 및 군 관계자들이 모든 것을 고백한다는 식의 대중적인 책을 저술하는 트렌드를 시작했다는 점도 주목할 만하다.

결국 프로젝트 사인 다음에 프로젝트 그루지Project Grudge가 그 뒤를 이었다(그렇다, 이상한 선택이었다). 이 보고서는 대부분의 목격은 설명할 수 있지만 약 23%는 쉽게 설명할 수 없다고 결론지었다. 보고서에 따르면 "다른 방법으로는 설명할 수 없는 [목격]에 대해… 그럴듯한 설명을 제공할 수 있는 충분한 심리적 [근거]가 있다".[7] 이런 식으로 UFO에 대한 최초의 공식 정부 보고서는 (a) 실제가 아니며 (b) 국가 안보에 위협이 되지 않는다는 결론을 내렸다. 그러나 UFO 목격과 관련된 잠재적 공포는 국가 안보에 위협이 될 수 있었다. 보고서가 소련이 (당시에는 큰 화두였던) 마인드 컨트롤의 한 형태로 UFO에 대한 사람들의 공포와 매혹을 무기화할 수 있다고 결론지은 것으로 볼 수도 있지 않을까?

UFO가 아니라 UFO **문화**에 대한 정부의 염려는 CIA의 악명 높은 로버트슨 패널Robertson Panel과 함께 정책이 된 것처럼 보였다.[8] 1953년 스파이 기관이 주최한 4일간의 비밀회의는 러시아가 혼란을 일으키거나 심지어 미국을 향한 공격을 숨기기 위해 UFO를 사용하는 (실제 또는 가상의) 다양한 방법에 초점을 맞추었다. (1975년까지 기밀이 해제되지 않은) 이 비밀 패널의 비밀 보고서는 자체적으로 UFO를 조사하기 위해 모이는 민간인 그룹이 전복적인 목적으로 이용되지는 않는지 감시해야 한다는 불길한 암시를 내포하고 있었다. 마찬가지로 보고서는 정부가 **모든** UFO 보고를 공개적으로 반박하고 대중에게 그것이 아무것도 아니라고 확신시켜 주어야 한다고 결론지었다.

이 보고서는 심지어 "이 위험한 시기에 그것을 공식적으로 보고하는 것은 정치적 통일체를 보호하는 기관의 질서 있는 기능에 위협을 [초 래할 수] 있다"고 선언하며 UFO 목격에 대한 공식적인 보고를 막는 것처럼 보였다.[9] 그러니까, 그렇다, 당시 미국 정부는 UFO와 관련해 투명성을 크게 중요시하지 않았다.

1950년대가 60년대로 접어들면서 새로운 UFO 목격담이 문화 와 정계를 휩쓸었다. 이에 대응하여 워싱턴은 프로젝트 블루북Project Blue Book이라는 정부 차원의 대규모 조사에 착수했다. 1950년대부터 1969년까지 12,000건 이상의 사건이 조사되었다. 이 중 11,300건은 일반적인 의심 사례로 설명 가능한 것으로 밝혀졌다.[10] 우리의 자매 행성인 금성은 일몰과 일출 무렵에 놀라울 정도로 밝을 수 있다. 항 공기가 관찰자를 향해 움직일 때는 정지한 것처럼 보이다가 '갑자기' 방향을 바꾸어 가버리는 것처럼 보일 수 있다. 풍선, 새, 유성, 알려 진 대기 현상이 모두 설명 목록에 등장한다. 결국 700건(약 6%)의 목 격만이 설명되지 않았다. 그리고 간혹 이렇게 설명되지 않는 것은 그 저 일관된 설명을 시도할 수 있을 만큼 정보가 충분하지 않기 때문이 기도 했다.

1966년, 프로젝트 블루북이 순조롭게 진행되던 중 UFO 목격이 다시 증가하자 비군사, 학술에 기반한 조사 조직이 결성되었다(자금 은 정부에서 지원받았지만). 콜로라도 대학교 볼더 캠퍼스 핵물리학자 에드워드 콘던Edward Condon이 이 조사를 지휘하게 되었다. 프로젝트 블루북 사건에 또 다른, 순전히 과학적인 시각을 부여하고 간단한 의 문을 해결하자는 취지였다. 과학계에서 진정으로 관심을 가질만한

UFO 관련 내용(예를 들면 환상적으로 진보한 외계 문명의 방문)이 있었을까? 2년 동안 블루북 파일을 파헤치고 가능한 설명들을 분석해 본 결과, 콘던 위원회는 UFO는 사실 과학의 관심사가 아니라고 결론을 내린 보고서를 발표했다. 위원회는 잘 이해된 물리학을 벗어난 새로운 현상이 작동하고 있다고 생각할 만큼 이상한 것들을 충분하게 보지 못했다. 발표 후 몇 달 안에 미국 과학진흥협회AAS는 위원회의 조사 결과를 지지했고, 콘던 보고서는 이후 수십 년 동안 UFO와 관련한 사실상 공식적인 과학적 대응책이 되었다. 누군가 UFO 관련 문제를 제기하기를 원하면 콘던 보고서가 제시되었고, 그 주제는 사라지게 되었다.

하지만 모든 사람이 이러한 평가에 동의한 것은 아니었고, 콘던 위원회의 진정한 과학적 공정성에 대한 의문이 빠르게 제기되었다. 특히 존경받는 대기물리학자인 제임스 맥도널드James E. McDonald는 콘던 보고서에 매우 비판적이었다. 맥도널드는 위원회의 작업(그리고 이전 공군의 노력)이 과학적 근거가 매우 약하다고 단호하게 밝혔다. 또한 가장 흥미로운 사건의 중요한 증거에 대해 엄격한 추적이 이루어지지 않았고, 핵심 목격자 증언을 직접 추적하지도 않았다고 말했다. 맥도널드의 비판은 UFO에 대해 더 엄격한 과학을 적용하라는 요구가 커지면서, 시간이 한참 지난 오늘날까지도 반향을 일으키고 있다.

정부 위원회, 패널, 프로그램에 관한 이 이야기에서 몇 가지 가치 있는 시사점을 얻을 수 있다. 첫 번째는 하늘에서 보고된 미확인 물체 중 극히 일부만이 후속 식별 시도를 거부한다는 것이다. 다른 하나는 UFO 목격이 이루어진 처음 20년 동안 정부가 스스로의 우려에 대해 솔직하지 못했다는 것이다. UFO가 외계인과 관련 있다는 데 전적으로 회의적일 수 있으며(나는 분명히 그렇다), 정부 측에서 꽤 많은 일이 벌어졌다는 것도 인정한다. 러시아가 우리 기술에 대해 계속 추측하게 하는 것이 목표였든, 우리가 그들의 기술에 대해 알고 있는 것을 계속 추측하게 하는 것이 목표였든, 워싱턴은 UFO 관련 허위 정보를 전혀 문제 삼지 않았다.

그러나 냉전이 끝난 후 1990년대에 들어서면서, 1950년대와 60년대에 기록을 바로잡지 않은 것과 관련해 새로운 정부 보고서가 발표되었다. 특히 1997년 보고서에서는 로즈웰 사건이 실제로 정부의 의도적인 은폐였다는 사실을 인정했다. 이 보고서는 "그렇다. 우리는 당시 '기상 풍선'에 대해 실제로 거짓말을 했으며, 이는 프로젝트 모굴이라는 이름의 비밀 핵무기 탐지 프로그램 때문이었다"라고 밝혔다. 외계인을 지지하는 UFO 진영은 감명을 받지 않았다. 분명히, UFO 관련 허위 정보의 확산을 허용하려는 미국 정부의 노력은 의도적이었지만 일시적이었을 뿐이었다. 냉전 시대의 정치지형적 편집증에 대한 직접적인 대응이었다. 그래서 그 시대가 끝나자 적어도 정부 내 일부 사람들은 이렇게 말하기 시작했다. "어이쿠, 죄송합니다."

이 모든 보고서에서 시간이 지나도 변하지 않는 좀 더 일반적인 시사점이 있다. 대부분의 대중 목격담은 평범한 설명이 가능하다. 하지만 UFO 목격의 오랜 역사에, 좀 더 깊이 들여다보면 미간을 찌푸리게 할 만큼 기괴해 보이는 사례가 항상 몇 가지는 있었다. 그렇다고 외계인과 관련이 있다는 말은 아니지만, 좀 더 진지하게 과학적으로 조사해 볼 가치가 있다는 뜻이다. 문제는 정부의 모호한 태도와 UFO

신봉자들의 음모론이 섞여 결국 SETI에까지 영향을 미쳤다는 것이다. 앞으로 살펴보겠지만, UFO와 관련된 불신이 그것과 엮이지 말아야 한다는 생각으로 이어지면서, 엄격한 과학적 SETI 연구가 여러 번 중단될 뻔했다. 외계 행성과 같은 일련의 놀라운 발견 덕분에 이제야 비로소 전체 우주생물학 분야가 그 그림자에서 벗어나고 있다.

대중문화 외계인의 침공
그들은 여기에 있다!

현재의 우주생물학과 생명체 탐구를 형성하는 힘을 이해하려면 과학적 발견 이상의 것을 살펴보아야 한다. UFO 목격과 정부 보고서는 단순한 뉴스가 아니라 사회를 변화시키는 힘이기도 했다. 과학자는 자신이 성장한 문화에 의해 형성된 인간이다. 과학에 자금을 지원하는 정치인이나 잠재적 위협을 걱정하는 군 지휘관도 마찬가지다. 이것은 외계인에는 두 종류가 있다는 말이다. 먼 행성에 살 수도, 살지 않을 수도 있는 외계인과 우리 머릿속에 사는 외계인이다.

1950년대에 핵과 우주 시대가 열리자 외계인들은 우리의 집단적, 문화적 정신 공간에 교묘하게 침입하기 시작했다. 우리 인간은 별다른 저항을 하지 않았다. 로즈웰 이후 70년 동안 외계 생명체는 블록버스터 마블 영화부터 에즈라 클라인Ezra Klein 팟캐스트에 이르기까지 모든 분야에서 주류로 자리 잡았다. 우주의 생명체에 대한 과학적 탐구가 바로 지금 어디로 향하고 있는지 생각하려면, 다른 외계인들이 어떻게 우리의 뇌를 먹어버리게 되었는지도 밝혀야 한다. 삶은 예술을 모방하고 그 반대의 경우도 마찬가지라고 한다. 우주 생명체에 관해서 그것은 2배로 사실이다. 외계인에 대한 모두의 생각은 우리가 공유하는 상상 속에 자리 잡은 외계인들에 의해 어떤 식으로든 채색되어 있다.

제2차 세계대전 이전에는 외계인을 찾아보기 어려웠다. 〈어메이징 스토리Amazing Stories〉 같은 SF 잡지나 '플래시 고든 시리즈Flash Gordon serials' 같은 저급한 연재물을 제외하고는 영화나 라디오(당시 지배적인 대중매체)에서 우주나 외계인이 등장할 공간은 많지 않았다. 하지만 전쟁은 우주와 외계 생명체가 대중문화의 일부가 되는 두 가지 중요한 발전을 가져왔다. 첫째, 소련이 1949년과 1953년에 자체적으로 원자폭탄과 열핵폭탄을 터뜨린 후 인류 문명 전체가 순식간에 전멸할 가능성이 현실화되었다. 핵무기는 기술이 발휘 가능한 신과 같은 힘을 보여주었다.

두 번째, 그리고 아마도 우리 마음속에 웅크리고 있는 외계인에게 더 중요한 것은 강력한 로켓의 출현이었다. 독일은 런던에 공포와 죽음을 몰고 온 V-1과 V-2 미사일을 발명했다. 1950년대 냉전이 격화되면서 미국과 소련은 로켓을 더욱 발전시켜 대륙간탄도미사일ICBM을 개발했고, 이 미사일은 탄두를 우주와의 경계까지 쏘아 올렸다가 지구 반 바퀴 떨어진 목표물에 다시 떨어뜨릴 수 있었다. ICBM은 곧 양국의 우주 프로그램을 위한 또 다른 역할을 맡게 되었다. 지구 최초의 인공위성인 소련의 스푸트니크 1호가 1957년 개조된 ICBM을 사용하여 발사되었다. 그리고 1961년, 소련은 같은 종류의 로켓을 사용해 최초의 우주인 유리 가가린Yuri Gagarin을 궤도에 올려놓았다.

1962년 미국은 마침내 개조된 ICBM을 사용하여 다른 행성을 향한 첫 번째 임무로 매리너 2호 우주선을 금성까지 보내면서 우주 '최초'라는 중요한 성과를 거두었다.

사람들은 한편으로 핵 소각의 공포에 떨면서 다른 한편으로는 우주의 무한한 지평이 열리는 장면을 목격하고 있었다. 다루어야 할 일이 많았다. 엎친 데 덮친 격으로 신문에는 UFO 관련 보도가 숨이 막힐 정도로 쏟아지기 시작했다. 할리우드는 할리우드답게 미래를 점쳤고 외계인을 이용해 수익을 창출할 수 있다고 판단했다.

1950년대 초부터 우주여행과 우주를 여행하는 외계인이 수많은 스튜디오의 새로운 작품의 주축으로 등장하기 시작했다. 이 중 대부분은 〈미지의 혹성에서 온 사나이The Man from Planet X〉, 〈화성에서 온 악녀Devil Girl from Mars〉, 〈백만 개의 눈을 가진 괴물The Beast with a Million Eyes〉 같은 제목의 잊을 수 없는 저예산 작품이었다. 여러분은 아마 이 영화들을 본 적이 없겠지만 나는 확실히 보았다. 하지만 정말 심오한 외계인 영화도 있었고, 이들은 큰 영향을 미쳤다. 〈지구가 멈춘 날The Day the Earth Stood Still〉은 다른 행성에서 온 대사 클라투Klaatu의 이야기를 다룬 영화다. 접시 모양의(당연히) 우주선을 워싱턴 DC에 착륙시킨 클라투와 죽음의 광선을 휘두르는 그의 로봇 경호원은 인류에게 강력한 메시지를 전한다. 폭력적인 방식을 고치기 전에는 우주에 가지 말라는 것이었다. 〈신체 강탈자의 침공Invasion of the Body Snatchers〉은 최초의 외계인 침공 영화였다. 이 영화는 정치적 순응에 관한 우화이기도 했지만(공산주의 동조자로 추정되는 사람들에 대한 마녀사냥의 시대였다) 외계인이 형태가 변하는 침입자라는, 잊을 수 없고 자주 반복되는 이야기를 영화화한 최초의 작품이었다. 그중에서도 최고로 꼽히는 〈금지된 행성Forbidden Planet〉은 선진 문명이 강력한 세력의 먹이가 되는 동시에 그 기술을 후대 문명이 찾아서 사용할 수 있도록 남겨둔다는 아이디어를 제공했다. 이는 셀 수 없을 정도로 많은 SF 영화, TV 쇼, 비디오게임에서 채택한 주제다. 물론 나는 괴짜이기 때문에 몇 가지를 더 언급하지 않을 수 없다. 〈스타 트렉〉, 〈스타게이트Stargate〉, 〈익스팬스The Expanse〉, 그리고 멋진 비디오게임 시리즈인 〈매스 이펙트Mass Effect〉.

골판지로 만든 우주선과 값싼 외계인 의상이 넘쳐났지만, 막대한 예산이 투입된 심오한 작품들은 결국 대중문화의 주류로 자리 잡았다. 그 영향력은 오늘날까지 외계인과 외계 문명에 관한 우리의 집단적 생각을 형성하는 데 큰 영향을 미쳤다.

SF는 우주 생명체에 관한 일련의 개념과 이미지를 확립해 오늘날 우리의 상황에 긍정적, 부정적 영향을 미쳤다. 첫째, 외계 생명체와 관련한 심오한 의문이 존재하며 언젠가는 과학이 그 해답을 찾을 수 있다는 사실을 사람들에게 인식시켰다. 이러한 노력들의 가장 좋은 점은 생각을 자극하는 방식으로 질문을 제기했다는 것이다. 반면에 끔찍한 B급 외계인 영화는 이 모든 주제를 농담처럼 보이게 만들었다. 이것이 바로 SETI, 기술 흔적, 심지어 우주생물학에 대한 언급만 나와도 눈살을 찌푸리고 비웃는 '비웃음 요인'이 탄생한 이유다. 앞으로 살펴보겠지만, '작은 녹색 인간'을 향한 비웃음 요인은 30년 동안 SETI를 정치적 다이너마이트로 만들어 그것의 진전을 완전히 망쳐버릴 뻔했다.

　그러니까 여러분이 외계인에 대해 생각할 때, 여러분이 생각하는 그 외계인은 갑자기 나타난 것이 아니다. 외계인은 수십 년 동안 대중 매체에서 집단적으로 꿈꿔온 문화적 꿈의 결실이다. 이제 정말로 실현될 외계 생명체 탐색이라는 새로운 현실에 눈을 뜨기 위해 노력할 때, 그 꿈을 염두에 두어야 한다.

CHAPTER 2

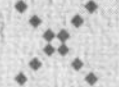

그래서 어떻게 하면 될까?

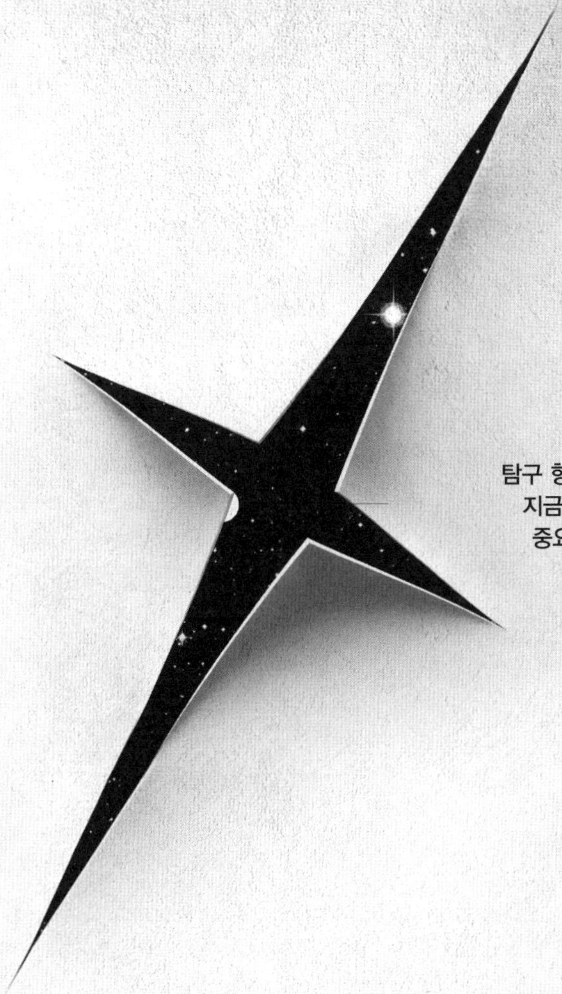

외계인에 대한
탐구 형태를 만들었고
지금도 만들고 있는
중요한 아이디어들

THE LITTLE BOOK OF ALIENS

몇 세기 동안 서로에게 소리만 지르던 사람들이 1950년대 후반과 1960년대에 마침내 외계인을 찾는 일에 진지해졌고(적어도 과학자들은), 지구 밖 생명체를 찾는 방법에 관한 일련의 기초적인 아이디어가 확립되었다. 마찬가지로 중요한 것은 외계인에 대해 **생각하는 방법**과 관련한 급진적일 만큼 새로운 사고방식도 발전하고 있었다는 점이다. 외계 문명이 어떻게 진화하고 행동하며 감지될 수 있는지에 대해 체계적으로 생각하는 방법을 배우는 것은 중요한 진전이었다. 무엇을 찾고 있는지 모를 때는 무언가를 찾기가 정말 어려울 수 있다.

이 장에서는 오랜 시간 동안 검증된 몇 가지 아이디어를 풀어보겠다. 이렇게 하는 데에는 두 가지 이유가 있다. 첫째, 지구 너머 생명체에 대한 과학적 탐구에 정말 관심이 있다면 꼭 알아야 할 내용이다. 거주 가능 영역, 카르다셰프 척도, 다이슨 구… 이런 용어들이 끊임없이 대화에 등장할 것이다. 외계 행성의 과학, 생명의 기원, 심지어 UFO 관련 논의까지, 이러한 개념은 다른 모든 것의 토대가 되고, 저녁 식사를 하면서 똑똑해 보이는 이야기를 할 수 있는 기반이 된다.

물론 바, 게임, 칵테일파티에서 사람들에게 깊은 인상을 남기는 일보다 더 중요한 것은 이러한 아이디어와 역사가 왜 그렇게 중요한지 이해하는 것이다. 답은 이렇다. 과학은 보수적이다. 과학자들이 누구에게 투표하느냐를 말하는 것이 아니다. 과학은 최고의 아이디어에 집착한다는 뜻이다. 세상에 대해 알아내는 일은 매우 어렵기 때문에, 어느 과학자가 유용하거나 선진 문명의 진화와 같은 복잡한 과정을 깔끔하게 포착하는 아이디어를 생각해 내면 그 아이디어는 지속력을 갖는다. 그 아이디어는 계속 반복해서 사용될 것이다. 그것은 다음 세대 과학자들에게 전해질 테고, 그들도 이 아이디어를 끊임없이 사용하면서 자신의 사고와 연구 과정에 포함시킬 것이다. 정말 좋은 아이디어라면 수십억 달러 규모의 우주망원경 임무 계획의 초석이 될 수도 있다.

하지만 아이디어가 좋은 것만으로는 충분하지 않다. 결국 그 아이디어에 대한 증거, 즉 과학자들이 '증거 기준standards of evidence'이라고 부르는 기준을 통과해야 한다. 증거 기준이 핵심이다. 모든 것이 그것에 달려있다. 과학 소시지가 만들어지는 방식이기도 하다. 안타깝게도 증거 기준은 그다지 흥미롭지 않다. 정확한 데이터를 얻기 위한 적절한 절차에 관한 이야기로 청중을 현혹하고 즐겁게 하려고 심야 TV 쇼에 나를 초대하는 사람은 아무도 없다. 하지만 증거 기준은 블랙홀이나 양자 도약, 심지어 외계 생명체보다도 과학에서 가장 중요한 개

넘이다. 그것이 과학이 작동하는 이유이기 때문이다.

핵심은 이렇다. 현대 과학이 탄생하는 데는 오랜 시간이 걸렸다. 우리는 흔히 갈릴레오나 뉴턴과 같은 천재들의 업적을 통해 과학의 진보에 관한 이야기를 듣곤 하지만, 이는 사실 과학의 일부분에 불과하다. 아인슈타인 한 명 뒤에는, 역사가 거의 주목하지 않았던 수백 명의 사람들이 있었다. 그들은 함께 모여 사상가, 수학자, 실험가들의 네트워크를 만들었다. 그들은 유럽과 전 세계를 가로질러 편지를 썼다. 서로의 작업실과 실험실을 방문하기도 했다. 영국 왕립학회(1660년 설립)와 같은 과학 발전을 위한 새로운 기관을 만들기도 했다. 가장 중요한 것은 끓는 액체에 관한 실험을 수행하는 가장 좋은 방법, 혜성을 추적하는 새로운 공식을 도출하는 방법 등에 대해 격렬하게 논쟁을 벌였다는 점이다.

이러한 기관과 네트워크를 통해 연구 모범 사례가 천천히 그리고 힘겹게 만들어졌다. 이 모범 사례 중 가장 중요한 것은 아마도 증거로부터 결론을 도출하는 규칙일 것이다. 이러한 규칙은 무엇이 좋은 증거로 간주되고 무엇이 엉터리인지 알려준다. 이 규칙을 통해 어떤 결론이 증거에 의해 뒷받침되는지, 그리고 어떤 결론이 진실이길 바랐지만 현실과는 전혀 무관한 허황된 환상인지 구분할 수 있다.

내가 왜 이런 이야기를 하고 있는 걸까? 증거 기준이 바로 과학과 헛소리의 차이이기 때문이다. 우리가 정말로 우주의 생명체에 대한 질문에 답하고 싶다면, 속지 않도록 이러한 기준에 세심한 주의를 기울여야 할 것이다. 최근 우주생물학계는 생명체 발견으로 간주할 수 있는 엄격한 지침을 정했다.[1] SETI 커뮤니티는 수년 전에 이러한 지침을 선구적으로 마련했다. 과학자들이 피와 땀을 흘려 이러한 지침을 만든 이유는 연구팀이 "우리가 발견했습니다!"라고 세상에 발표하기 전에 무엇이 필요한지 명확히 하고 싶었기 때문이다.

나와 동료들이 50광년 떨어진 세계에서 도시 불빛의 증거를 발견했다고 주장한다고 해보자. 증거 기준을 제시하는 지침에 따르면 이 신호는 일반적인 천체 관측에서 발생하는 일반적인 잡음보다 훨씬 강해야 한다. 지침은 이 신호가 외계 행성이 아닌 우리 기기에서 시작되었을 모든 가능성을 살펴보기를 요구할 것이다. 그런 다음 지침은 그러한 종류의 신호가 자연적으로 생성되었을 수 있는 다른 모든 가능한 방법(어쩌면 외계 행성의 매우 높은 수준의 번개에 의한 것)을 살펴보기를 요구할 것이다. 이 모든 상자를 확인해야만 외계 문명의 증거를 찾았다고 주장할 수 있다. 그렇게 해도 동료들은 우리가 한 일과 주장에 대해 모든 면에서 이의를 제기하며 거세게 공격할 것이다. 그것이 바로 과학이 작동하는 방식이며, 외계인 발견과 같은 거대한 사건에서는 특히 더 열심히 노력해야 한다.

UFO에 관한 가장 큰 문제 중 하나는 증거 기준이 없다는 것이다. 그래서 많은 경우 모호한 사진이나 목격자의 주장을 외계인의 증거로 받아들인다. 물론 UFO 커뮤니티에도 증거 기준에 관심을 갖고 주의를 기울이는 사람들이 **있지만** 너무 자주 묻혀버린다. 신호보다 소음이 훨씬 더 크다.

1950년대 말과 1960년대 초에 소수의 과학자들이 외계인 문제를 엄격하게 다루려고 **노력했기** 때문에 과학의 역사와 철학에 대한 소개로 이 장을 시작한다. 당시에는 초보적인 탐색을 가능하게 하는 기술이 막 등장하고 있었고, 과학자로서 그들은 이러한 증거 기준이 성공의 열쇠가 되리라는 것을 알고 있었다. 젊고 용감한 프랭크 드레이크가 개척한 영웅적인 첫 번째 SETI 활동보다 이 이야기가 더 분명하게 드러나는 곳은 없다.

오즈마 프로젝트
최초의 탐색

현대 이전까지 천문학에서 지구 밖 생명체 탐색이 큰 주목을 받지 못한 데에는 그럴만한 이유가 있다. 간단히 말해, 불가능했기 때문이다. 아무리 가까운 별이라도 최고의 망원경으로도 빛의 점으로만 보이고, 그 별 주변의 행성을 찾을 만큼 민감한 검출기는 1990년대까지 등장하지 않았다. 당시 외계 생명체에 관심을 가졌던 소수의 천문학자들은 외계 생명체를 과학적으로 탐색하는 방법을 상상조차 할 수 없었다. 초기에는 태양계 내 행성에 있는 지적 생명체에게 우리가 이곳에 있다는 사실을 알리기 위해 기하학적 모양의 거대한 불을 발사하여 메시지를 전달하자는 제안이 있었다. 당연히, 텍사스주 크기의 모닥불을 피워 화성인들에게 신호를 보내자는 제안은 많은 지지를 얻지 못했다. 하지만 1950년대 말, 새로운 기술과 프랭크 드레이크가 세운 계획 덕분에 외계 생명체에 대한 진정한 과학적 탐색이 마침내 가능해졌다. 70년이 넘는 세월이 흐른 지금, 우리는 드레이크의 업적을 다음 단계로 끌어올릴 준비가 되어있다.

1950년대만 해도 전파를 이용해 천문학을 한다는 것은 아주 새로운 아이디어였다. 그때까지만 해도 하늘을 관측한다는 것은 우리의 눈이 볼 수 있게 진화한 '광학' 빛을 사용하는 것을 의미했다. 하지만 이 빛은 전체 전자기 스펙트럼의 작은 일부에 불과하다. 모든 형태의 빛은 우주를 여행하는 전자기파이다. 우리의 눈이 사용하는 광학 빛은 상대적으로 파장(한 마루에서 다른 마루까지의 거리)이 짧다. 예를 들어 청색 빛은 파장이 수십만 분의 1센티미터 단위로 측정된다. 전파 역시 빛이지만 전자기 스펙트럼에서 가장 긴 파장, 주먹 크기에서 고층 빌딩 높이에 이르는 훨씬 긴 파장을 가지고 있다. 1940년대 후반부터 천문학자들은 전파로 하늘을 관측할 수 있는 망원경 만드는 방법을 알아냈다. 1950년대 후반에는 정부도 이에 동참하여 지금은 모두가 전파망원경으로 인식하고 있는 거대한 접시를 만들기 위한 자금을 지원했다.

1958년, 그 자신의 이름을 딴 유명한 방정식을 만들기 3년 전 프랭크 드레이크는 전파천문학으로 박사 학위를 받은 지 얼마 되지 않았고, 웨스트버지니아에 새로 문을 연 그린뱅크 천문대에서 일을 시작한 상태였다. 그가 도착했을 때 그린뱅크의 전파망원경은 아직 건설 중이었고, 그의 동료들은 이 새로운 거대한 기기를 사용해 우리 은하의 구조부터 폭발하는 별에 이르기까지 모든 것을 연구할 계획이었다. 드레이크도 이러한 노력에 동참하고 싶었지만, 그는 은밀히 다른 종류의 목표를 희망하고 있었다. 대학원에 재학 중일 때 드레이크는 유명한 천문학자 오토 스트루베를 만났다. 당시 스트루베는 우주의 다른 생명체 문제에 관심을 가진 몇 안 되는 과학자 중 한 명이었다. 다른 수많은 동료들과 달리 스트루베는 행성이 흔하다고 믿었고, 외계 세계 중 일부에는 고유한 형태의 생명체가 존재할 수 있다고 생각했다. 그 예로, 스트루베는 드레이크에게 생명체 탐색은 천문학자들이 연구할 수 있고, 또 연구해야 하는 타당한 문제라고 확신시켰다. 드레이크는 그 문제를 직접 해결하기를 희망하며 그린뱅크에 등장했다.

드레이크의 창문 밖에 놓인 대형 전파망원경은 그의 야망을 위한 완벽한 도구였다. 전파는 파장이 매우 길기 때문에 광학 빛처럼 성간 먼지 입자에 의해 흡수(차단)되지 않고 우주 공간을 이동할 수 있다. 방해하는 물질에 의해 가려지지 않는다는 것은, 매우 희미한 전파 신호도 먼 거리까지 지장을 받지 않고 이동할 수 있다는 것을 의미한다. 드레이크가 가지고 있던 초기 버전의 전파망원경도 매우 민감해서 아주 희미한 신호를 감지할 수 있었다. 따라서 드레이크에게 다음 단계는 명확했다.

그는 스스로에게 단순한 질문을 던지며 계획을 세웠다. 드레이크가 이용하는 망원경으로 외계인이 지구를 얼마나 먼 곳에서까지 볼 수 있을까? 지구를 기준으로 삼는 것은 좋은 과학이다. 드레이크는 엄청난 능력을 가진 외계인을 상상하는 대신, 우리가 알고 있는 인간 수준의 전파 기술에서 출발했다. 그는 계산을 통해 지구에서 가장 강력한 전파 송신기는 그린뱅크 크기의 전파망원경으로 약 10광년 거리에서까지 탐지될 수 있다는 사실을 알아냈다. 이것으로 탐색 반경이 정해졌다. 그런 다음 그는 실제 탐색 대상을 찾기 위해 질문을 뒤집었다. 10광년 이내에 태양과 같은 별이 있을까? 그는 생명체가 살기 위해서는 지구와 비슷한 조건이 필요하다는, 과학적으로 보수적인 가정을 세우고자 이런 식으로 질문을 구성했다. 당시에는 별의 궤도에 지구와 같은 행성이 있는지 여부를 알 방법이 없었기 때문에(외계 행성은 1995년에야 발견되었다) 드레이크는 최선을 다해 태양과 같은 별에만 집중했다. 그는 10광년 이내에 태양과 유사한 별을 찾아서 2개를 선택했다. 첫 번째는 고래자리Cetus에 있는 타우 세티 별이었다. 두 번째는 에리다누스자리Eridanus에 있는 엡실론 에리다니였다. 두 별은 크기, 질량, 온도 면에서 태양과 비슷했다.

다음 문제는 과학적 문제가 아니라 정치적 문제였다. 천문대 동료들로 하여금 외계 문명을 찾는 것 같은 미친 짓을 받아들이게 할 수 있을까? 당시에는 우주생물학이라는 분야가 존재하지 않았다. 천문학은 비활성(죽은) 천체를 연구하는 학문이었다. 다른 세계에 생명체가 존재한다고 생각하는 것조차 대부분의 천문학자에게는 비과학적인 공상의 나래를 펼치는 일이었다. 답할 수 없는 질문에 대해 생각하느라 시간을 낭비할 필요가 있는가? 당시 인기 있던 B급 영화에 등장하는 벌레 눈의 괴물 외계인이나 UFO 광풍도 도움이 되지 못했다. 대부분의 진지한 과학자들은 다른 행성의 문명에 대한 질문에 관여하고 싶어 하지 않았다. 비웃음 요인이 지배하고 있었다.

다행히도 그린뱅크의 소규모 천문학자 그룹은 열린 마음을 가진 사람들이었다. 드레이크는 어느 날 오후 동네 식당에서 햄버거와 감자튀김을 먹으며 외계 지능(즉, 비자연적 기원의 신호)을 탐색하자는 제안을 했다. 그의 동료들은 그 아이디어를 좋아했다. 그렇게 갑자기 드레이크는 실제 연구 프로젝트를 떠맡게 되었다. 그는 그 탐색을 오즈 나라에 관한 L. 프랭크 바움L. Frank Baum의 소설에 나오는 오즈마 공주의 이름을 따서 오즈마 프로젝트라고 불렀다(드레이크는 오즈의 열렬한 팬이었다).

오즈마 프로젝트는 종종 모든 것을 직접 설계하고 제작해야 했던 과학 실험의 영웅적인 시절에 진행되었다. 드레이크는 이 프로젝트에 많은 돈을 쓰고 있다는 외부의 비판을 피하기 위해서도 이런 방식으로 진행했다. 하지만 당시 전파천문학은 매우 첨단의 기술이 필요한 분야였다. 초기 블루스나 로큰롤 녹음 스튜디오의 사운드 엔지니어링과 마찬가지로, 모든 것은 튜너와 앰프의 전자장치에 관한 것이었다. 드레이크와 그의 동료들은 머디 워터스Muddy Waters의 일렉트릭기타에서 나오는 으르렁거리는 소리를 포착하는 대신, 10광년 떨어진 별에서 나오는 희미한 전파 방출을 깨끗하게 포착하려고 노력했다.

오즈마 프로젝트는 1960년 4월부터 7월까지 지속되었다. 외계인의 흔적은 발견하지 못했다. 하지만 외계 지적 생명체를 발견하지 못했다고 해서 프로젝트가 실패한 것은 아니었다. 소문이 퍼지면서 전 세계가 주목했다. 젊고 깡마른 프랭크 드레이크가 매일 외계인 사냥에 나서는 동안 그에게는 방문객이 끊이지 않았다. 유명 사업가, 지도적인 신학자, 이름 있는 언론인 등이 모두 그린뱅크에 와서 무슨 일이 일어나고 있는지 확인했다. 드레이크와 그의 프로젝트가 전 세계의 헤드라인과 TV 쇼를 장식한 것은 그때도 전 세계가 외계인에 관심을 갖고 있었기 때문이었다. 역사적으로 세계 곳곳의 술집, 학교, 캠프파이어 주변에서 논의되던 외계 생명체 관련 질문에 대해 갑자기 답을 찾을 수 있을 것이라는 희망을 갖게 되었다. 오즈마 프로젝트가 전 세계의 주목을 받은 것은 우리가 이제 막 넘기 시작한 문턱에 있었기 때문이다.

돌이켜 보면 오즈마 프로젝트가 그 문턱을 넘었다는 점이 얼마나 중요한지, 그리고 우리를 데리고 그 문턱을 넘은 젊은 드레이크가 얼마나 어이없이 용감했는지 아무리 강조해도 지나치지 않다. 태양계 너머의 생명체에 대한 어떠한 종류의 탐색도 이전에는 없었다. 드레이크는 그 존재를 상상하고 가장 중요한 증거 기준을 준수할 수 있는 방법론을 제시해야 했다. 일단 그 문턱을 넘은 뒤에는 되돌릴 수 없었다. 드레이크는 모든 인류를 행성의 어린 시절부터 우주의 청소년기까지 밀어붙였다. 갑자기 우리는 미흡하지만 광활한 별들의 바다에서 우리와 같은 존재들을 찾을 수 있는 능력을 갖게 되었다. 갑자기 우리가 우리처럼 별을 바라보며 '어떻게'와 '왜'를 묻는 다른 지능과 대화를 나누는 일이 꿈만은 아니게 되어버렸다.

오즈마 프로젝트 이후 수십 년 동안 우주생물학은 변두리 주제에서 각광 받는 연구 분야로 발전했다. 1960년대와 70년대에 걸쳐 NASA는 태양계 행성에 탐사선을 보냈다. 이러한 노력과 함께 어딘가에서 최소한 미생물 생명체의 증거를 찾을 수 있을 것이라는 희망이 있었고, 화성이 주 목표였다. 그러나 1980년대에 이르러 이러한 희망은 대부분 좌절되었고, 우주에 단순한 생명체라도 존재할 수 있다고 생각하는 소규모 커뮤니티는 여전히 영세한 데다 자금도 충분하지 않다. 지적 생명체와 지능의 가능성에 대해 생각하고자 하는 과학자 그룹은 훨씬 더 소규모였다. 오즈마 프로젝트가 SETI를 시작했지만, 이러한 노력은 천문학계에서 주류가 되지 못했다. 나중에 살펴보겠지만, 문제의 일부는 1980년대에 SETI가 정치적 쟁점이 되었다는 점이다. 1990년대 초까지만 해도 우주생물학은 과학의 최전선에 있지 않았고, SETI는 변방에 머물러 있었다.

그러나 이제 이 책에서 앞으로 살펴볼 혁명 덕분에 생명체 탐색은 NASA의 최우선 과제 중 하나가 되었고, 이를 가능하게 하는 차세대 우주망원경 제작에 수십억 달러를 투자하고 있다. 2020년, 미국 국립과학아카데미의 후원을 받는 천문학계는 천문학 및 천체물리학에 관한 최신 10년 조사 결과를 발표하면서 새로운 임무의 우선순위를 설정했다. 외계 행성을 연구하고 생명체를 찾는 임무인 '거주 가능 세계 관측소'가 그 목록의 맨 위에 올랐다.* 이 천문대는 제임스 웹 우주망원경의 후계자로 수십 년 안에 설치될 예정이다. 드레이크의 업적은 이러한 맥락에서 이해되어야 한다. 단순히 SETI의 탄생만이 아니었다. 드레이크는 최초의 진정한 과학적 관측 우주생물학 조사를 상상하고 수행했다. 그가 사용할 수 있는 도구는 제한적이었고, 당시의 천문학적 이해는 수행 가능한 탐색의 종류에 심각한 제한을 가했다. 하지만 지난 수십 년간의 눈부신 과학 발전으로 이러한 한계는 이제 사라졌다. 그래서 마침내 본격적인 탐색을 시작할 준비가 된 것이다.

오즈마 프로젝트와 함께한 드레이크의 선구적인 노력은 획기적인 이정표가 될 것이다. 수년 후, 어쩌면 우리가 은하문화연맹에서 다른 모든 은하계 종족들과 함께 자리를 차지하게 될 때에도 드레이크와 오즈마 프로젝트는 모든 것이 시작된 순간으로 기억될 것이다.

---

* 이 망원경이 정확히 어떤 모습일지, 그리고 어떤 이름으로 불릴지는 아직 알 수 없다. 10년 위원회가 검토한 괜찮은 제안들이 있었다. 하지만 중요한 것은, 이 보고서는 외계 행성과 우주생물학에 초점을 맞춘 망원경을 만드는 데 집중했다는 점이다.

거주 가능 영역
궤도의 골디락스

프랭크 드레이크는 오즈마 프로젝트로 외계 지적 생명체 탐색을 시작했다. 그런데 과학은 항상 이론과 실험(또는 관찰)의 상호작용을 통해 작동한다. 망원경을 하늘로 향해 데이터를 얻는 것만으로는 충분하지 않다. 결국, 더 정교해지고 탐색의 성공 확률을 높이려면 무엇을 찾고 있는지 알아야 한다. 이때 이론이 필요하다. 이론가들은 물리학을 이용해 우주에서 가능한 것을 찾아내는 일을 하며, 이는 매우 아름다운 수학적 법칙으로 표현된다. 존 콜트레인John Coltrane의 〈A Love Supreme〉이나 레드 제플린Led Zeppelin의 〈Heartbreaker〉의 도입부만큼이나 근사하다.

오즈마 프로젝트를 구축하기 위해 SETI는 새로운 이론이 필요했다. 오즈마를 넘어서는 탐색을 구체화할 이론적 개념(아이디어)을 제공하는 과학자들이 있어야 했다. 이 섹션과 이어지는 두 섹션에서는 오즈마 프로젝트가 끝난 직후 몇 년 동안 정립된 핵심 개념을 정리해 보겠다. 다이슨 구, 카르다셰프 척도, 거주 가능 영역(이 장의)은 향후 SETI 탐사가 구축될 토대이자 SETI 논의가 나아갈 방향이 될 것이다. 페르미 역설과 드레이크 방정식도 이 기초적인 외계인 탐색 개념에 포함시킬 수 있다. 이러한 아이디어는 오즈마와 같은 고전적인 전파 SETI 탐색이 생명 흔적과 기술 흔적 연구의 광범위한 폭발적 증가의 한 부분이 된 것처럼 지금도 계속해서 큰 영향을 미치고 있다. 이러한 핵심 아이디어는 사람들이 UFO를 외계인으로 이야기할 때도 등장한다. 외계인은 어딘가에서 왔을 테고, 이러한 개념은 그 질문에 대한 인류 최선의 생각 중 일부이다.

과학의 최전선에 대한 간단한 관찰부터 시작하겠다. 때로는 무언가를 만들어 내는 것이 과학자가 할 수 있는 가장 현명한 일이다. 1960년 오즈마 프로젝트가 마무리될 무렵에는 외계 생명체에 대한 과학적 탐색이 어떤 모습이어야 하는지 고민하는 사람이 많지 않았다. 그 당시에 **외계 생명체 질문에 대해 무언가를 해야 한다**고 생각하는 과학자라면 홀로 남겨졌을 것이다. 여기에 관심을 가진 소수의 연구자들은 과학자들이 알려진 것의 경계에 서있을 때 항상 하는 일을 했다. 그들은 무언가를 만들어 냈다. 그들은 사다리를 상상하고는 그 사다리를 올라갔다.

좋은 과학의 본질은 통제된 상상력이다. 천문학자들에게는 그들의 생각이 불가능하거나 순전히 환상적인 영역으로 흘러가지 않도록 가드레일이 필요하다. 다른 사람들이 그들의 아이디어에 동참하도록 하려면 연구자들은 (중력이나 화학의 작용 방식과 같은) 자연의 법칙을 활용하여, 미지의 세계로 더 높이 올라갈 때 무게를 지탱할 수 있는 계단을 만들어야 한다. 이것이 바로 아이디어와 데이터(관측/실험) 사이의 균형이다. 중국계 미국인 천체물리학자 수슈 황Su-Shu Huang은 1959년[2] 모든 별이 생명체 탐사에 필수적인 '거주 가능 영역'으로 둘러싸여 있다고 제안하면서 이 길을 택했다. 거주 가능 영역은 행성궤도로 표현되는 태양계 내의 공간으로, 생명체가 형성될 수 있는 곳이다. 이 아이디어는 천문학자들이 외계 태양계에서 생명체를 찾는 데 시간을 할애해야 할 곳을 알려준다.

황의 큰 아이디어 뒤에 숨은 큰 통제 원리는 무엇이었을까? 답은 간단하다. 바로 물이다. 지구의 오랜 역사를 보면 생명과 물은 뗄 수 없는 관계인 것으로 보인다. 과학자들이 화학의 작용 원리를 살펴봤을 때 생명체의 필요에 물만큼 잘 작동하는 것은 없다. 물은 완벽한 용매다. 수많은 화학물질이 용해되기 때문에 생명체의 끝없는 화학작용을 위한 매개체로서 물만큼 적합한 것은 없다.

우주에 존재하는 일부 생명체가 물 이외의 다른 물질을 화학적 기초로 사용할 **가능성**은 여전히 존재하며, 과학자들은 이러한 가능성을 탐구할 필요가 있다. 하지만 현재로서 중요한 것은, 처음부터 다시 시작한다면, 즉 처음부터 생명체를 만든다면 물이 가장 좋은 방법이리라는 것이다. 다시 황의 황금 같은 아이디어로 돌아가게 된다.

행성 표면의 온도는 두 가지 요소로 결정된다. 행성이 모성으로부터 얼마나 멀리 떨어져 있는지와 광도光度, 그러니까 모성이 얼마나 많은 에너지를 방출하는지이다. 먼저 거리 부분을 살펴보자. 행성이 모성과 매우 가깝다면 그 행성의 표면은 뜨겁게 달아오를 것이다. 매일매일 엄청난 별의 복사가 쏟아져 행성은 생지옥이(좋다, **죽은**지옥이) 될 것이다. 반면에 행성이 별에서 아주 멀리 떨어져 있다면 행성 표면은 춥고 열악한 환경이 될 테며, 별은 하늘에서 희미한 점으로 보일 것이다.

이제 별의 광도 문제를 생각해 보자. 별의 광도는 별의 핵에서 열핵융합에 의해 얼마나 빨리 에너지가 방출되는지에 따라 결정된다. 광도가 높은 별은 광도가 낮은 비슷한 크기의 별에 비해 엄청난 양의 에너지를 뿜어낸다. 그러니까 행성은 매우 밝게 빛나는 별에서 꽤 멀리 떨어진 궤도에 있으면서도 여전히 훈훈하게 따뜻한 표면을 가질 수 있다. 반면에 광도가 낮은 별의 주위를 도는 행성은 아주 가까운 궤도에 있지 않는 한 여전히 엄청나게 추울 것이다. 지구가 태양의 주위를 도는 데는 365일이 걸린다. 광도가 낮은 별 주변의 행성은 궤도를 도는 데 몇 주가 걸리는 경우에만 그 표면에 거주할 수 있다. 몇 주가 1년이 되는…. 이것이 바로 내가 말하는 미친 듯이 가까운 궤도이다. 비교를 원한다면 해보자. 표면 온도가 섭씨 370도인 수성은 우리 태양에 가장 가까운 행성이다. 수성은 태양을 한 바퀴 도는 데 약 88일이 걸린다. 차가운 별들 주위의 행성이 쾌적한 온도를 유지하려면 수성보다 태양에 약 10배 더 가까워야 한다.

이 모든 것을 종합했을 때, 별과 그 행성을 알려주고 행성의 궤도 거리와 별의 광도(에너지 출력)를 알려주면 행성의 표면 온도를 알 수 있다. 그 행성이 얼어붙은 눈덩이의 세계인지, 뜨거운 사막의 세계인지, 아니면 우리의 사랑스러운 행성처럼 그 중간인지도 알 수 있다. 이것은 기본적인 천체물리학의 꽤 멋진 부분이다.

수슈 황은 이 천체물리학의 마법을 이용해 별 주위에서 표면에 액체 물이 존재할 수 있는 궤도의 영역을 찾는 방법을 알아냈다. 영역의 안쪽 가장자리는 행성 표면이 너무 뜨거워 물이 끓는 곳이다. 바깥쪽 가장자리는 행성 표면이 너무 차가워 물이 어는 곳이다. 그 사이의 행성이 있고 대기가 있다면, 물 한 잔을 땅에 부었을 때 물은 웅덩이에 고이게 된다. 그 작은 웅덩이에서 어쩌면, 정말로 어쩌면, 생명체가 형성될 수도 있다.

거주 가능 영역은 단순하고 통찰력 있는 아이디어였으며, 모든 단순하고 통찰력 있는 과학의 아이디어와 마찬가지로 미래를 만들 수 있는 힘을 가졌다. 오늘날 우주생물학자들은 이 개념을 외계 생명체를 찾는 모든 탐색의 기초로 삼고 있다. 거주 가능 영역에서 지구와 유사한 세계를 발견하는 것만큼 천문학자의 심장을 더 빠르게 뛰게 하는 것은 없다. 그것이 바로 큰 상이다. 모든 사람이 찾고 있는 것이 바로 그것이다. 거주 가능 영역은 우주에서 생명체를 찾기 위한 최초의 개념 중 하나였다. 이 개념은 오랜 세월의 검증을 견뎌왔고, 지금도 여전히 우리의 탐색이 어디로 나아가야 할지를 알려준다.

다이슨 구

외계인이 활용하는 거대 구조물

과학에서 '외계 거대 구조물'보다 더 재미있는 용어는 많지 않으며, 더 놀라운 것은 최근 외계 문명 탐색에 관한 뉴스에서 이 단어가 자주 등장하고 있다는 것이다. 그렇다면 외계 거대 구조물이란 정확히 무엇이고, 멀쩡한 정신의 박사 학위 소지 과학자들은 왜 이에 관한 논문을 쓰고 있을까? 그 해답은 1960년 위대한 이론물리학자 프리먼 다이슨Freeman Dyson이 쓴 일련의 연구 논문으로 거슬러 올라간다.

다이슨은 전자와 빛이 상호작용하는 방식에 관한 양자 이론을 개발하는 데 기여하면서 처음 명성을 얻었다. 하지만 다이슨은 호기심이 많아서 일반적인 과학적 사고의 영역을 벗어나는 데까지 나아가는 과학자이기도 했다. 프랭크 드레이크가 외계인 탐색을 시작한 후 프리먼 다이슨은 외계인 탐색을 통해 무엇을 발견할 수 있을지 궁금해하기 시작했다. 이론물리학자였던 다이슨은 발전하는 기술이 외계 문명을 어디로 이끌 수 있는지 알아내려고 했다. 다이슨의 접근 방식은 첨단 기술 문명의 궤적을 상상하기 위한 도구로 물리학을 사용한 최초의 중요한 시도 중 하나였다.

에너지는 이론물리학에서 가장 기본적인 개념 중 하나다. 에너지는 일을 할 수 있는 능력으로 정의된다. 물리적 세계에서 일어나는 일에는 모두 에너지가 필요하다. 다이슨은 에너지가 항상 문명의 능력을 제한하는 하나의 요소가 될 거라고 생각했다. 더 많은 에너지를 사용 가능할수록 더 많은 일을 할 수 있다. 생명체가 시작되려면 행성의 표면이 필요하기 때문에, 다이슨은 모든 문명이 거대한 에너지 발전기(즉, 별) 옆에서 탄생할 것이라는 사실도 인식했다. 우리의 경우는 태양이다. 일반적인 별은 약 10억 곱하기 10억 곱하기 1억 와트의 전력을 생산한다. 이는 지구에 있는 발전소 전체가 1년에 생산하는 전력보다 매초 100만 배 더 많은 전력이다.[3] 다이슨은 문명이 결국 모성에서 흘러나오는 모든 전력을 활용하려는 것은 당연한 일이라고 생각했고, 어떻게 하면 그렇게 할 수 있을지 세부적인 방법을 연구했다.

SETI에서 자주 볼 수 있듯이 SF는 과학에 영감을 주는 역할을 한다. 1930년대 올라프 스테이플던Olaf Stapledon의 소설 《스타 메이커Star Maker》에서 아이디어를 얻은 다이슨은 문명의 태양을 둘러싸는 궤도를 도는, 집광판으로 만든 구조물을 상상했다. 이는 기본적으로 태양의 전력을 수확할 수 있는 일종의 태양 전지판이 된다. 태양에너지의 대부분을 포집하려면 태양계 크기의 광대한 집광판 배열, 즉 거대 구조물(이 용어는 최근에야 유행하기 시작했지만)이 필요하다. 이러한 거대 구조물 중 하나는 행성보다 훨씬 더 큰 거대한 기계가 될 수 있다. 다이슨은 별을 이러한 기계로 둘러싸 별의 복사를 잡아서 문명에 전력을 공급하는 데 사용하는 모습을 상상했다.

다이슨은 물리학 법칙, 특히 유명한 열역학 제2법칙에 따라 에너지 수집기가 태양복사를 처리할 때 열이 발생한다는 사실에 주목했다. 제2법칙은 에너지를 수확하고 사용할 때마다 반드시 낭비가 발생한다는 것을 말한다. 자동차에 1리터의 휘발유를 사용하면 그 에너지 중 일부만 바퀴를 움직이는 유용한 작업에 사용된다. 대부분은 그저 엔진 블록을 가열하는 데만 사용되는 것이다. 유용한 일을 하지 않는 이러한 가열은 두 번째 법칙의 결과다. 다이슨의 아이디어의 경우, 수집기가 두 번째 법칙에 따라 별빛을 잡고 저장할 때 열이 발생해야 한다. 수집기가 따뜻해지면 스펙트럼의 적외선 부분에서 밝게 빛나기 시작한다. 지금 이 순간에도 여러분의 체온이 적외선을 발산하고 있으며, 어둠 속에서도 볼 수 있는 군용 고글이 있다면 이를 볼 수 있을 것이다.

다이슨의 계산에 따르면 별빛을 모으는 이러한 거대 구조물에서 나오는 적외선은 성간 또는 은하 간 거리에서도 볼 수 있는 것으로 나타났다. 다시 말해, 어떤 문명이 다이슨의 에너지 수집 거대 구조물을 건설한다면, 물리학 법칙에 따라 그 거대 구조물에서 나오는 적외선을 감지할 수 있을 것이다. 우리는 그것들을 볼 수 있다. 이 우아한 아이디어가 SETI 연구자들에게 빠르게 받아들여진 이유는 바로 찾을 수 있는 무언가를 제공했기 때문이다. 곧 '다이슨 구'라는 새로운 용어가 다른 논문들에서 등장하기 시작했다.

천문학자들이 말하는 다이슨 구는 무엇을 의미할까? 지구 궤도 크기의 탁구공과 같은 거대한 껍질이 태양을 완전히 둘러싸고 있다고 생각해 보자. 구의 내부는 태양 전지판이나 다른 빛 수집 기술로 덮여있을 것이다. 구의 반지름이 지구 궤도와 같다면, 간단한 계산으로 구의 내부 표면적이 지구 표면적의 10억 배 이상이라는 것을 알 수 있다. 이는 매우 넓은 면적으로, 일부 연구자들은 문명이 다이슨 구의 일부분을 거주 공간으로 사용할 수 있다고 제안하기도 했다. 수조 개의 지구에 얼마나 많은 외계인을 수용할 수 있을까? 정말 놀라운 제안이다.

실제로 누군가는 다이슨 구를 만들 수 있을까? 물리적으로 가능하기나 할까? 과학자들은 이런 종류의 연구를 좋아한다. 수년 동안 다이슨 구를 계산한 많은 논문이 발표되었다. 그들은 지구 궤도 크기의 둘레를 가진 1.6킬로미터 두께의 껍질을 만들려면 태양계 모든 행성에 있는 모든 질량을 갈아야grind 한다는 것을 알았다. 그런 다음 그 질량 전체를 가공하여 다이슨 구의 구성 요소를 제작하는 데 사용해야 한다. 이는 마치 외계인이 부품 가게에 여러 번 방문하는 것처럼 보이지만, 적어도 가능은 하다. 일반적인 태양계에는 작업을 완료하는 데 필요한 재료가 **있다**. 이 결론은 다이슨 구가 SF의 소재일 수는 있어도 환상의 소재는 아니라는 것을 의미한다. 다이슨 구를 만들 때 현재 우리가 갖고 있지 않은 능력이 필요할 수는 있지만 물리법칙을 위반하지는 않는다.

딱 한 가지 문제가 있다. 다이슨 구가 실제로는 구가 될 수 없다는 것이다. 물리학 연구자들은 가운데 태양이 있는 거대한 속 빈 공이 중력적으로 불안정하다는 사실을 발견했다. 다이슨 구에 살짝만 힘을 주면 별과 충돌할 때까지 천천히 한쪽으로 기울어진다. 의심할 여지 없이 안 좋은 일이겠지만, 보기에는 매우 멋질 것이다.

물론 이러한 괴물을 만들 수 있는 기술력을 갖춘 문명이라면 안정성 문제를 해결할 방법도 알고 있을 것이다. 하지만 이러한 문제로 인해 대부분의 연구자들은(다이슨을 포함하여) 하나의 다이슨 구가 독립적으로 궤도를 도는 기계들의 거대한 집합체인 다이슨 **군집**보다 적합하진 않을 것이라는 결론을 내렸다. 다이슨 군집은 밀폐된 껍질을 만드는 데 따르는 문제에 직면하지 않는다. 다이슨 군집은 여전히 적외선을 방출하지만 별을 완전히 숨기지는 못한다. 이 점이 중요한 이유는 바로 2014년경에 누군가가 이런 것을 발견했을지도 모른다고 생각했기 때문이다. 그 이야기는 나중에 다시 다루겠다.

다이슨 구는 말 그대로 온갖 외계 거대 구조물의 어머니다. 성간 거리에서 관측할 수 있는 외계 문명의 대규모 인공물에 관한 아이디어가 과학 문헌에 처음 등장한 것이 바로 다이슨 구이다. 더 중요한 것은 이 아이디어가 지속되었다는 사실이다. 구가 군집(또는 다이슨 링)으로 변모하는 동안에도 천문학자들이 **천문 공학**에 대해 처음으로 생각하게 된 계기를 제공했다. 충분한 시간이 주어지고 기술이 발전한다면 문명의 어디까지(얼마나 '거대한 것까지') 도달할 수 있을까? 이것은 우리의 연구가 가장 유망한 다음 단계로 접어드는 오늘날 우리 천문학자들이 생각하는 방식을 구성하는 질문이다.[4]

카르다셰프 척도
외계 문명을 측정하는 방법

다이슨은 천문학자들로 하여금 태양계 규모의 공학 프로젝트에 대해 생각하게 만들었다. 이는 중요한 단계였다. 다음 질문의 문을 열었기 때문이다. 한 문명이 다이슨 군집을 만들 수 있을 만큼, 혹은 그 이상 '진보'한다는 것은 무엇을 의미할까? 이는 외계 문명에 관한 모든 이론이 반드시 다루어야 하는 질문이다. 이는 또한 우리의 미래에 (만약 우리에게 미래가 있다면) 대한 질문이기도 하다. 기술 문명은 수천, 수십만, 심지어 수억 년에 걸쳐 어떻게 진화할까? 이 문제를 해결하기 위해 SETI 이론가들은 가장 오래 지속되는 또 다른 아이디어를 고안했다. 바로 카르다셰프 척도다.

시간이 충분히 주어지고 기술이 충분히 발전한다면 우리와 같은 문명은 어떻게 될까? 지구의 산업혁명이 일어난 지 불과 몇 세기밖에 되지 않았기 때문에, 이 질문을 생각하는 것은 우리의 상상력에 대한 도전이 된다. SETI가 막 시작되던 1960년대 초에, 외계인의 기술 진화를 예측하는 것은 외계인을 찾는 일과 밀접한 관련이 있는 것으로 인식되었다. 다시 한번 말하지만, 무엇을 찾고 있는지 모른다면 찾는 데 어려움을 겪을 것이다. 이것은 나와 동료들이 여전히 연구하고 있는 과제다.

러시아의 SETI 선구자 니콜라이 카르다셰프^{Nikolai Kardashev}는 1964년 선진 문명이 어떻게 진화하는지에 대한 큰 그림을 그리려고 시도하면서 처음으로 이 문제를 전면적으로 다루기 시작했다. 미국이 프랭크 드레이크의 오즈마 프로젝트로 SETI 연구를 주도했지만, 소련의 과학자들도 그다지 뒤처지지 않았다. 미국을 제치고 궤도에 먼저 진입한 러시아도 미국 못지않게 외계 문명에 대해 낙관적이고 우주를 좋아했다. 심지어 냉전 시대의 맞상대였던 두 나라 정부에서는 누가 먼저 외계인과 접촉하여 상상 속 죽음의 광선에서 우위를 차지할지에 대한 집착도 있었다. 따라서 미국과 마찬가지로 러시아에서도 진지하게 창의적인 사고를 하는, 진지한 지지자들이 있었다.

프랭크 드레이크와 마찬가지로 카르다셰프도 전파천문학자였다. 관측가였던 그는 문명이 만들어 낼 수 있는 신호(지금 우리가 '기술 흔적'이라고 부르는 것)를 기준으로 문명을 분류하는 방법을 찾는 프로젝트에 착수했다. 그런데 드레이크와 그의 방정식처럼, 카르다셰프와 그의 분류 체계도 원래의 의도보다 훨씬 더 중요한 것으로 밝혀졌다. 그의 논문에서 나온 '카르다셰프 척도'는 문명의 장기적 진화에 관한 과학적 사고의 원형이 되었다.

카르다셰프의 척도는 모든 기술 문명(영리한 공룡, 똑똑한 문어, 정교한 슬라임 곰팡이가 만들었을 수 있는)은 분류 가능한 개별적인 진화 단계를 거쳤다는 믿음에 기초했다. 카르다셰프가 이런 주장을 할 수 있었던 이유는 그의 분류 체계가 사회 시스템(공룡은 권위주의적일까, 민주적일까?), 윤리(문어는 살인을 묵인했을까?), 정치 경제(슬라임 곰팡이는 자본주의일까, 사회주의일까?)에 근거하지 않았기 때문이다. 외계인이 이러한 이분법의 어느 쪽에 속할지, 또는 우리와 너무 다른 사고방식을 가진 외계인에게 이분법이 이해될지 예측할 방법은 없었다.

대신 훌륭한 물리학자답게 카르다셰프는 에너지를 기반으로 분류 척도를 만들었다. 이는 영감 넘치는 아이디어였다. 기본적인 물리적 수준에서 에너지는 모든 문명의 진화를 뒷받침해야 한다. 인간이나 외계인이나 에너지를 사용하지 않고는 문명과 그에 수반되는 온갖 인프라를 구축할 수 없다. 카르다셰프의 아이디어는 문명이 더 많은 기술력을 갖추게 될 때의 에너지원을 파악하는 것이었다. 이를 통해 그는 각 개발 단계에서 사용 가능한 에너지의 양을 파악할 수 있었다.

카르다셰프의 관점에서 볼 때, 에너지 수확 능력에 따라 세 가지 기본 수준 또는 유형의 진보된 문명이 있다.

유형 1: 진화의 첫 번째 단계에서 문명은 행성이 얻을 수 있는 전체 에너지를 수확해야 한다. 대부분의 경우 행성이 이용할 수 있는 가장 큰 에너지원은 별에서 나오는 빛이므로, 유형 1 문명이 되려면 행성에 떨어지는 태양빛을 모두 포획해야 한다. 예를 들어 지구는 매초 태양으로부터 원자폭탄 수천 개 분량의 에너지를 얻는다. 우리는 항상 지구에 엄청난 양의 에너지가 쏟아진다고 상상하기 쉬운데, 유형 1 문명은 이 모든 에너지를 문명 건설 프로젝트에 사용할 수 있을 것이다.

유형 2: 지구에서 태양에너지를 얻는 것에서 더 나아가 모성의 전체 출력을 잡아내는 것은 어떨까? 물리학자 프리먼 다이슨이 모성을 중심으로 광활한 구를 건설하는 선진 문명을 상상했을 때 카르다셰프의 생각을 어떻게 예견했는지는 이미 잘 알려져 있다. 각 다이슨 구는 태양계 크기의 기계로, 별이 방출하는 빛 에너지를 한 행성에 떨어지는 상대적으로 적은 양만 포집하는 것이 아니라 빛 에너지 전체를 포집하도록 건설된 것이다. 유형

2 문명은 유형 1 문명보다 수십억 배 더 많은 전력을 수확할 수 있다.

유형 3: 다음은 은하계 전체의 모든 별이 생산하는 모든 에너지를 수확하는 것이다. 일반적인 은하에는 수천억 개의 별이 있으므로 우리는 매우 진보된 문명의 매우 진보된 버전에 대해 이야기하고 있는 것이다. 이런 종류의 3단계 문명은 모든 별을 다이슨 구로 감쌀 수도 있지만, 그 정도로 발전하면 시공간 자체에서 에너지를 빨아들이거나 다른 SF적인 대안이 있을 수도 있다.

카르다셰프 척도에서 우리는 어디쯤에 있을까? 이 올림포스산 높이까지 조금이라도 올라갈 희망이 있을까? 칼 세이건과 여러 사람들이 이 척도에서 우리가 어디에 있는지 계산해 보았는데, 크게 고무적이지는 않지만 그렇다고 너무 초라하지도 않다. 세이건과 여러 사람들은 화석연료, 재생에너지 및 기타 에너지원에서 사용하는 모든 에너지를 합산하여 현재 우리가 유형 0.7 문명 어딘가에 있음을 보여주었다. 그런데 이 수치는 로그 단위로 되어있고, 로그는 매우 멋진 수학이지만 설명하기는 너무 어렵다. 하지만 탁월한 비교를 통해 어떻게 작동하는지 설명할 수 있다. 리히터 로그 지진 규모에서 0.5는 0.4보다 2배 더 강하다. 0.6은 0.5보다 2배 더 강하다. 이렇게 진행하면 엄청나게 빨라지는데, 이는 문명이 올라가야 하는 가파른 사다리다. 진정한 유형 1 문명이 되려면 아직 갈 길이 멀었다. 하지만 최근 제트추진연구소의 연구진이 계산한 바에 따르면 2371년에 유형 1 문명에 도달할 수 있을 것으로 예상된다.[5] 그러니까 지금 바로 태양광 패널

회사에 투자하시라.

카르다세프 척도가 그토록 유용한 이유는 상상의 사다리를 제공하기 때문이다. 문명과 그 진화에 관한 질문을 추적할 수 있는 방식으로 공식화함으로써 우리는 모든 문명이 어떻게 발전하는지 파악할 수 있고, 우리 자신의 미래에 대해 무엇을 기대할 수 있는지 그 기준선을 잡을 수 있다. 유형 3 문명의 영역인 은하계 전체를 다루는 것은 분명 신의 영역처럼 보인다. 그 정도의 영향력을 가진 문명이 어떻게 스스로를 조직할지 상상하기는 쉽지 않지만, 카르다세프는 적어도 우리가 고려해야 할 종류의 일이라는 것을 알게 해주는 도구를 제공했다.

카르다세프가 이 이론을 제안한 이후, 다른 사람들도 그의 척도를 수정하거나 확장하여 이 이론을 받아들였다. 다른 접근법들도 등장했다. 나의 연구 그룹은 에너지뿐만 아니라 **엔트로피**의 중요성에 대한 생각에도 많은 시간을 쏟았다. 엔트로피는 다이슨 구 아이디어를 탐구할 때 만난 열역학 제2법칙과 관련이 있다. 앞서 살펴본 바와 같이 에너지를 사용하여 작업을 수행하면 어떤 형태로든 낭비가 발생한다. 엔트로피는 물리학자들이 이러한 낭비에 붙이는 이름이다. 무질서는 엔트로피의 다른 이름이다. 기본적으로 에너지를 사용해 일을 하고 질서를 만들면(예를 들어 도시를 건설하는 등) 그 과정에서 일부의 낭비와 무질서도 발생하게 된다. 도시를 건설하면 건설 잔해와 많은 소음이 발생한다. 이 두 가지 모두 엔트로피의 예이다.

지구에서 우리는 기후변화가 문명 건설을 위해 너무 많은 에너지를 사용함으로써 엔트로피를 발생시킨 결과라는 것을 알 수 있다. 우리 연구 그룹이 수행한 연구에 따르면 이것은 일반적인 문제일 수 있다. 어느 행성에서든 우리와 같은 문명은 기후 병목현상을 겪을 수밖에 없다. 에너지를 충분히 수확하면 열역학 제2법칙이 지구의 기후 시스템에 피드백을 일으킨다. 그리고 그렇게 되면 기후변화가 일어난다. 우리의 연구는 행성과 문명에 관한 간단한 수학적 모형을 사용하여, 기후변화를 촉발하는 것이 문명을 발전시키는 보편적인 단계일 수 있음을 보여주었다. 다음으로, 일부 문명은 기후위기를 극복할 만큼 충분히 현명하다고 상상할 수 있다. 그러나 어떤 문명들은 에너지 사용으로 인해 행성이 겪고 있는 변화를 보려 하지 않거나 행동에 옮기지 않을 수도 있다. 그런 멍청한 종족은 아마도 역사의 쓰레기통에 처박히겠지만, 우리 역시 피해야 할 운명이다. 어느 쪽이든, 우리의 연구 결과는 카르다셰프와 그의 아이디어에 직접적으로 적용될 수 있다.

물론 카르다셰프가 1964년 당시에 현재의 기후위기를 알 순 없었을 것이다. 하지만 우리의 결과는 카르다셰프 척도와 상충되는 것이 아니라, 그 안에 기후변화를 포함함으로써 이 척도의 유용성을 보여주었다. 카르다셰프는 인류에게 문명의 진화와 관련한 물리학 기반의 보편적인 척도를 처음으로 제시함으로써 전반적인 문제에 대해 생각할 수 있는 일반적인 방법을 제공했다. 시간이 흐르고 행성과 문명이 어떻게 상호작용하는지에 대해 더 많이 알게 되면(이것이 바로 기후변화의 본질이다), 우리는 새로운 지식을 카르다셰프와 같은 사고방식에 추가할 수 있다. 이것이 바로 카르다셰프 척도가 지속된 이유다. 이전

에는 상상할 수조차 없어 보였던 우주적 시간 규모에 걸친 기술 문명
의 발전을 상상하게 해주는 강력한 도구로 남아있는 이유도 바로 여
기에 있다.

UFO와 UAP는 도대체 무엇인가?

이들이
외계인을 찾는 데
어떻게 활용되는지,
혹은 활용되지 않는지

THE LITTLE BOOK OF ALIENS

UFO를 향한 대중의 관심은 1947년 처음으로 쏟아진 목격담과 함께 시작되었다. 대중문화와 외계 생명체의 연결은 즉각적이었다. 사람들이 UFO 얘기를 할 때 실제로 이야기하는 것은 UFO에 **탑승한** 외계인이었기 때문이다.

그러나 대다수의 과학자들은 이러한 연관성을 진지하게 받아들이지 않았다. 이것이 정당한 일일까? 지구 밖 생명체의 존재 가능성에 진지한 관심을 가진 과학자들이 UFO를 연구 대상으로 고려할 이유가 있었을까? UFO와 외계인 사이의 연관성이 약하다고 해도, 단지 많은 사람들이 목격했지만 정체는 알 수 없는 존재라는 이유만으로 UFO를 연구할 만큼 과학적 관심을 가져야 했을까? 역사의 맥락에서 이러한 질문에 어떤 대답을 하든, 지난 몇 년 동안 UAP(Unidentified Aerial Phenomena, 미확인 공중현상*, 미국 정부가 UFO에 부여한 공식 명칭)를 향한 엄청난 관심을 고려할 때 이러한 대답이 지금 업데이트되어야 하는지는 확실히 물을 수 있다.

개인적으로 외계인에 관심이 많았지만 **과학**에도 관심이 많았던 어린 시절, 나의 슈퍼히어로인 칼 세이건의 저작들을 읽으면서 나는 UFO 목격에 대해 매우 회의적인 시각을 갖게 되었다. "비범한 주장에는 비범한 증거가 필요하다"는 세이건의 말은 나에게 정말 일리 있는 말이었다. 나는 첫 번째 장에서 살펴본 정부 보고서를 읽었기 때문에 콘던 위원회가 발견한 내용에 의문을 제기할 이유가 없었다. 더 중요하게는, 어렸을 때 에리히 폰 데니켄Erich von Däniken의 《신들의 전차Erinnerungen an die Zukunft》를 읽고 큰 감명을 받기도 했다. 한동안 나는 고대 외계인이 지구를 방문했다고 확신하고 모든 사람에게 그렇게 이야기했다(불쌍한 나의 아버지는 이런 대화를 많이 견뎌내셨다). 그러다가 피라미드, 이스터섬의 석상, 나스카 평원의 동물 모양 그림에 관한 실제 데이터를 실제 고고학자들이 살펴보는 PBS 다큐멘터리 〈고대 우주인 사건The Case of the Ancient Astronauts〉을 보게 되었다. 모든 경우에서 폰 데니켄의 주장은 터무니없는 것으로 판명되었다. 나는 얼간이가 되었고, 뉴저지 출신으로서 그것은 가장 큰 죄였다. 나에게 이 사태는 엉터리 데이터, 또는 더 나쁘게는 완전한 쓰레기로 엄청난 주장을 하는 사람들로 인해 확실히 상처받은 일이었다.

나이를 먹고 대학에서 본격적으로 과학 과정을 배우기 시작하고 대학원생이 되면서 세이건의 요구는 더욱 중요해졌다. 물리학의 법칙을 통해 멀리 있는 별의 색깔(붉은 별은 차갑고 푸른 별은 뜨겁다)만으

---

* 간혹 'UAP'를 'Unidentified Anomalous Phenomena(미확인 이상현상)'의 약자로 사용하기도 하는데, 이런, 이름을 몇 번이나 바꾸어야 하나? 지금은 '공중'을 그대로 사용하겠다.

로 온도를 알 수 있다는 사실을 알게 되었을 때 나는 정말 놀랐다(사실은 충격을 받았다). 세상의 구조를 밝히는 물리학의 심오한 힘을 배우는 것과 함께, 나는 그토록 중요한 증거 기준도 배웠다. 내 입장에서 흐릿한 사진, 믿기 어려운 이야기, UFO와 관련된 음모론의 소용돌이는 내가 함께하고 싶은 것이 아니었다.

그런데 지금은 어떨까? 정부가 자국 해군 조종사들이 식별할 수 없는 물체를 공중에서 일상적으로 목격하고 있다는 사실을 인정한 지금, 과학적 태도를 업데이트해야 할 때일까? 그리고 그러한 태도가 업데이트된다면 그다음에는 정확히 어떤 일이 일어나야 할까?

이 장에서는 UFO가 왜 과학적으로 나쁜 평을 받았는지 이해하기 위해 역사를 좀 더 자세히 살펴보고, 오래된 정부 보고서를 재검토한 다음, 현재 UAP 목격과 그 결과에 대해 자세히 살펴볼 것이다. 하지만 우리의 첫 번째 과제는 UFO가 SETI에 어떤 영향을 미쳤는지 이해하는 것이다. 간단한 답은, 거의 죽일뻔했다는 것이다.

비웃음 요인
정치와 UFO는 어떻게 외계 생명체 탐색을 없앨뻔했나?

UFO는 SETI를 쉬운 표적으로 만들었다. 수년간의 모호한 주장, 완전한 사기극, 그리고 로즈웰과 같은 음모론을 만들어 내는 경향이 문화적 배경이 되어, 진지한 자리에서 외계 생물학을 논의하면 눈살을 찌푸리게 하고 비웃음을 유발할 수 있는 분위기가 조성되었다. 외계 생명체는 심야 TV 쇼의 농담거리로 전락했다.

1960년대와 70년대 SETI 초창기에는 프랭크 드레이크, 칼 세이건, 질 타터와 같은 이 분야의 선구자들이 이러한 농담에 굴하지 않고 우주 생명체 탐색을 위한 과학적 근거를 마련하고자 노력했다. 한동안은 정부가 이들을 지지했지만, 시간이 지나면서 그 지지가 무너지기 시작했다. 몇몇 정치인들은 UFO와 B급 영화 속 벌레 눈 외계인의 악취를 이용해 SETI를 공격함으로써 자신의 인지도를 높일 수 있다고 생각했다.

하지만 그 열광적인 초기 수십 년 동안 수많은 정부 과학 기관이 외계 생명체 탐색에 큰 관심을 가졌다. NASA는 할 수만 있다면 태양계의 다른 행성에서 미생물 사냥을 하고 싶어 했다. 그리고 지적 생명체와 관련해서는, 드레이크 방정식이 탄생한 성간 통신회의를 주최한 곳이 바로 미국 국립과학아카데미였다. 1960년대가 70년대로 접어들면서 SETI 과학자들은 전파천문학에서 외계 신호를 찾는 것 이상의 방식으로 NASA와 협력하기도 했다. 별들 사이에서 전례 없이 희미한 지적 생명체의 신호를 찾아낼 수 있을 만큼 민감한 수백 개의 전파망원경으로 구성된 거대한 배열인 프로젝트 사이클롭스Project Cyclops가 고려되었다. 그리고 SETI 과학자들은 외계 행성 사냥을 위한 새로운 망원경 기술을 계획하는 NASA를 돕고 있었다.

그때 정치가들이 등장했다.

윌리엄 프록스마이어William Proxmire는 위스콘신주의 민주당 상원의원으로, 스스로를 재정 매파라고 생각하길 좋아했다. 그는 미국 세금 낭비라고 생각되는 곳에 자금을 지원한 기관에 이른바 '황금양털상Golden Fleece Award'을 수여하기로 스스로 결정했다. 프록스마이어가 목표로 삼은 대부분의 과학 프로젝트가 미미한 금액만 지원받았기 때문에, 프록스마이어의 상은 기본적으로 반격할 수 없는 대상을 겨냥한 영리한 정치였다. 1978년 NASA의 작은 SETI 기금 이력은 프록스마이어의 표적이 되었다. 그는 SETI에 황금양털상을 수여했고, 강력하고 영향력 있는 상원의원이었던 그는 동료 의원들을 설득해 NASA가 새로운 자금을 지원하지 못하도록 막았다. 프록스마이어는 당시 유명하고 존경받는 과학자였던 칼 세이건이 공개적으로 개입하여 상원의원과 직접 만나 이 문제를 논의한 후에야 물러섰다.[1] 결국 1983년에 SETI 자금 지원 금지가 해제되었지만, 정치권에서는 SETI를 낭비적인 괴짜 과학으로 몰아붙이기 시작했다.

프록스마이어 이후에도 NASA의 SETI 기금은 미미한 수준이었지만 여전히 표적이 되었다. 1990년 NASA는 전자기 스펙트럼의 마이크로파 영역에서 새로운 탐사를 위해 SETI 예산을 400만 달러에서 1,200만 달러로 늘리려고 시도했다. 이것이 연방 예산에서 차지하는 비중은 크지 않았지만, 일부 정치인들은 다시 한번 피 냄새를 맡았다. 매사추세츠의 공화당 하원의원 실비오 콘테Silvio Conte는 UFO와의 연관성을 들어 이렇게 주장하며 예산을 없애려 했다. "…이 괴생명체의 증거를 찾기 위해 올해 600만 달러를 쓸 필요가 없다. 지역 슈퍼마켓에서 타블로이드를 살 75센트만 있으면 된다."

몇 년 후 같은 일이 반복되었다. 1993년, 마침내 새로운 탐색을 위해 1,200만 달러가 배정되었다. 의회의 관심을 더 끌지 않기 위해 이 프로젝트는 '고해상도 마이크로파 조사High-Resolution Microwave Survey'라는 이름으로 비밀리에 진행되었다. 하지만 네바다주의 민주당 상원의원이었던 리처드 브라이언Richard Bryan은 프로젝트의 진행 상황을 눈치채고 이를 헤드라인을 장식할 수 있는 쉬운 기회로 여겼다. 그는 "납세자의 돈으로 하는 화성인 사냥 시즌을 끝낼 것"이라며, 이 프로젝트를 중단시키는 수정안을 발의했다. 물론 브라이언은 NASA가 망원경을 화성을 향해 돌릴 계획이 없다는 것을 알고 있었지만, 누가 신경 쓰겠는가? 그의 재담은 훌륭한 카피가 되었고, 진지한 사람부터 싱거운 사람까지 UFO에 대한 열정을 가진 모든 문화적 변두리와 SETI를 연결시켰다. 이 비웃음 요인은 우주 다른 곳에서 생명체를 찾는 일을 또다시 무산시켰다.

이러한 공개적인 채찍질 이후 NASA는 'SETI=정치적 독약'이라는 교훈을 얻었다. 프랭크 드레이크와 질 타터 같은 SETI 과학자들은 이 분야가 필요한 과학적 증거 기준에 부합한다는 사실을 보여주기 위해 최선을 다했지만, 이미 피해는 입었다. NASA는 이후 수십 년 동안 최선을 다했지만, 연구자들은 연방 정부의 지원을 받기 어려울 것이라는 사실을 인정하게 되었다. 그래도 여전히 SETI 과학자들은 가능한 민간 자금을 모금하며 연구에 매진했지만, 그들의 온갖 노력에도 탐색은 제대로 이루어지지 못했다. 비웃음 요인이 승리한 것이다.

SETI 자금이 끊긴 것은 우주 생명체 탐색에 중요한 결과를 초래했는데, 기본적으로, 이는 탐색을 하지 않는다는 것을 의미했기 때문이다. 큰 망원경을 사용하려면… 큰돈이 든다. 만약 SETI에 주어지는 자금이 없다면, 망원경을 사용할 시간도 주어지지 않을 것이다. 지난 70년 대부분을 흔들어 온 정치의 괴팍함은 우리의 하늘이 사실상 탐색되지 않은 상태로 남아있음을 의미한다.

이 역사의 과정에서 UFO의 역할을 부정하기는 불가능하다. 역사학자 스티븐 가버Steven Garber는 SETI와 NASA에 관한 글에서, 이 분야는 "항상 '작은 녹색 인간'과 '미확인 비행물체'를 찾는 사람들과 잘못 연관되는 '비웃음 요인'으로 인해 어려움을 겪었다"라고 썼다. 이러한 연관성 때문에 천문학자들은 실제 탐색을 시작할 기회를 전혀 얻지 못했다. 이제 외계 행성 발견과 강력한 새 망원경의 등장으로 모든 것이 바뀌었다. 전파 SETI는 새로운 기술 흔적 분야의 한 부분이 되었다. 마찬가지로 중요한 것은 NASA가 본격적으로 생명 흔적을 찾는 데 뛰어들었다는 점이다. 하지만 적어도 한 가지 의문이 남는다. UFO도 새로운 이름을 얻었으니 이제 달라진 것이 있을까? 이 질문에 답하려면 알곡과 쭉정이, 그리고 섞인 카드 중 맞는 것을 볼 수 있도록 역사를 바라보는 더 나은 관점이 필요하다.

사기와 사기꾼들
훌륭한 사기꾼은 절대 죽지 않는다

사람들은 여러 가지 이유로 UFO에 관심을 갖는다. 어떤 사람들은 정말로 설명할 길 없는 목격의 배후에 무엇이 있는지 알고 싶어 한다. 그들은 순수하게 외계인인지 지구인인지 답을 찾는다. 어떤 사람들은 거의 종교적인 것으로 여겨, UFO를 날리는 외계인이 우리가 풀 수 없는 큰 질문에 대한 해답을 제시할 것으로 생각한다. 그런데 믿음과 믿어지지 않는 것이 뒤섞인 곳은 사기꾼의 비옥한 토양이 되기도 한다. 돈이든, 명성이든, 혹은 웃음을 위한 것이든, UFO의 역사에는 유명한 사기가 꽤 많이 포함되어 있다. 사기임이 밝혀진 후에도 진실한 신봉자들이 단호한 태도를 유지한다는 사실은 과학자들이 왜 이 주제를 진지하게 받아들이지 않았는지에 대한 중요한 실마리가 된 다. 인생은 짧고, 훌륭한 과학 연구는 수년에서 수십 년이 걸린다. 그 러니까 연구자들은 말 그대로 자신의 인생(연구 기간)을 걸고 무엇이 자기 시간을 투자할 가치가 있는지를 결정해야 한다.

가장 중요한 증거 기준의 특징 중 하나는 좋은 데이터가 나쁜 아이 디어를 죽일 수 있어야 한다는 것이다. 과학자로서 나는 박사과정 학 생들에게 관측이 요구한다면 자신이 좋아하는 이론을 죽이도록 교 육한다. 쌓여가는 증거가 소중한 아이디어에 반한다면 그 아이디어 를 포기하고 다음 단계로 넘어가야 한다. 이런 식으로 과학은 기본 적으로 우리에게 언제 어떻게 마음을 바꿔야 하는지를 가르쳐 준다. 정말 아름답지 않은가. UFO 관련 사기에서는 일어나지 않은 일이기 도 하다.

UFO 사기꾼은 UFO와 거의 동시에 등장하기 시작했다. 특히 주 목할 만한 사례 중 하나는 뉴멕시코의 아즈텍 마을과 관련된 것이다 (왜 뉴멕시코가 UFO 이야기에서 그토록 두드러지게 등장하는지는 누구나 짐작할 수 있다). 1940년대 말과 50년대 초, UFO 열풍이 막 시작되던 시기에 실라스 M. 뉴턴Sias M. Newton과 레오 A. 게바우어Leo A. GeBauer 는 아즈텍 외곽에 추락한 비행접시에서 인공물을 회수했다고 주장하 며 전국을 돌아다니고 있었다. 두 사람은 추락한 장소에서 회수한 금 속으로 만든 인공물을 팔려고 했다. 그들은 외계 금속으로 만든 기 계로 지하에 매장된 기름, 석유, 심지어 금을 찾을 수 있다고 주장했다. 〈버라이어티Variety〉의 칼럼니스트 프랭크 스컬리Frank Scully는 뉴턴과 게바우어를 통해 이 이야기를 접하게 되었다. 스컬리는 이 잡지에 아즈텍 UFO 추락 사건에 관한 이야기를 처음 게재하고, 나중에 베스트셀러 《비행접시 뒤의 비밀Behind the Flying Saucers》이라는 책에 실었다. 그에 따르면, 추락은 1948년에 마을에서 20킬로미터 떨어진 곳에서 발생했다. 스컬리는 비행접시뿐만 아니라 외계인의 시체와 농축된 음식도 회수되었다고 썼다. 물론 군 당국은 우주선이 금성에서 왔다는 것, 우주선이 '자기magnetic 원리'로 작동한다는 것을 포함한 모든 정보를 은폐하고 있었다.

모두 말도 안 되는 이야기다. 예를 들어 금성은 낮 기온이 370도에 달하고 핵잠수함도 무너뜨릴 수 있는 표면 대기압을 가진, 사람이 살 수 없는 지옥 같은 행성이다. 생명체가 살기 좋은 곳은 아니다. 하지만 중요한 것은 스컬리의 글에서 출처로 언급된 실라스 뉴턴과 레오 게바우어에게 〈버라이어티〉 기사가 준 명성이었다. 두 사람은 이 작은 명성을 이용해 다양한 바보들에게 가짜 외계인 인공물을 판매했다. 결국 이 사기는 밝혀졌고, 피해자들이 신고를 해서 두 사람은 사기죄로 유죄판결을 받았다. 그러나 수많은 UFO 사건과 마찬가지로, 유죄판결조차 이 이야기를 없앨 수는 없었다. 아즈텍 근처에 비행접시가 추락했다고 확신하는 사람들은 여전히 존재한다. 그들의 확신은 주로 뉴멕시코에서 회수된 비행접시에 관해 확인되지 않은 보고를 단순 언급한, FBI 파일에 묻혀있는 메모에 근거한다. FBI는 후속 조치를 취할 만큼 중요하다고 생각하지 않았지만, 보고서를 성실하게 전달한 요원의 이름을 딴 가이 호텔Guy Hottel 메모는 일부 UFO 신봉자들에게 여전히 뜨거운 이슈로 남아있다.

　좀 더 현대적인 사기극도 뉴멕시코를 중심으로 전개되었지만, 이번에는 로즈웰 외곽에 추락하지 않은 존재하지 않는 비행접시였다. 1995년 폭스 TV 네트워크는 다큐멘터리 〈외계인 부검Alien Autopsy〉을 방영했다. 이 프로그램은 실제 정부 과학자들이 두 구의 진짜 외계인 시체를 다루는 실제 영상이라고 주장하는 거친 영상에 초점을 맞췄다. 이들은 이것이 로즈웰 추락 사고에서 수습된 외계인이라고 주장했다. 레이 샌틸리Ray Santilli라는 영국 기업가는 부검에 참여했던 노령의 카메라맨으로부터 이 필름을 얻었다고 말했다. 그 영상은 꽤나 생생해서 사람들의 관심을 끌었다. 삼각형 머리, 벌어진 입, 커다란 죽은 눈을 가진 외계인은 벌거벗은 채, 추락으로 인해 상당한 부상을 입은 모습으로 등장한다. 정말 악몽 같은 장면이었다. 이 프로그램은 매우 성공해서 폭스는 이것을 세 번이나 방영했다.

　안타깝게도 외계인 영안실은 모든 것이 좋지 않았다. 의심스러워한 몇몇 기자들이 사건의 세부 사항을 조사하려 하긴 했지만, 10년이 지난 후에야 다른 다큐멘터리가 이 사건을 완전히 파헤칠 수 있었다. 레이 샌틸리는 한 시간 동안의 불편한 TV 인터뷰를 통해 자신의 필름이 '재구성'이라고 인정했다. 필름 속 외계인의 시체는 양의 뇌, 라즈베리잼, 닭 내장으로 만든 것이었다. 그리고 1947년의 비밀 정부 연구소는 사실 1995년 런던의 누군가의 거실이었다.[2] 장면이 촬영된 후, 가짜 외계인 시신은 잘게 잘려서 런던 곳곳의 쓰레기통에 버려졌다.

　하지만 이러한 폭로가 있은 뒤에도 이야기는 수명을 다하지 않는다. 비행접시가 뉴멕시코 아즈텍에 추락했다는 이야기나 〈외계인 부검)이 실제 사건을 찍은 것이라고 단호하게 말하는 사람들을 여전히 찾을 수 있다. 물론 사람들은 (누구에게 해를 끼치지 않는 한) 어떤 이유에서든 자신이 원하는 것을 자유롭게 믿을 수 있다. 하지만 이런 종류의 믿음은 과학계 사람들에게 UFO를 독으로 만들었다. 진정으로 설득력 있는 사건을 조사하고자 하는 과학자는 동료들에게 "그래, 다른 것은 다 헛소리지만 여기, 여기 정말 주목할 만한 사건이 있어"라고 설명해야 한다.

그들의 행운을 빈다.

이러한 장애물을 넘는다고 해도, 〈외계인 부검〉이 실제이고 외계인이 지구에 존재한다는 사실을 인정하라고 요구하는 신봉자들의 공격을 받는 현실도 있다. UFO가 UAP로 바뀌고 정부가 그 존재를 인정하고 있는 지금, 우리가 살고 있는 현대를 이해하려면 수십 년에 걸쳐 쌓아온 이 기초를 알아야 한다.

맥도널드 비판
그러니까, 이런 설명할 수 없는 사건에 대해서는…

사기, 음모론, 과학으로는 아무것도 할 수 없는 흐릿한 비행접시 사진 더미에도 불구하고, 정말 놀랍고도 놀랍도록 기묘한 UFO 목격담은 여전히 존재한다. UFO가 UAP가 된 현대의 열풍에 관한 이야기를 시작하려고 하니, 이러한 사례 중 일부와 과학계가 이것을 잊기를 단호히 거부하게 만든 제임스 맥도널드라는 과학자를 기억해 두는 것이 좋겠다.

이것은 RB-47 폭격기 탑승자들 입장에서는 그저 일상적인 훈련 임무로 시작되었다. 탑승한 6명의 공군 병사들은 모두 캔자스주 토피카의 포브스 공군기지에서 독일로의 재파견을 며칠 앞둔 상황이었다. 날짜는 1957년 9월 17일이었고,[3] 폭격기는 미시시피의 어두워지는 하늘을 높이 날고 있었다. 비행기가 해안을 따라 이동하는 동안 레이더 운영자가 걸프만에서 몇 킬로미터 떨어진 곳에 있는 물체의 신호를 포착했다. 잠시 후 조종사와 부조종사는 앞서 날아가는 작은 비행체의 착륙등처럼 보이는 물체를 발견했다. 그러고는 아무런 경고도 없이 불빛이 꺼졌다. 당황한 승무원들은 지상 레이더국에 무전을 보내 뭔가를 포착했는지 확인했다. 곧바로 그렇다는 대답이 돌아왔고, 지상 레이더는 하늘에 **무언가가** 함께 날고 있다고 말했다.

그때 갑자기 폭격기 앞에 '집채만 한' 눈부신 붉은빛이 나타났다. 그 빛은 1분 가까이 비행기와 함께 움직이면서 그곳에 머물렀다. 그러다가 갑자기 불빛이 꺼졌다. 레이더의 신호도 사라졌다. 당황한 탑승자들은 비행기를 돌아다니며 '그것'을 다시 찾기 시작했다. 뜻밖에도 그 이상한 불빛이 다시 나타났다. 그 불빛은 폭격기의 원래 비행경로와 일치하는 경로를 따라 다시 나타났다. 비행기와 지상 시스템 양쪽에서 레이더 신호도 다시 나타났다. 약 10분이 더 지난 후 빛과 레이더 신호는 완전히 사라졌다.

이 이야기는 그 자체만으로 소름이 돋을만하다. 더 중요한 것은 당시 존경받던 유명 물리학자 제임스 맥도널드가 이 이야기를, 1장에서 다룬 유명한 콘던 보고서의 비평에서 두드러지게 다뤘다는 점이다. 맥도널드는 UFO 연구에 뛰어들기 전에 애리조나 대학교에 대기

물리학 연구소를 설립했다. 그는 대기물리학계 사람들이 잘 알고 신뢰하는 사람이었다. 그런데 광범위한 주제를 향한 맥도널드의 관심은 결국 대기 현상으로서 UFO에 대한 조사로 이어졌다. 그는 때로는 외계인 가설을 수용하기도 하고 때로는 거부하기도 하면서 오랫동안 UFO를 연구했다. 맥도널드는 UFO에 대해 더 깊은 과학적 연구가 필요하다는 일관된 믿음을 가지고 있었다. 이러한 관점에서 그는 당시 UFO에 대한 결정적인 과학적 연구가 된 콘던 보고서를 향해 비판적인 목소리를 냈다. 1969년 맥도널드는 미국 과학진흥협회가 주최한 UFO 관련 컨퍼런스에서 "설명할 수 없는" 범주에 속하는 목격 사례에 대한 콘돈 위원회의 처우에 신랄한 비난을 퍼부었다. 맥도널드는 이렇게 말했다.

> 1947년 여름에 미확인 비행물체가 처음으로 광범위하게 목격된 이후 지금까지 22년 동안 UFO 문제에 대한 과학적으로 적절한 조사는 이루어진 적이 없습니다. 대중의 지속적인 관심에도 불구하고, 그리고 대중의 빈번한 우려 표명에도 불구하고, 국내외의 믿을만한 목격자들의 설명할 수 없는 UFO 신고가 꾸준히 증가하고 있음에도 불구하고, 국내 또는 해외에서 이루어진 조사는 매우 피상적인 것에 불과했습니다.

맥도널드는 공군과 콘던 위원회가 가장 수수께끼 같은 UFO 사건에 대한 분석에서 과학적으로 조잡한 작업을 수행했다고 주장했다. 맥도널드는 처음에는 콘던 위원회의 활동을 지지했고, 프로젝트 블루북의 전체 파일에 접근할 수 있었기 때문에 이러한 주장은 신빙성을 얻었다. 더구나 그는 이 사건과 관련된 여러 증인을 찾아 인터뷰하는 임무를 맡았다.

맥도널드는 이 연설을 '기본값의 과학Science in Default'이라는 제목의 논문으로 만들었다.[4] 나는 NASA 기술 흔적 팀의 두 멤버인 제이콥 하크미스라Jacob Haqq-Misra와 라비 코파라쿠Ravi Kopparapu로부터 그 사본을 받았다. 두 사람 모두 뛰어난 과학자이며, UAP 연구에 순수하게 불가지론적인 접근 방식이 필요하다고 믿고 있다. 맥도널드의 글을 읽고 그의 경력을 살펴본 후 나의 입장은 한결 부드러워졌다. 로즈웰에서와 같이 음모로 가득 찬 '무엇이든 증거가 되는' 일을 경험하면서 나 또한 수많은 과학자들과 마찬가지로 UFO와 관련된 모든 것을 멀리하게 되었다. 하지만 〈기본값의 과학〉은 이전 정부 보고서가 부족하다는 사실의 강력한 논거가 될 수 있음을 깨닫게 되었다. UFO/UAP에 대한 완전하고 공개적이며 투명한 연구가 수행되어야 한다. 그 임무는 UFO가 외계 우주선이라는 사실을 증명하는 것이 아니다. 그것은 답을 가정하는 일이다. 대신, 그 임무는 단순히 이전의 데이터가 무엇을 제공할 수 있는지 이해하고, 새롭고 더 나은 데이터를 얻는 방법을 결정하는 일이 될 것이다.

항상 그렇듯이 '아, 그건 좀 이상한 이야기네'에서 '외계 문명이 존재하고 우리 비행기에 정기적으로 접근한다'로 도약하는 간극은 너무 멀어서, 과학자들이 받아들이려면 단순한 이야기 이상의 것이 필요하다. 맥도널드의 연설에는 여러 목격자가 직접 목격한 UFO가 레이더에 포착된 것을 포함해 꽤 흥미로운 이야기가 담겨있다. 하지만 결국 우리에게는 이야기만 남았을 뿐 그 이상은 아무것도 없다. 그래도 맥도널드는 옳았다. 더 나은 과학은 언제나 좋은 것이다. 더 나은 과학이 UFO라는 주제에 어떻게 적용될 수 있는지 알아보기 위해 미해군 영상을 살펴보고 UFO에서 UAP로의 여정을 그려보자.

UAP가 된 UFO
현대의 시작

2017년 12월 16일에 상상도 못 한 일이 벌어졌다. 가장 저명하고 냉정하며 존경받는 주류 신문인 〈뉴욕타임스〉가 UFO가 실재한다고 발표한 날이다.

'빛나는 아우라와 '블랙 머니' 이야기: 펜타곤의 미스터리한 UFO 프로그램'이라는 기사에서는 의문의 비행물체의 배후에 무엇이 있는지 알아내기 위한 미국의 새로운 노력을 자세히 설명했다. 국방부 내에 있는 이 프로그램은 프로젝트 블루북과 콘던 보고서 이후 UFO와 관련한 진지한 첫 번째 시도인 것처럼 보였다.[5] 더욱 놀라운 것은 기사와 함께 첨부된 영상에서 해군 조종사들이 바다 위를 비행하는 이상한 물체를 추적하는 모습을 보여주었다는 점이다. 영상 중 하나에는 조종사들이 외치는 소리가 포함되어 있었다. "맙소사!", "저기 떼 지어 있어!"[6] 갑자기 UFO가 진짜로 존재하고 외계인도 존재하는 것처럼 보였다. 미확인 비행물체, 즉 UFO를 일컫는 정부의 공식 명칭이 바뀌는 시대가 시작된 것이다.

이 '미스터리한' 정부 UFO 프로그램에서 정확히 무슨 일이 벌어지고 있었는지를 포함하여 여기서 할 이야기가 많다. 하지만 가장 중요하고 재미있는 내용부터 시작하겠다. 실제 UAP에 관한 이야기다.

〈뉴욕타임스〉의 기사를 더욱 설득력 있게 만든 것은 해군 제트기에 장착된 카메라의 영상이었다. 이 중 첫 번째 영상은 2004년 남부 캘리포니아 연안에서 USS 니미츠호의 조종사가 전방 적외선FLIR 카메라로 촬영한 것이다. 이 사건은 두 대의 다른 해군 제트기가 바다 바로 위에 떠있는 하얀 타원형 물체를 목격하면서 시작되었다. 제트기한 대가 가까이 다가가자 물체가 떠오르기 시작했고, 제트기의 움직임을 따라가다가 빠른 속도로 날아갔다. 나중에 다른 제트기 그룹이도착했고, 이 중 한 조종사가 적외선 카메라로 물체를 추적한 것이바로 FLIR 영상이 되었다(이 조종사는 물체를 직접 보지 못했다). 두 번째 영상(그리고 나중에 공개된 세 번째 영상)은 2015년 미국 동부 해안에서 항공모함 USS 시어도어 루스벨트호의 조종사들이 촬영한 것으로, 'GIMBAL(그리고 GOFAST)'이라고 불린다. 3주 동안 해군 조종사여럿이 이 지역에서 거의 매일 UAP를 목격했다고 보고했다.

콘텐츠 측면에서 보면 FLIR 영상은 카메라가 프레임 중앙에 계속 두려고 시도하는 타원형 물체의 흐릿한 단색 이미지를 보여준다. 배경이 구름인지 하늘인지 바다인지 알기는 어렵다. 소리도 없다. GOFAST 영상은 더 설득력이 있다. 이것은 작은 흰색 점이 화면을 빠르게 가로지르며 바다 표면임이 분명한 곳을 휩쓸고 지나가고 있다. 그런 다음 카메라가 시야를 돌리며 물체에 초점을 맞추려고 시도하다가 "와! 잡았다!"라고 외친다. 카메라는 초고속으로 파도를 따라 돌진하는 것처럼 보이는 UAP를 계속 추적한다. 그리고 GIMBAL 영상이 있다. 이것은 기이한 권총처럼 보이는 흰색의 흐릿한 직사각형 물체를 보여준다. 이 물체는 구름으로 보이는 배경이 스쳐 지나가면서 중앙 카메라 프레임에서 안정적으로 추적된다. 조종사로 추정되는 목소리는 물체가 바람을 거슬러 움직이는 모습에 대해 흥미진진하게 이야기한다. "저것 봐" 하고, 이제는 명확히 접시 모양 단면을 보이는 물체가 앞뒤로 회전하는 모습을 보여주며 말한다.

특히 조종사들이 경이로운 순간에 기뻐하는 모습이 담긴 영상은 처음 보면 뒷목이 쭈뼛 서는 느낌이 든다. 나중에 이 조종사들의 인터뷰도 마찬가지로 도발적이다. 〈60분^{60 Minutes}〉의 한 코너에서 조종사 데이비드 프레이버David Fravor와 알렉스 앤 디트리히Alex Anne Dietrich가 그들의 조우를 설명한다. 프레이버는 인터뷰어 빌 휘터커Bill Whitaker에게 말한다. "제가 '이봐, 저기, 저 아래 저거 보여?'라고 말했죠."

디트리히가 덧붙인다. "그래서 머릿속으로 이해하려고 노력했습니다. 헬리콥터일 수도 있고 드론일 수도 있다고 생각했죠. 그리고 그것이 사라졌을 때. 그건 그냥⋯." 그는 말을 끝내지 못했다.

디트리히가 이 사건에 대해 공개적으로 말한 적이 없었다는 점이 주목할 만하다. 디트리히는 수줍은 듯 인터뷰어에게 "방송에 출연하고 싶지 않았어요⋯. 기분 나쁘게 듣지 마세요"라고 말한 후 지금 나서게 된 이유를 설명한다. "저는 정부 비행기에 타고 있었어요. 근무 중이었고, 제가 할 수 있는 것을 공유해야 할 책임감을 느꼈습니다."[7]

원래 〈뉴욕타임스〉 기사에 따르면, 이러한 종류의 만남은 2007년에 만들어진 국방부의 첨단 항공우주 위협 식별 프로그램AATIP의 주요 관심사가 되었다. 이 프로그램은 네바다주 민주당 상원의원 해리 리드Harry Reid가 오랜 기부자이자 억만장자인 로버트 비글로Robert

Bigelow와 논의하는 것에서 시작된다. 비글로는 상업적 우주 기업뿐만 아니라 UFO와 초자연 현상에도 오랫동안 관심을 가져왔다. 비글로는 국제우주정거장에서 시험한, 팽창식 우주 거주지를 만든 회사를 소유하고 있다. 리드는 또 다른 두 상원의원의 지원을 받아 1,200만 달러를 UFO 연구 자금으로 할당하는 법안을 후원했다. 국방부 기준으로는 적은 금액이다. 기사를 보면 AATIP가 그 법안의 결실인 것으로 보인다. 당연히 대부분의 자금은 연구를 수행하기 위해 비글로의 회사로 전달되었지만, AATIP가 프로그램을 관리했을 것이다. 여기가 전직 정보 요원이었던 루이스 엘리존도Luis Elizondo가 이 이야기에 등장하는 지점이다.

〈뉴욕타임스〉에 따르면 엘리존도는 AATIP를 운영했다. 그는 곧 UAP를 둘러싼 광란과 같은 언론의 주목을 받게 되며 CBS 방송과 수많은 신문 기사, 여러 다큐멘터리에 등장했다. 엘리존도는 자금이 고갈된 2012년까지 AATIP를 운영했지만, 정부가 UAP의 잠재적으로 치명적인 영향을 충분히 심각하게 받아들이지 않는다는 이유로 항의하며 사임할 때까지 해군 및 CIA와 계속 협력했다고 주장한다. "왜 우리는 이 문제에 더 많은 시간과 노력을 기울이지 않는가?" 엘리존도는 사직서에서 이렇게 물었다. 기사 말미에는 "엘리존도와 프로그램 계약 업체가 회수했다고 밝힌 금속 합금 및 기타 재료"를 보관하고자 개조해야 했던 비글로의 시설 내 건물에 대한 설명이 나온다. 모닝커피를 뱉어내기에 충분하지 않다면, 다음 단락에는 이 프로그램에 참여한 엔지니어인 해럴드 E. 퍼트호프Harold E. Puthoff가 남긴 놀라운 인용문이 포함되어 있다. "우리는 마치 레오나르도 다빈치에게 차고 문 오프너를 주면 어떤 일이 일어날지 상상하는 것과 같은 입장에 있습니다."

UFO에서 회수한 이상한 금속을 보관하는 UFO 연구 특별 정부 프로그램은 좋게 말해도 꽤 과격한 발상이라고 할 수 있다. 여러분이 예상하신 대로 인터넷과 전 세계가 열광했다. 첫 번째 이야기와 그 후 이어진 다른 여러 기사들이 나오자 UFO 커뮤니티는 근거를 확보했다고 느꼈다. 하지만 좀 더 회의적인 시각을 가진 사람들은 더 많은 정보를 원했다. 예를 들어, 이 UAP 파편들은 도대체 어디에 **있는가**? 우리는 언제쯤 그것들을 볼 수 있는가? 대체로 모두가 상당히 놀라운 질문들로 가득 찬 가방을 들고 떠났다. 드디어 정부가 UFO, 그러니까 UAP에 대해 알고 있는 것을 공개하는 순간일까? 가장 중요하게는, 외계인이 존재한다는 증거를 정말 얻을 수 있을까? 어지러운 상황이었다. 하지만 언제나 그렇듯이, 그리고 UFO에 관한 그 어떤 것과 마찬가지로 안개는 결코 걷히지 않는 것 같다.

AATIP와 정부 UAP 프로그램과 관련하여 상황이 빠르게 혼란스러워졌다. 2019년 6월 〈디 인터셉트The Intercept〉의 기사에서[8] 저널리스트 키스 클로어Keith Kloor는 국방부 대변인의 말을 인용해 "엘리존도 씨는 AATIP 프로그램과 관련하여 아무런 책임이 없었다"고 말했다. 더구나 세라 스콜스가 저서 《그들은 이미 여기에 있다They Are Already Here》에서 자세히 설명했듯이, 다른 조사관들은 프로그램의 정확한 목적을 포함해 AATIP에 대한 **어떤** 정보를 찾는 데에도 어려움을 겪었다.[9] 이 작업의 대부분은 정보 자유법Freedom of Information을 이용해 UFO 관련 정부 활동을 광범위하게 연구해 온 존 그린월드 주니어John Greenewald Jr.가 수행했다. AATIP는 러시아나 중국과 같은, 지구에 있는 적국의 첨단 군사 기기 등의 재래식 위협에 더 중점을 두었을까? 아니면 정말로 '외계인일 수 있는' 종류의 UAP가 주요 목적이었을까? 미 국방부 대변인은 그린월드에게 "현재 내가 가진 공식 정보에 따르면, AATIP는 시행 당시 미확인 공중현상에 대한 연구를 추구하지 않았다"고 말했다. 정부가 대중에게 잘못된 정보와 잘못된 방향을 유도하기 위해 UFO를 이용해 온 오랜 역사를 고려할 때 진실이 어디에 있는지 말하기는 어렵다. 엘리존도 측에서는 국방부가 그의 발언에 대한 신뢰를 떨어뜨리기 위해 조직적으로 선전을 벌였다고 불만을 제기했다.[10]

물론 정부 프로그램 외에도 정말 중요한 것은 목격 그 자체다. 훈련된 해군 조종사들이 거의 매일 정체를 알 수 없고 설명할 수 없는 물체와 접촉했다고 보고하는 일을 어떻게 받아들여야 할까? 조종사들과 그들의 기기는 무엇을 보았고, 가장 중요하게는 그중 외계인에 관해 믿을만한 증거가 있을까? 이 시점에서 우리는 신봉자와 회의론자가 같은 정보를 보고 서로 다른 결론을 내리는, '한편으로는… 그러나 다른 한편으로는…'이라는 게임을 시작한다. 믿으려는 사람들에게 카메라가 촬영한 영상은 지구 기술로는 재현할 수 없는 방식으로 물체가 움직이고 있다는 확실한 증거다. 이 물체들은 엄청난 가속도를 보이는 것 같지만 추진 기류나 그 어떤 형태의 '추진력'도 보이지 않는다.

회의론자들은 세 영상에서 관찰된 많은 효과가 카메라 자체에 기인한 것일 수 있다고 지적한다. 독립 조사자이자 과학 저술가인 믹 웨스트Mick West는 실험실 테스트에서 영상의 가장 놀라운 측면을 카메라의 내부 움직임과 연결시킨 것으로 유명하다.[11] 제트기의 센서는 목표물을 고정 추적하기 위해 회전하도록 설계되어 있다. 그래서 카메라 자체의 움직임과 센서의 내부 광학계 및 시차(전경의 물체가 먼 배경을 향해 움직일 때 시야가 이동하는 현상)와 같은 물리적 효과는 영상에 보이는 내용에 관해 많은 것을 설명할 수 있다. 게다가 회의론자들은 영상과 관련된 맥락이 제공되지 않는다는 점을 지적할 것이다. 영상은 소리를 포함하여 이미 누군가에 의해 미리 편집된 상태로 제공되는데, 우리는 그것이 진짜이며 실시간으로 기록되었다고 믿을 수밖에 없다. 그리고 제트기에 탑재된 특정 기기와 그 구체적인 이력에 대해서도 거의 알지 못한다. 최근에 정비를 받았나? 소프트웨어 업데이트를 받았나? 과학의 역사는 센서를 청소하고 보정하는 순간 사라진 놀라운 발견들로 가득하다. 외계 생명체가 존재하고 지구를 방문하고 있다는 결론이 세계를 뒤흔들 정도로 중요하다는 것을 고려하면, 원본 데이터나 데이터를 촬영한 기기를 구할 수 없는 편집된 영상보다 더 강력한 무언가가 필요하다. 영상과 증언이 아무리 설득력 있고 흥미롭고 놀랍도록 흥분되더라도, UAP가 외계인과 동일하다는 결론을 내리는 데 필요한 증거가 되지는 못한다. 이러한 영상은 그 '물체'가 진짜인지 아니면 단지 기기의 효과인지 알 수 있는 확실한 데이터를 제공하지 않는다. 그 물체가 인간이 갖고 있지 않은 기술을 필요로 하는 움직임(즉, 가속도)을 보이는지 여부를 파악하는 데 요구되는 정보를 제공하지도 않는다.

이들이 일으킨 소란에 대응하고자 연방 정부는 이 모든 사실이 밝혀진 직후 UFO에 대한 새로운 연방 정부 의무 보고서를 발표하기 위해 신속하게 움직였다.[12] 이 보고서는 불과 9페이지로 매우 얇았다. 한편으로는 정부가 설명할 수 없는 100건이 넘는 목격 사례를 목록화했다는 사실을 인정했다. 다른 한편으로는 그 설명할 수 없는 현상이 외계인의 소행이라는 증거는 존재하지 않는다고도 말했다. 다시 한번 말하지만, 관점에 따라 큰 승리일 수도 있고 혼란만 가중시킬 수도 있다. 사실, 훗날 저명한 저널인 〈사이언스Science〉의 보도에[13] 따르면 이 보고서를 작성한 수석 과학자는 과학적 재난이라 할 수 있는 프로그램 〈고대 외계인들Ancient Aliens〉(내가 여러 번 초대받았지만 항상 거절했던 프로그램)에 여러 차례 출연했던, 초자연 현상을 옹호하는 사람으로 밝혀졌다. 이로 인해 많은 사람들이, 보고서를 작성한 사람이 '설명할 수 없는' 범주에 속하는 것들을 얼마나 열심히 설명하려고 애썼는지 궁금해하게 됐다. 그들은 확실히 전문성을 얻고자 과학적 지식에 의존하진 않았다.

2023년 여름, 데이비드 그러시David Grush가 미국 정부에 공식적인 '내부 고발자' 제보를 하면서 또 다른 UFO 미디어 폭풍이 몰아쳤다. 인터뷰에서 그러시는 처음에는 미국이 한동안 추락한 UFO를 수집해 왔다고 주장했다. 정부가 외계인 또는 적어도 '인간의 것이 아닌' 기술의 제조물을 보유하고 있다는 발상은 충분히 충격적일 수 있다. 그런데 나중에 그러시는 외계인이 사람들이 다쳤을 수도 있는 '악의적인 사건'에 연루되었다고 주장했다. 이는 좋게 보아도 꽤나 놀라운 주장이다. 하지만 이번에도 직접적인 증거는 제시되지 않았다. 그러시의 주장은 하나같이 소문에 불과했다. 그는 실제로 그 어떤 우주선도 본 적이 없었다. 대신 그는 다른 사람들과 이야기를 나눈 사람들하고 이야기를 나눴다고 설명했다.

굳이 내기를 해야 한다면, 이번 UFO 장도 이전과 마찬가지로 끝날 것이라는 데 돈을 걸겠다. 이전 정부 보고서를 살펴볼 때 다른 〈상황 추정〉을 기억하는가? 그것은 정부 내부 관계자가 있다고 주장한 비밀 정부 보고서로, 행성 간에 외계인이 존재한다는 결론을 내렸다. 하지만 그 보고서의 사본은 하나도 발견되지 않았다. 일부 정보 관리들은 그러시의 주장이 타당하다고 말하지만, 다른 정보 관리들은 근거 없는 환상이라고 말한다. 그러니까 정부 내에서 '외계인이다' 대 '외계인이 아니다'라는 오래된 분열이 다시 한번 벌어지고 있는 것이다. 결국 과학자들이 분석 가능한 '외계인' 기술의 일부와 같은 확실한 증거가 조만간 나올 수 있을지 의문이다. 내가 틀렸으면 좋겠지만, 이 모든 것이 〈엑스 파일〉의 한 에피소드처럼 보인다.

이제 우리는 어디로 가야 할까? UFO와 UAP에 관한 한 정말 달라진 것이 있을까? 우리는 이 주제와 관련한 연구의 전환점에 있는 것일까, 아니면 1947년 이후 여러 차례 반복되어 왔던 것처럼 열광적인 관심에 이어 혼란만 가중되는 또 다른 주기가 반복되고 있을 뿐일까? 특정 목적을 가진 일부 사람들의 흔한 장난일지 모르지만, 나는 무언가가 **정말로** 바뀌었다고 생각한다. 군 조종사가 자신이 본 것에 대해 이야기할 기회를 갖게 된 것은 좋은 일이라고 본다. UAP가 무엇으로 밝혀지든 공개적이고 투명한 보고가 필요하며, 이러한 개방성을 통해 투명한 과학적 조사가 이루어질 수 있다. 그래야만 무엇이든 알아낼 수 있다. 이 글을 쓰고 있는 순간에도 이 주제에 대해 NASA

패널을 포함해 일부 조사들이 시작되고 있다. NASA 패널은 2023년 여름에 첫 공개회의를 열었을 때 3개의 유명한 해군 UAP 영상 중 하나를 분석하여 보고했다. 기하학의 몇 가지 기본 방법을 사용해 GOFAST 영상에서 물 위를 빠르게 스쳐 지나가는 것처럼 보이는 물체가 실제로는 4,000미터 상공에 있으며 시속 약 65킬로미터(당시의 풍속)로 움직이고 있다는 것을 확인했다. 시속 65킬로미터는 지구 밖 기술이라고는 전혀 볼 수 없다. 나는 산악자전거를 타고 페달을 밟지 않은 채 내리막길을 거의 그 정도 빠르기로 달릴 수 있다. 더 중요한 점은, 패널은 보고된 UAP 목격 사례 중 2~5%만이 "아마도 정말로 알 수 없다"고 판단했다는 것이다. 이러한 결론은 약간의 과학으로도 얼마나 큰 성과를 거둘 수 있는지 보여준다. 잘 진행된다면, NASA 패널과 다양한 노력은 과학이 편견 없는 탐사라는 놀라운 사업을 수행하는 방법에 관한 모범 답안을 제공할 수 있다. 다양한 형태의 과학 부정으로 가득한 세상에서 그 자체만으로도 훌륭한 서비스가 될 것이다.

이제 또 다른 큰 질문으로 넘어가겠다. 이 새로운 해군 UAP 목격 사례가 외계인 문제를 해결하는 데 필요한 정보를 제공하지 않는다면 어떤 종류의 데이터가 필요하고 어떻게 그것을 얻을 수 있을까?

UFO에 관한 진정한 정보를 어떻게 얻을까?

진정한 과학 연구는 어떻게 보이는가

이번 주기의 UFO에 대한 관심(또는 어떻게 보느냐에 따라 '과장')과 그 이전의 관심 사이의 가장 중요한 차이점은 정부의 개입이다. 의회의 명령부터 국방부 프로그램(실제 의도가 무엇이든)에 이르기까지, 이번에는 정부 기관이 무언가를 보고 있지만 그것이 무엇인지 모른다는 사실을 인정함으로써 조금 더 정직해 보이려 한다. 이는 매우 중요한 한 가지 이유 때문에 중요하다. 바로 자금이다.

UAP의 이해를 위해 실제 과학을 도입하려는 그 어떤 시도든 민간 부문이 감당할 수 없는 규모의 자금이 필요하다. 정부가 이 주제에 대한 공개적이고 투명한 과학적 탐구에 기꺼이 자금을 투입한다고 가정한다면 어떤 모습이 될까? 아주 좋은 질문이다. 이미 이런 종류의 연구에 진입하려고 노력하는 몇몇 그룹이 있기 때문이다.

그런데 가장 먼저 알아야 하면서도 가장 중요한 점은, 이러한 종류의 연구가 무엇을 하지 **않을** 것인가다. 이 연구는 UFO를 외계인이 조종한다는 것을 증명하려는 게 아니다. UFO가 외계인의 SUV라는 것을 알아내는 일은 이 주제와 관련해 **불가지론적**으로 시작하는 프로젝트의 한 가지 가능한 종착점에 불과할 것이다. 좋은 과학은 선입견 없이 시작된다.

이러한 관점은 "이거 보여요? 뭔지는 모르지만 9차원에서 온 바이킹 요정이 아닐까 싶으니 우리가 옳다는 것을 증명할 증거를 찾아봐요"와는 매우 다르다. SF 고전 《듄Dune》에 나오는 말처럼 "시작은 섬세한 시기"이다. 이런 프로젝트는 임무가 무엇인지 정확히 알고 시작해야 한다. 자신이 좋아하는 가설을 증명하는 게 임무가 아니다. 데이터가 이끄는 대로 어디든 가는 것, 바로 그것이 임무다.

그러니까 좋다, 항공기 주변을 계속 맴도는 UAP가 있다. 그게 무엇인지 어떻게 알아낼 수 있을까? 아이러니하게도 UAP에 관한 과학적 탐색에 필요한 것은, 나와 내 동료들이 먼 행성에서 생명체를 찾고자 생명 흔적과 기술 흔적을 과학적으로 탐색할 때 필요한 것과 크게 다르지 않다. 필요한 것은 '합리적인 탐색 전략'을 통해 '검증된 기기'로 수집된 '확실한 데이터'이다. 이 문장의 중간에 있는 '검증된 기기'의 개념에 집중하는 것으로 시작해 보겠다.

내 동료들이 외계 행성에서 생명 흔적을 발견했다고 보고한다면 아마 그들은 망원경에 달린 빛 검출기를 사용했을 것이다. 이 장치 전체가 하나의 과학 기기다. 이 기기는 그 동작의 모든 측면이 명시적이고 정확하게 특성화되어 있을 것이다. 천문학자들은 이 기기가 파장이 긴 적외선에 얼마나 잘 반응하는지, 파장이 짧은 가시광선에 얼마나 잘 반응하는지 알 수 있다. 섭씨 4도에서 기기가 어떻게 작동하는지, 섭씨 15도에서 그 동작이 어떻게 변하는지도 알 것이다. 기기와 관련한 이러한 특성 목록은 매우 길고 지루할 수 있지만, 기기가 놀라운 것을 보았다고 주장하려면 그 하드웨어에 관한 모든 것을 처음부터 끝까지 알고 있어야 한다.

UAP 연구 프로그램을 시작하려면 잘 특성화된 여러 가지 기기가 필요하다. 그런데 어떤 종류가 필요할까? 그것은 우리가 원하는 데이터의 종류에 따라 다르다. 이미지를 얻는 것(카메라)은 확실히 필요한 일이다. 또한 가능한 한 많은 파장의 이미지를 촬영하고 싶을 것이다. 가시광선은 우리 눈이 볼 수 있고, 대기가 가시광선에 매우 투명하기 때문에 좋다. 적외선은 추진력이나 기타 열원과 같은 열 신호를 잡는 데 적합하다. 이미지를 얻는 것 외에 물체에서 방출되는 전파를 찾을 수도 있다. 전파는 통신과 감지(레이더는 전파 파장을 사용한다)에 모두 유용하기 때문이다. 그리고 속력과, 더 중요한 속력 변화(가속과 감속)를 추적하기 위해 움직임에 관한 매우 정확한 정보가 필요할 것이다. 이러한 정보는 힘에 대해 알려주기 때문에 추진 기술을 알아낼 수 있다. 어떤 것을 선택하든, 우리는 확실한 데이터를 수집하기 위해 보낼 준비가 된 여러 기기를 갖게 될 것이다.

이제 마지막 부분, 합리적인 탐색 전략이다. 세 가지 선택지가 있다. 우리는 올려다볼 수도 있고 내려다볼 수도 있다. 사방을 둘러볼 수도 있다. 그래, 바보같이 들리고 어떤 바보가 나에게 박사 학위를 주었는지 궁금할 수도 있겠지만, 내 말을 들어보라. 올려다본다는 것은 우리 기기를 지상 관측소처럼 배치한다는 뜻이다. 위를 올려다보는 카메라와 레이더 장치를 전국에 걸쳐 격자형으로 배치하거나, 군사 기지나 해군 훈련이 열리는 바다 일부처럼 UFO 활동이 많은 곳에 집중적으로 배치할 수도 있다. 기기들은 그곳에서 (비용이 많이 들지만) 항상 혹은 어떤 종류의 경보에 의해 작동될 때 데이터를 수집할 것이다. 다양한 감지기를 장착하고 지구를 내려다보는 인공위성 네트워크를 구축할 수도 있다. 이 역시 지속적으로 모니터링하거나, 경보를 기다릴 수 있다. 마지막으로 수많은 (민간 및 군용) 비행기에 탐색용 센서를 장착할 수 있다. 주변 탐색 전략이다. 조종석에서 무언가를 발견한 조종사가 이 센서를 작동시키면 지상 및 위성 시스템을 활성화하는 경보가 될 수도 있다.

이러한 시스템에 대한 계획은 이미 논의되고 있다. 하버드의 천문학자 아비 로브Avi Loeb가 이끄는 갈릴레오 프로젝트는 이미 지상 기반 탐지 시스템 종류를 보유하고 있는 유성meteor 과학자들로부터 힌트를 얻어, 위를 올려다보는 더 작은 규모의 지상 관측소를 건설하고 있다. 또한 NASA는 과학자와 엔지니어들로 구성된 패널에게 기존 위성 네트워크가 어떻게 도움이 될 수 있는지 조사하도록 의뢰했다. NASA는 이미 기후변화와 같은 주제와 관련해서 지구를 상당히 많이 연구하고 있다.

이렇게 많은 페타바이트의 이미지와 속도 정보를 모두 확보하면 어떻게 될까? 답은 간단하면서도 복잡하다. 우리는 뭔가 이상한 것을 찾는다. 예를 들어, 다중 파장 이미지에서 감지된 물체가(그래서 진짜라는 것을 알 수 있는 물체가) 알려진 그 어떤 엔진이 만들 수 있는 것보다 더 높은 가속도를 갖는 경우를 찾아야 한다는 말이다. 공대공 미사일로 얻을 수 있는 최고 가속도는 수백 G 정도이다. 탐지된 UAP는 그보다 더 빠르게 가속하고 있는가? 무언가가 직선으로 급격히 가속하는 것을 보는 것보다 더 좋은 일은, 인간이 만들 수 있는 그 어떤 금속도 갈기갈기 찢어버릴 만큼 빠르게 회전하는 것을 보는 일이다. 이 정도면 정말 굉장하고 뭔가 이상한 일이 일어나고 있다는 증거가 될 것이다. 추진력 흔적 없이 공중에 떠있는 동작도 찾아볼 수 있다. 잘 특성화된 물체가(역시 여러 파장에서 보이는 물체가) 그냥 제자리에 떠있는 모습을 본다면 우리는 그것을 확실히 이상하게 생각할 것이다.

이러한 탐지가 기기, 데이터 수집 방법 및 데이터 분석 알고리즘에 의한 인공물이 아님을 확인하는 것은 복잡한 부분이 될 것이다. 엄청난 양의 데이터를 수집할 수 있다는 점을 기억하라. 이 모든 것을 분류하여 잡음 이상의 신호를 구성하는 몇 가지를 찾아내는 것은 그 자체로 엄청난 작업이지만, 〈만달로리안The Mandalorian〉에서 말하는 것처럼(그리고 그 누가 아기 요다를 좋아하지 않겠는가?) "이것이 길이다".

이것이 바로 UFO/UAP 미스터리의 근원에 도달하기 위한 실제적이고 과학적으로 타당한 연구 프로그램이 수행되는 방식이다. 그런데 그러한 비행선의 조종사에 관해서라면, 이건 완전히 다른 이야기가 된다.

그들이 정말로 외계인이라면?

UFO가 ET라면
그들은 어떻게
여기에 왔고
도대체 뭘 하고 있을까?

THE LITTLE BOOK OF ALIENS

외계인은 사실 마법이 아니다. 그들이 날리는, 공중에서 정지할 수 있는 초음속 우주선 같은 것도 마찬가지다. 외계인이 어떤 일을 하든, 그것이 우리에게 아무리 기적적이거나 기이하게 보일지라도 그것은 여전히 물리, 화학, 생물학 등을 기반으로 할 것이다. 외계인이 연구하는 물리, 화학, 생물학은 우리가 상상했던 것과는 완전히 다를 수 있다. 우리의 이해보다 훨씬 앞서있을 수도 있고, 비교한다면 우리가 미적분학을 하려는 아메바처럼 보일 수도 있다. 하지만 외계인이 무엇을 하든 그 핵심은 과학에 기반할 것이다. 우리가 살고 있는 우주는 그들이 살고 있는 우주와 같다. 이 공유된 우주는 패턴, 연결, 원인과 결과의 네트워크로 가득 차있다. 누가 하든, 과학은 이러한 패턴을 파헤쳐서 그것이 어떻게 작동하는지 이해하는 일이다. 외계인에 대해 진지하게 생각하고 싶다면 외계인과… 물리학에 대해 열심히 생각해야 한다. 그때부터 진정한 재미가 시작된다.

이 장에서는 첨단 기술을 가진 종족이 지구를 방문할 수 있다는 아이디어를 진지하게 생각해 보도록 하겠다. 그 전제하에 질문을 해보자. 그들이 사용하는 기술은 어떻게 작동할까? 이 질문은 우리를 현대물리학의 최첨단에 있는 영역으로 안내할 것이다. 아인슈타인의 상대성이론, 양자역학, 항성 천체물리학 등 첨단 문명의 기술을 이해하는 것은 우리를 이러한 주제로 이끈다. 이러한 물리학 분야가 제공하는 우주를 보는 관점은 놀랍다. 험한 산에 올라가 볼 가치가 있을 것이다. (공간 뒤틀림이나 여분의 차원 같은) 거대한 과학적 아이디어를 엿보는 것만으로도 먼 우주에서 온 외계인이 이곳을 방문했을 때 어떤 일이 가능할지 충분히 짐작할 수 있을 것이다. 그리고 인류 문명이 충분히 오래 지속된다면 어디로 향할지 예측하는 데도 도움이 된다.

처음부터 차근차근, 별들 사이의 광활하고 상상하기 어려울 정도의 거리를 어떻게 하면 가로지를 수 있는지에 대한 가장 기본적인 질문부터 해보자.

성간 여행[1]
UFO가 외계인이라면 어떻게 여기에 왔을까?

나쁜 소식을 먼저 알려드리겠다. 별들 사이의 거리가 너무 멀어서 일상적으로 다니는 것이 불가능할 수도 있다. 물론 로봇 탐사선을 보내면 200년 뒤에 목표 지점에 도달할 수도 있을 것이다(그 후에도 메시지가 돌아오려면 한 세기 정도는 더 걸릴 테지만). 하지만 여러분이나

나 또는 그 누구라도, 은하계 최고의 휴양 행성을 돌아다닐 수 있게 될 가능성은 단순히 물리법칙 때문에 배제될 수 있다.

혹은 아닐 수도 있다.

이것이 외계인과 성간 여행에 관한 질문을 탐색할 때 우리가 마주하게 되는 종류의 상황이다. 우리는 별들 사이의 거리를 분명히, 확실하게 알고 있다. 또한 그 거리를 가로지를 때 우주가 속력을 제한한다는 사실도 확실하게 알고 있다. 이제 우리가 해야 할 일은 이런 현실에 대해 우리가 아는 것을 바탕으로, 외계인이 어떻게 그 제한을 우회할 수 있을지 상상하는 것이다.

UFO가 다른 항성계에서 온 우주선**이라면** 그들은(또는 미래의 우리는) 어떻게 광활한 항성 간 빈 공간을 가로질러 갈 수 있는 걸까?

이 질문에 답하기 위해 가장 먼저 필요한 것은 (위대한 더글러스 애덤스Douglas Adams(소설 《은하수를 여행하는 히치하이커를 위한 안내서》의 작가—옮긴이)의 표현을 빌리자면) 일단 우주가 실제로 얼마나 크고, 크고, 크나큰지 이해하는 것이다. 여러분은 우주가 얼마나 큰지 알고 있다고 **생각**하겠지만, 나를 믿어라, 우주는 정말 크다. 연구를 하면서 이런 종류의 거리를 다뤄야 할 때마다 우주의 규모(심지어 우리가 있는 우주의 작은 구석까지)에 나는 매번 완전히, 강력하게, 새롭게 놀라게 된다.

천문학자들은 성간 거리를 광년 단위로 측정하는데, 그렇다, 이게 혼란스럽다는 것은 알고 있다. 1광년은 빛이 1년에 이동하는 거리로, 10조 킬로미터나 된다. 1 뒤에 0이 13개가 붙은, 즉 10,000,000,000,000킬로미터이다. 여러분은 아마도 몇 킬로미터를 건고 수천 킬로미터를 운전해 보았을 것이다. 이 모든 것은 처음 3개의 0만으로 충분하다. 나머지 10개는 엄청난 상상력을 필요로 한다. 익숙한 것으로 비교를 원한다면, 지구를 수억 번 도는 것과 같다고 생각하면 된다. 오헤어 공항에서 얼마나 많은 환승 항공편을 이용하고 무의미한 대기를 해야 할지 상상해 보라.

광년을 이해하는 또 다른 방법은 태양에서 태양계 가장자리까지의 거리를 생각해 보는 것이다. 은하계가 우리가 사는 별들의 도시라면 태양계는 우리가 태어난 집이고 지구는 그 집의 방 하나다. 2006년에 우리는 지금까지 개발된 가장 빠른 우주탐사선인 뉴호라이즌스를 발사하여 태양계의 가장자리에 해당하는 명왕성으로 보냈다. 명왕성까지의 거리는 1광년보다 약 1,000배나 짧다. 인간의 온갖 활동이 펼쳐지는 행성과 우주 공간이 있는 우리 태양계는 1광년의 작은 일부분일 뿐이다. 그리고 정말로 생각해 보아야 할 점은 이것이다. 뉴호라이즌스는 시속 58,000킬로미터로 우주를 질주했음에도 불구하고 **명왕성에 도달하는 데 약 10년이 걸렸다.** 이 사실에서 우리는 뉴호라이즌스가 1광년을 여행하는 데 최소 2만 년이 걸린다는 결론을 내릴 수 있다. 이는 매우 긴 시간이지만, 아직 별 사이의 거리에는 도달하지도 못했다. 1광년 거리에는 별다른 것이 없다. 태양계 혜성의 대부분이 오는 저온 저장고라고 할 수 있는 오르트 구름은 약 1광년까지 뻗어있으므로 이 정도 거리에서도 기술적으로는 여전히 태양계 **안에** 있는 것이다.

가장 가까운 별인 알파 센타우리에 도달하려면 약 3광년을 더 여행해야 한다. 뉴호라이즌스가 이 별까지 여행하려면 약 8만 년이 걸리며, 대부분의 별은 알파 센타우리보다 훨씬 더 멀리 떨어져 있다. 우리은하의 크기는 약 10만 광년이나 된다. 우리가 사는 동네에 머문다 하더라도, 가장 가까운 성간 스타벅스까지의 거리는 수백 또는 수천 광년 단위로 측정해야 한다. 이는 가장 빠른 우주탐사선으로 수천만 년의 여행 시간이 소요되는 거리다.

이 모든 것이 우주가 정말 엄청나게 크다는 사실을 확인시켜 준다. UFO가 실제로 성간 방문자라면, 이는 일상적으로 건너 다녀야 하는 거리다. 또한 우리가 다른 성간 종족, 즉 다른 누군가에게 외계인이 되려면 건너다니는 법을 배워야 하는 거리이기도 하다.

이러한 거리를 가로지르려는 시도는 모두 우주에 대한 근본적인 사실을 마주하게 한다. 광속보다 빠르게 이동할 수 있는 것은 없다. 이는 단순히 빛의 성질에 관한 사실이 아니다. 물리적 현실의 근본적인 본질에 관한 사실이다. 이것은 물리학에 내재되어 있다. 우주에는 최대 속력 제한이 있으며, 빛이 마침 그 속력에 맞춰 이동하는 것일 뿐이다. 실제로 (빛과 같이) 질량이 없는 입자는 광속으로 이동하지만, 그 어떤 것도 이보다 더 빠르게 이동할 수 없다. 이 속력 제한은 매우 근본적인 것이어서 원인과 결과의 존재를 뒷받침한다. 빛의 유한한 속력은 접시가 테이블에서 떨어지고 난 뒤에야 깨지는 것과 같이 원인 뒤에 결과가 따르도록 **강제한다.**

물론 이 성간 여행 문제와 관련된 우리가 모르는 물리학이 더 있을 수 있다. 하지만 광속은 알려진 모든 물리학에서 매우 중요하기 때문에, UFO가 우주선이기를 원한다면 "뭐 그들이 알아내겠지"라고 말하는 것만으로는 이 문제를 해결할 수 없다. 그보다 더 열심히 노력해야 한다.

이제 문제를 파헤쳐 보겠다. 이 엄청난 성간 거리를 감안할 때, 우리가 **이해하는** 물리학을 바탕으로 외계인(또는 미래의 우리)이 어떻게 우주의 빈 공간을 가로질러 갈 수 있는지를 어떻게 추정할 수 있을까? 몇 가지 가능성이 있다.

세대 우주선: 생물학적 특성에 따라 우리의 가상 외계인의 수명은 별 사이를 광속보다 느리게 여행하는 데 필요한 몇 세기보다 짧을 수 있다. 우리는 확실히 그렇다. 여행 내내 깨어있다면 도착할 때쯤이면 이미 죽어있을 것이다. 이 도착할 때 죽어있는 딜레마를 피하는 한 가지 방법은 도중에 아이를 갖는 것이다. 여러분은 여전히 죽겠지만 자녀나 손주, 증손주의 자손은 살아남을 것이다. 세대 우주선('세기 우주선'이라고도 한다)은 성간 여행을 가능하게 하는 한 가지 방법이다. 하지만 식민지로 향하는 우주 여행자 모두를 태우려면 이러한 우주선은 꽤 커야 한다. 이런 우주선이 궤도에 진입한다면 놓치기 어려울 것이다. 그리고 손주들이 냄새나는 우주선에서 평생을 보내야 한다는 사실에 상당히 화를 내리라고도 상상할 수 있다. 어쩌면 어린아이들이 UFO를 제멋대로 날리는 것일 수도 있겠다. 그러면 많은 것이 설명된다.

냉동 수면: 도착할 때 죽어있는 딜레마에 대한 또 다른 확실한 해답은 동면하는 것이다. 냉동 수면 기술은 기본적으로 여행하는 동안 신체의 신진대사를 '동결'시키는 것이다(아니면 적어도 속도를 늦추는 것이다). SF의 주요 소재임에도 불구하고 포유류와 같은 고등동물에게 이 기술을 적용하는 데

성공한 사람은 아무도 없다. 하지만 이것은 새로운 물리학이 마술처럼 존재하지 않아도 되는(어쩌면 새로운 생물학만 있으면 되는) 해결책이다. 또한 '미래 생물학적' 기계 기반 생명체가 실제로 존재한다면 (나중에 살펴보겠지만) 외계인이 실리콘 기반의 디지털 형태로 전환하여, 긴 시간은 더 이상 문제가 되지 않을 수도 있다.

빛의 돛: 아무도 햇빛 한 줄기에 길바닥에 쓰러진 적은 없지만, 광자(빛 입자)는 물질을 밀어내는 힘을 발휘한다. 우주에서 충분히 큰 막을 펼칠 수 있다면 태양이 추진해 주는 힘을 이용해 우주를 이동할 수 있다. 이러한 태양 돛에 관한 아이디어는 오랫동안 존재해 왔지만, 2016년 캘리포니아 대학교 산타바버라[2]의 필립 루빈Philip Lubin은 성간 항해에 빛을 제공하는 데에 태양 대신 매우 강력한 거대 레이저를 사용할 것을 제안했다. 충분히 큰 지상 기반 레이저를 사용하면 우주에서 돛을(그리고 돛을 달고 있는 우주선을) 최대 빛의 속력에 가깝게 가속할 수 있다. 이렇게 하면 수천 세기가 아니라 몇 년 또는 수십 년 만에 가까운 별 사이의 거리를 가로지를 수 있다. 억만장자 자선가인 유리 밀너Yuri Milner는 이 아이디어에 매료되어 '브레이크스루 스타샷Breakthrough Starshot'이라는 프로젝트 개발에 1억 달러를 기부했다.[3] 이 기술은 개발이 그만큼 어렵기 때문에 30년이라는 장기간에 걸친 노력이 필요하다. 이 기술을 사용하는 UFO의 문제점은 방문하려고 멈추려면 목표 항성계에 또 다른 거대한 레이저가 있어야 속도를 늦출 수 있다는 것이다.

웜홀: 빛의 속력이 우주를 이동하여 여행 가능한 속력을 제한한다면, 성간

여행의 가장 좋은 해결책은 문제가 되는 이동 자체를 피하는 것일 수 있다. 이러한 가능성은 아인슈타인이 일반상대성이론을 통해 우리에게 준 선물 중 하나다. 상대성이론에서 공간은 텅 빈 허공이 아니다. 시공간이라는 하나의 실체로 시간과 합쳐져 구부리고, 늘리고, 접을 수 있는 유연한 천과 같은 것이다. 웜홀은 이러한 접힘을 이용해 멀리 떨어진 두 공간 영역을 접어서 만나게 하는 일종의 시공간 터널이다. 이러한 웜홀(일명 아인슈타인-로젠 다리)은 일반상대성이론에서 분명하게 허용되지만, 안타깝게도 불안정하다. 웜홀은 (자연적이든 그렇지 않든) 일단 만들어지면 거의 곧바로 닫힌다. 외계인이 웜홀을 이용해 일종의 은하계 통과 시스템을 구축하려면 물리학자들이 이질적 물질exotic matter이라고 부르는 것을 찾아야 한다. 이 물질은 말 그대로 공간을 밀어내는 진정한 반중력 특성을 가진 물질이다. 외계인이 이질적 물질을 통제할 수 있다면 웜홀의 양쪽 입구를 강제로 열어 은하계의 먼 두 부분을 연결할 수 있을 것이다. 너무 흥분하기 전에, 그런데 여기에는 큰 문제가 있다. 이질적 물질은 실재하지 않는다. 일반상대성이론 방정식에 추가할 수 있는 항일 뿐이다. 이 항을 방정식에 포함시키면 작동 방식이 바뀐다. 만세! 물론 그렇다고 해서 이 항이 우주에 실제로 존재하는 무언가를 나타내는 것은 아니다. 하지만 반중력 항은 상대성이론의 물리학 방정식 틀 내에서 가능하기 때문에, 이질적 물질이 물리학자의 공상에 불과하지 않다면 빠른 성간 여행을 위한 수단으로 사용될 수 있을지도 모른다.

워프 드라이브(일명 하이퍼 드라이브): 워프 드라이브—또는 하이퍼 드라이브, 프레임 시프트 드라이브, 혹은 원하는 대로 부르면 된다—는 SF의 필

수 요소다. 등장인물들이 은하계를 쉽게 여행하게 해주고 싶다면 우주선에 워프 드라이브를 장착하기만 하면 아무도 의문을 달지 않을 것이다. 외계인이 워프 드라이브를 만들 수 있다면, 아인슈타인의 일반상대성이론에 나오는 '천과 같은 공간' 아이디어를 다시 한번 사용하게 될 것이다. 이 드라이브는 한 장소에서 다른 장소로 우주를 이동하는 것이 아니다. 대신 '워프 버블'을 생성해 주변의 시공간을 줄였다가 늘인다. 빛보다 빠르게 공간을 이동하는 것이 아니라 공간 자체를 빛보다 빠르게 접었다가 펼치는 것이다. 공간을 빛의 속력보다 빠르게 이동할 수 있는 것은 없지만, 공간(즉, 시공간)은 어떤 속력으로도 움직일 수 있다. 워프 버블의 좋은 점은, 웜홀과 마찬가지로 물리학자 미겔 알쿠비에레Miguel Alcubierre가 1994년에 발표한 유명한 논문에서 보여준 것처럼 이론적으로 일반상대성이론에서 가능하다는 것이다.* 하지만 아마도 예상하겠지만, 워프 드라이브에는 몇 가지 큰 문제가 있다. 다시 한번, 존재하지 않는 이질적 물질이 필요하다는 것이다. 더 큰 문제는 워프 버블이 이동하면서 고에너지 감마선으로 이루어진 거대한 충격파를 발생시킬 수 있다는 것이다. 당신이 워프에서 빠져나오면 이 에너지의 폭발은 경로에 있는 모든 것을 태워버리고, 방문하는 행성을 증발시켜 버릴 수 있다. 별 정거장에 도착했음을 알리는 가장 좋은 방법은 아니다.

양자역학: 원자 및 아원자 세계에 관한 강력한 이론인 양자물리학은 매우 기묘한 것으로 악명이 높다. 양자역학에서 물리학자들은 입자가 동시에 두

---

* Miguel Alcubierre, "The Warp Drive: Hyper-Fast Travel within General Relativity", *Classical and Quantum Gravity* 11, no.5(1994): L73-L77.

곳에 존재하거나, 두 입자가 우주의 반대편에 있음에도 불구하고 서로에게 즉각적으로 영향을 미치는 것에 대해 이야기할 수밖에 없다. 양자역학이 여태까지 만들어진 가장 정확하고 강력한 물리 이론이 된 지 100년이 지난 지금도 우리는 모든 전자 기적의 기초가 되는 양자역학이 현실에 대해 무엇을 말하고 있는지 이해한다고 단언할 수 없다. 개인적으로는 상당히 멋지다고 생각한다. 그런데 그것이 성간 여행에서 의미하는 바는, 양자역학에 시공간에 대해 일반상대성이론이 제시하는 제한을 우회할 수 있는 무언가가 숨어있을 수 있다는 것이다. 양자역학과 일반상대성이론을 통합하여 양자 중력 이론을 연구하는 일부 사람들은 시공간이 근본적인 것이 아닐 수 있다고 믿기도 한다. 그 대신 양자 현실의 더 깊은 측면으로부터 나올 수 있다는 것이다. 그러니까 양자역학에는 충분히 진보한 외계 종족이 성간 여행을 위해 알고 활용할 수 있는 몇 가지 트릭이 숨어있을 수 있다. 하지만 조심하라. 목록의 여타 항목과 달리 여기서는 확실히 근거가 없는 곳에서 희망을 끌어내고 있다. 여기에는 지나가는 양자역학의 기묘함에 손을 흔드는 것 외에는 아직 물리학이 없다.

여기까지다. 우리가 아는 한(그렇게 많지 않을 수도 있지만) 물리학과 성간 여행에 관한 한 인간이나 외계인이 가진 것은 이것이 전부다. 훌륭한 SF 작가라면 한 별에서 다음 별까지 이동하는 또 다른 창의적인 방법을 찾아낼 수도 있겠지만, 위의 목록은 우리가 현실에 대해 알고 있는 것을(아주 많다) 바탕으로 과학자가 제안할 수 있는 모든 것을 담고 있다. 중요한 것은, 실험적으로 검증된 물리학의 관점에서 볼 때 처음 두 가지 가능성 이후 엘비스는 건물을 떠났을 가능성이 아주 높다는 것이다.(앵콜을 기다리던 관객들을 해산시키기 위해, 엘비스 프레슬리의 공연이 끝난 후 사회자가 자주 쓴 표현—옮긴이)

그림을 완성하기 위해, 외계인의 성간 드라이브 기술이 지구에서 그들이 하는 일에 어떤 영향을 미칠지 물어볼 수도 있다. 외계인이 빛의 속력 이하로만 움직일 수 있다면 은하 문명을 건설하는 데 한계가 있을 것이다. 두 행성 사이에 외교관을 보내는 데 200년이 걸리는데 아무도 100년 이상 살지 못한다면 문제가 있지 않을까. 물론 냉동 수면을 통해 이 문제를 해결할 수는 있지만, 외교관이 도착하는 데는 여전히 200년이 걸린다. 그사이에 고향 행성에는 많은 변화가 있었을 것이다. 외교관이 도착할 때쯤에 두 세계에 같은 종류의 정부가 존재할까? 그리고 협상이 끝난 후에도 답을 얻으려면 2세기가 더 걸린다. "그들은 '지옥에나 가라'고 했다"(혹은 어떤 말이든)는 대답을 기다리기에는 너무 긴 시간이다.

이 모든 것은, 워프 드라이브나 빛보다 빠른 다른 기술이 **불가능**하다면, 성간 문명에 대한 우리의 생각이 매우 잘못된 것일 수 있음을 의미한다. 아무도 빛보다 빠른 속력으로 여행할 수 없다면 모든 태양계가 스스로를 위해서만 존재하는 것일지도 모른다. 이런 경우라면 은하 제국은 존재하지 않고 개별 행성 문명만 존재할 것이다. 이러한 문명은 가끔씩 별을 가로질러 정착 임무를 보낼 수도 있지만, 거리와 이동 시간을 고려할 때 정착에 성공하더라도 문화적으로 고향 세계와 빠르게 분리될 것이다. 이런 상황이라면 지구를 방문하는 외계인은 여러 세계와 다양한 문명을 방대하게 경험한 은하 연방의 대표자가 아니다. 일회성 방문일 테고 우리가 그들의 첫 방문지가 될 수도 있다.

이제 잠시 멈추고 심호흡을 해보자. 내가 방금 이야기한 내용은 모두 추측에 불과하다. 하지만 과학을 진지하게 받아들여서 추측한 것이다. 이것이 바로 과학을 '탐구하는 여행'으로 만드는 일이다. 생명체는 항상 우주가 부과하는 제약 조건 안에서 존재한다. 기술은 이러한 제약들을 극복할 수 있지만, 제약이라는 사실 자체를 없애지는 못한다. 엔진에는 동력이 필요하다. 기계는 고장이 난다. 외계인 기술이 아무리 멋지다고 해도 이러한 제약을 극복해야 하므로, 이제 지구를 방문하는 UFO 외계인들이 어떤 종류의 극도로 진보된 기술을 가지고 있는지 알아보자.

외계인 기술
루크 스카이워커의 차고 내부

UFO는 물리법칙을 거스르는 '말도 안 되는' 일들을 많이 하는 것으로 알려져 있다. 그들은 갑자기 나타났다가 순식간에 사라진다. 극초음속으로 이동하다가 순식간에 멈춘다. 불가능한 각도로 급회전을 하기도 한다. 이러한 행동이 실제로 일어난다면 물리학 법칙에 대한 **우리의** 이해를 거스르는 것이지만, 그렇다고 해서 물리학 자체를 거스르는 것은 아니다. 여러분이 나를 한 대 치고 싶을 정도로 강조했듯이, 우리가 물리법칙을 다 알지 못한다 하더라도 물리적 세계는 물리법칙에 기반하고 있다. 외계 우주선이 존재하고 UFO가 할 수 있다고 알려진 일을 할 수 있다면, 그 기술 뒤에는 어떤 미지의 물리학이 숨어있을까?

사라지는 것부터 시작해 보자. 수많은 UFO 신고에는 레이더나 목격자의 시야에 물체가 나타났다가 금방 사라지는 경우가 많다. 이것이 사실이라면 〈스타 트렉〉에서 로뮬런들이 가진 것과 같은 일종의 '은폐' 능력을 암시할 수 있다. 우주선은 실제로 거기에 있지만 마음만 먹으면 언제든 보이지 않게 될 수 있는 것이다. 그것은 어떻게 작동할까?

앞에서 설명한 것처럼 모든 빛은 다양한 파장의 전자기복사(파동)이다. 전파는 건물 크기의 긴 파장을 가지고 있는 반면, 엑스선은 원자 크기의 파장을 가지고 있다. 즉, 무언가를 보이지 않게 만들려면 그 파장에 무언가를 해야 한다. 그런데 '보이지 않는다'는 것은 실제로 무엇을 의미할까? 빛으로 우주선 같은 것을 보려면 두 단계가 필요하다. 첫째 우주선에서 전자기파를 반사시켜야 하고, 둘째 반사된 전자기파를 포착할 감지기가 필요하다. 감지기는 여러분의 눈이 될 수도 있고 레이더 접시 안테나가 될 수도 있다. 이 보는 과정을 엉망으로 만드는 가장 쉬운 방법은, 들어오는 전자기파를 그저 흡수하여 감지기가 감지할 반사를 남기지 않는 재료로 우주선을 만드는 것이다. 혹은 우주선 주위로 빛을 굴절시킴으로써 우주선과 전혀 접촉하지 않게 해서 흡수할 필요도 없는 재료를 개발할 수도 있다. 마지막으로, 우주선이 주변 환경을 모방하는 빛을 방출하여 항상 그 속에 섞여버리도록 할 수도 있다. 이것은 적응형, 지능형 위장과 같다.

외계인이 이런 종류의 기술을 가지고 있다고 해도 과학적으로 큰 무리는 없을 것이다. 우리 인간은 이미 이런 종류의 능력에 일부 도달해 있다. 지난 몇 년 동안 물리학자들은 들어오는 빛의 방향을 바꾸고 구부릴 수 있는 '메타물질'을 개발했다. 물체를 얇은 메타물질 층으로 덮으면 들어오는 빛이 우주선의 표면을 따라 반대편으로 방출되도록 굴절시킬 수 있다. 반대편에서 들어오는 빛도 우주선 주위로 휘어지게 된다. 이렇게 하면 관찰자(여러분)는 항상 우주선 뒤에 있는 모든 것을 볼 수 있어 우주선이 보이지 않게 된다. 메타물질로 탱크나 전투기를 만들기에는 아직 갈 길이 멀지만, 기본 원리는 지금 지구 실험실에서 시험하고 있다.

마하 50(시속 약 6만 킬로미터―옮긴이)의 속력으로 날아다니거나 방향을 바꾸는 것은 또 다른 이야기다.

SF는 반중력 기술로 가득하다. 루크 스카이워커의 스피더가 중력을 바로 상쇄하며 지상 바로 위에 떠서 날아다니는 장면을 생각해 보라. 중력을 어떻게 **없애버릴** 수 있는지 이해하려면 먼저 물리학자들이 힘에 대해 이야기할 때 정확히 무엇을 의미하는지 이해해야 한다. 먼저, 어떤 물체(물질)가 다른 물체를 밀거나 당길 때에는 힘이 작용한다. 몇 세기에 걸친 연구 끝에 물리학자들은 기본 힘이 네 가지라는 것을 알아냈다. 중력, 전자기력, 강한 핵력, 약한 핵력이다.

행성이 별 주위를 돌고 발이 지구 표면에 붙어있도록 하는 중력은 누구나 잘 알고 있을 것이다. 전자기력은 전자와 양성자 같은 전하를 띤 입자 사이의 힘이다. 화학 결합은 실제로 전자기 결합이기 때문에 기본적으로 모든 생명체를 유지시키는 힘이다. 그리고 모든 현대 기술을 만드는 힘이기도 하다. 강력한 핵력은 원자핵을 하나로 묶어주는 힘이다. 여러 종류의 원소들이 존재하는 기반이 되는 힘이기도 하다. 마지막으로 약한 핵력은 별에서 일어나는 핵반응에 관여한다. 여기에는 훨씬 더 많은 이야기가 있지만 우리의 목적에는 이 요약된 설명이 적당할 것이다.

우주에서 일어나는 모든 일은 아무리 복잡하더라도 이 네 가지 밀고 당기는 방식으로 귀결된다. 이 사실은 그 자체로는 놀랍지만, 무엇이 밀고 당기는지 정확히 알려주지는 않는다. 답은 바로 힘 입자이다.

1940년대에 물리학자들은 (전자와 양성자 같은) 아원자입자 사이의 밀고 당기기에는 항상 힘 입자의 교환이 수반된다는 사실을 깨닫기 시작했다. 이 특수 입자를 전문 용어로 '힘 보손force bosons'이라고 한다. 둘 다 음전하를 띠는 두 전자가 전자기적으로 서로를 밀어내는 것은 실제로 서로를 튕겨내기 때문이 아니다. 실제로 일어나는 일은 전자기력 입자의 한 종류인 '광자(빛의 입자)'를 서로 주고받는 것이다. 광자는 전자기력의 힘 보손이다. 다른 힘들도 각각 고유한 힘 입자를 가지고 있다. 중력의 힘 보손을 '중력자'라고 한다. 중력자는 한 번도 관측이 된 적이 없다. 관측할 수 있을 만큼 강력한 실험 장비가 없기 때문이다. 하지만 물리학자들은 중력자가 반드시 존재해야 한다고 생각한다.

우리는 이 모든 것을 이해해야 한다. 힘을 조작하는 기술은 어떤 식으로든 관련된 힘 보손을 조작하는 기술로 귀결되기 때문이다. 우리가 컴퓨터와 휴대전화를 비롯해 온갖 전자기기의 경이로움을 누릴 수 있는 것은 전자기력의 힘 보손인 광자를 조작하는 기술의 달인이기 때문이다. 우리는 원하는 모든 곡조에 맞춰 광자를 춤추게 할 수 있다. 다른 힘과 그 보손은 완전히 별개의 이야기다. 그것들을 직접 제어하려면 엄청난 양의 에너지가 필요하다. 따라서 우리는 그것들을 주먹구구식으로 제어할 수밖에 없다. 예를 들어, 중력을 이용하는 기술은 원시인들이 서로의 머리에 돌을 떨어뜨리는 것보다 그다지 더 나은 수준이 아니다. 중력자 수준의 규모에서 중력을 제어하는 것은 생각하는 일조차 우리 능력 밖이지만, 어쩌면 외계인은 우리보다 중력자를 더 잘 다룰 수 있을지도 모른다.

반중력 장치를 만들려면 우리가 꿈에서나 볼 수 있는 방식으로 중력자를 제어해야 할 수도 있다. 어쩌면 외계인은 아원자 이하 규모에서 중력자의 방향을 바꾸는 방법을 알고 있을지도 모른다. 루크 스카이워커의 스피더와 그의 행성 타투인의 지상 사이의 중력자 교환을 줄이는 방법을 알고 있을지도 모른다. 이 경우 스피더(또는 UFO)는 마치 타투인에 중력이 전혀 없는 것처럼 지상 위를 떠다닐 수 있다. 〈스타 트렉〉의 엔터프라이즈호처럼 중력자를 조종하는 것도 우주선에서 인공 중력을 만드는 방법일 수 있다. 그렇지 않고서야 어떻게 모든 사람이 마치 우주의 무중력 상태에서 아무렇지도 않게 함교에 서 있을 수 있겠는가?

중력자를 직접 제어할 수 있다면 UFO가 초고속에서 방향을 바꾸면서 그렇게 빠르게 감속하고 가속하는 데에도 도움이 될 수 있다. 자동차가 방향을 바꿀 때 도로는 타이어에 힘을 가해 자동차의 나머지 부분이 방향을 바꾸도록 만든다. 안전벨트를 착용하지 않으면 회전 반대 방향으로 몸이 좌석 위를 미끄러지는 것을 느낄 수 있다. 안전벨트는 차의 나머지 부분과 함께 내 몸이 회전하게 하는 힘에 반응한다. 그렇게 회전할 때 몸이 저항하는 것을 '관성'이라고 한다. 시속

5,000킬로미터로 움직이는 우주선이 순간적으로 급회전을 시도하면 관성으로 인해 몸이 안전벨트를 뚫고 벽으로 튕겨나갈 것이다.

이제 초고속으로 우회전하면서 중력자를 직접 제어할 수 있다고 상상해 보자. 아마도 적절한 시간에 적절한 방식으로 중력자를 분사하여 몸의 관성을 상쇄하는 중력장을 만들 수 있을 것이다. 이렇게 하면 안전벨트가 여러분을 강제로 회전시키는 대신(그리고 당신이 젤리처럼 변하는 대신) 가짜 중력장이 모든 것의 균형을 완벽하게 잡아주어 급격한 끌림이나 잡아당김 없이 방향을 바꿀 수 있다.

이 중에 가능한 것이 있을까? 누가 알겠나? 내가 방금 한 일은 우리가 이해하는 물리학을 바탕으로 SF 이야기를 써서 그럴듯한 가능성을 만들어 낸 것뿐이다. 어쩌면 이 중 어떤 것도 가능하지 않을 수 있다. 어쩌면 물리학이 그런 식으로 작동하지 못할지도 모른다. 우선, 방금 설명한 기술 중 일부를 만들려면 블랙홀 근처에서나 빅뱅 직후에만 발견되는 에너지가 필요할 수 있다. 외계인이 중력자 조작기를 만들 수 있다면 우주의 가장 극한 물체와 조건에서 작동하는 것과 동일한 수준의 힘을 쉽고 반복적으로 이용할 수 있어야 한다. 이는 다소 어려운 주문이지만, UFO가 정말로 우리 영공을 휘젓고 다니는 외계인이라고 생각한다면 이런 종류의 것들을 다루어야 한다. 어쩌면 그들은 그런 종류의 능력을 개발**했을** 수도 있다. 내가 그런 능력이 있다면 틀림없이 자랑했을 것이다.

차원을 넘나드는 외계인

이봐, 친구, 내 비행기에서 내려

완전히 다른 가능성도 있다. 어쩌면 UFO가 우주를 여행하는 것이 아닐 수도 있다. UFO가 다른 항성계에서 온 외계인이라고 주장하는 사람들의 오랜 역사가 있는 한편, 다른 '차원'에서 온 외계인이라고 주장하는 사람들의 오랜 역사도 있다.

'추가' 또는 '다른' 차원은 UFO 집단만의 생각은 아니다. 과학자들은 오랫동안 이 질문에 집착해 왔다. 과학의 다른 차원과 UFO 애호가들의 다른 차원 사이에 연관성이 있을까? 이에 대한 답을 찾기 위해 수학과 물리학에서 가장 흥미진진한 부분 중 하나를 잠시 살펴보고자 한다. 외계인이 다른 차원에서 왔는지 알고 싶다면 먼저 도대체 차원이 무엇인지 물어볼 필요가 있다. 캐나다 사람들이 말하듯이 이것은 '큰 재미'다. 내가 다른 차원에 관한 아이디어를 얼마나 좋아하는지 표현하기도 어렵다(사실, 아주 자세히 이야기하려 한다). 나는 다른 차원을 외계인과의 관계 때문이 아니라 물리학과의 관계 때문에 좋아한다. 외계인에 대해서는 잠시 후에 설명하겠다.

차원에 대해 이야기한다는 것은 실제로는 고딕체로 표기하는 공간에 대해 이야기하는 것을 의미한다. 거기에는 얼마나 많은 공간이 있으며, 우리는 얼마나 많은 공간에 접근할 수 있을까? 이 질문에 답하기 위해 **차원**을 지구로 가져오는 방식으로 그것을 정의해 보겠다.

여러분은 3차원에 살고 있다. 어떤 모습인가? 원한다면 앞으로 또는 뒤로 걸을 수 있다. 왼쪽이나 오른쪽으로 움직일 수도 있다. 위나

아래로 움직일 수도 있다.

그게 전부다.

앞/뒤, 왼쪽/오른쪽, 위/아래를 제외하고는 공간을 이동하는 다른 독립적인 방법은 존재하지 않는다. 물리학자가 말하는 '독립적'이라는 단어는 우리가 할 수 있는 모든 움직임이 앞/뒤, 왼쪽/오른쪽, 위/아래의 조합이라는 뜻이다. 이 세 가지 선택이 끝나면 말 그대로 공간이 없어지며, 이것이 바로 공간이 3차원이라는 것을 말해준다. 구, 정육면체, 피라미드, 혹은 세상에 존재하는 어떤 사물도 모두 3차원 안에 '존재'한다. 그 이상도 이하도 아니다. 이 아이디어는 그 자체로도 꽤 멋지다. 그런데 더 멋있어진다.

19세기 말, 수학자들은 표준 3차원을 넘어서는 차원의 이론을 정립하기 시작했다. 그들은 4차원 구, 7차원 입체, 10차원 피라미드의 성질에 대해 스스로에게 질문하기 시작했다. 그들은 이러한 추가 차원이 물리적으로 실재한다고 생각하지는 않았지만 수학이라는 도구를 통해 새로운 대륙의 경계에 있는 탐험가처럼 이러한 추상적인 공간에 접근할 수 있었다.

'수학이라는 도구'라는 말은 꽤 추상적이고 위압적으로 들린다. 내가 열여덟 살이었을 때는 여자아이들에게 잘 보이기 위한 멋진 말이라고 생각했다(대부분의 경우 그렇지 않았다). 이러한 도구를 사용한다는 것은 그저 구의 부피, 내부 공간의 크기와 같이 무언가를 알아내기 위해 계산을 하는 것을 의미한다. 3차원 구의 경우 부피는 반지름의 세제곱(R^3)에 비례한다. 원한다면 구가 차원이 하나 더 있는 공간(이동 방향이 하나 더 있는 공간)에 존재한다고 상상하고 동일한 계산을 다시 수행할 수도 있다. 이번에는 부피가 반지름의 네제곱(R^4)에 비례한다는 것을 알 수 있다. 반지름의 추가 제곱은 말 그대로 4차원 구의 내부에 3차원 구보다 더 많은 공간이 있음을 의미한다. 추가 차원은 더 많은 공간을 의미한다. 하지만 여기서 가장 중요한 점은 더 단순하다. 더 높은 차원에서 계산을 수행하려면, 3차원에서 수행한 작업을 반복하되 각 추가 차원에 대해 또 하나의 단계를 더하면 된다. 이보다 더 복잡할 수도 있지만 개념은 이해할 수 있을 것이다.

수학을 알더라도 4차원 구가 어떻게 생겼는지 상상하기 어렵겠지만, 방금 설명한 수학에서 힌트를 얻으면 감을 잡을 수 있다. 이러한 초차원적인 가능성을 엿보는 것만으로도 꽤 흥미진진하니 한번 시도해 보시기 바란다. (3차원보다 낮은) 저차원 세계부터 시작해서 차근차근 단계를 높여가는 아이디어다. 먼저 1차원에서 구가 어떻게 생겼는지 상상하는 것으로 시작해 보겠다. 순수한 1차원 세계의 현실은 왼쪽/오른쪽 방향으로 무한히 뻗은 선일 뿐이다. 그것이 존재할 수 있는 공간의 전부다. 1차원에서 구는 구의 지름(반지름의 2배)만 한 길이의 선일뿐이다.

이제 상상하기 더 쉬운 2차원 구로 이동해 보겠다. 우선 2차원 현실은 어떤 모습일까? 종이 같은 평면인데 사방으로 무한대로 뻗어있다. 2차원에서 구는 여러분이 종이 위에 그리는 원과 같은 원일 뿐이다. 마지막으로, 3차원 구는 우리 모두 잘 알고 있다. 많은 예가 있기 때문이다. 비치볼, 야구공, 볼링공.

선, 원, 야구공은 모두 구지만 차원이 다르다. 이제 더 높은 차원으로 가보자.

　4차원으로 이동하는 데에서 중요한 것은 3차원 구와 2차원 구가 어떻게 연결되는지, 그리고 1차원 구와는 어떻게 연결되는지를 보는 것이다. 3차원 구(예: 야구공)가 2차원 세계를 '통과'하면 어떻게 될지 상상해 보자. 야구공이 2차원 세계를 구성하는 무한 평면에 닿기 전까지 2차원 평면에 살고 있는 2차원 생명체는 어떤 일이 일어날지 전혀 모를 것이다. 그런데 야구공이 평면에 닿는 순간 2차원 생물들이 '볼 수 있는' 점이 갑자기 나타난다. 야구공이 2차원 평면을 통과하면 그 점은 야구공과 2차원 평면이 만나는 채워진 작은 원이 된다. 원은 야구공이 평면을 반쯤 통과할 때까지 커졌다가 다시 한 점이 될 때까지 줄어든다. 야구공과 평면의 접촉이 끊어지면 점이 사라진다. 완전히 고요한 물의 표면을 깨뜨리면서 야구공이 물속에서 떠오르다가 공중으로 솟아오르는 모습을 상상해 보라. 야구공이 수면에 남긴 '흔적'은 3차원 세계와 2차원 세계를 연결하는 연결 고리가 된다.

　이제 우리는 4차원에서 3차원과 같이 해볼 수 있다. 쉽지는 않지만, 야구공과 수면의 비유로 계속 돌아가면 도움이 될 것이다. 4차원 구(하이퍼스피어라고 부른다)가 3차원 세계를 통과하면 우리에게는 무엇이 보일까? 야구공이 처음 수면에 닿은 다음 작은 원을 만들어 내는 것처럼 작은 공이 갑자기 우리 눈앞에 마법처럼 나타나는 것을 볼 수 있을 것이다. 그것은 4차원 하이퍼스피어가 우리의 3차원 '평면'에 처음 닿는 순간이며, 이는 우리를 깜짝 놀라게 할 것이다. 완전히 겁에 질린 우리는 하이퍼스피어가 우리의 현실을 통과하면서 작은 공이 점점 더 커지는 것을 지켜보게 될 것이다. 공은 하이퍼스피어가 우리 세계를 반쯤 통과했을 때에야 커지기를 멈춘다. 그런 다음, 공은 다

시 줄어들기 시작하여 하이퍼스피어가 우리의 3차원 평면을 다 통과
하면 사라진다. 이 시점에서는 독한 술 한 잔을 마시거나 심리치료사
에게 전화를 하는 것이 좋다.

이런 종류의 사고실험은 추상적 수학적 사고(정확하게 바로 지금 여
러분이 하고 있는 것)의 놀라운 힘을 보여준다. 고차원 수학의 유용성
은 1900년경 물리학자들에게 매우 분명해졌다. 3차원 세계에서 복잡
한 문제를 더 높은 차원의 공간에 '투영'함으로써 새로운 통찰력을 얻
었고, 오래된 어려운 문제도 해결했다. 문제에 차원을 더한 가장 유
명한 예는 아인슈타인의 상대성이론이다. 상대성이론에서 시간은 우
리에게 익숙한 3차원(앞/뒤, 좌/우, 위/아래) 공간의 네 번째 차원이다.
상대성이론과 그 4차원 시공간은 뉴턴 이후 물리학에서 가장 큰 혁
명이었다.

수리물리학에서 추가 차원(즉, 상대성이론)을 사용한 눈부신 성공
은 20세기 초 신문에 널리 보도되었다. 그렇게 해서 차원을 다른 '존
재의 평면'으로 간주하는 개념이 대중의 상상력을 사로잡았다. 이 무
렵 영매술로 유명한 영성주의 운동은 과학에서 일어나는 일을 포착
하고 이 새로운 언어를 신봉자들의 믿음에 적용하기 시작하여 과학
적 신뢰성을 부여했다. 영성주의자들에게 더 높은 차원은 죽은 자의
영역이었다. 그곳은 그들이 '사는' 곳이며, 차원을 연결하여 그들과 접
촉할 수 있는 곳이었다. 곧 고차원과 평행 세계는 수많은 초자연적
믿음과 연관되게 되었다.

1940년대에 UFO 목격이 널리 퍼지기 시작하자 몇몇 사람들은 재
빨리 더 높은 차원과 연결 지어 생각하기 시작했다. 이 아이디어를

실제로 대중화시킨 사람은 프랑스 과학자 자크 발레Jacques Vallée였다. 발레는 초기 인간-컴퓨터 인터페이스와 같은 주류 기술 문제를 연구한 매우 흥미롭고 매우 비주류적인 인물이다. 발레는 UFO에도 지속적인 관심을 가지고 있었다. 1970년대 후반, 발레는 콘던 위원회의 일원이었던 천문학자 J. 앨런 하이넥J. Allen Hynek의 제자가 되었다. 하이넥은 나중에 외계인 가설로 넘어갔고, 목격자가 UFO 외계인과 얼마나 가까이 접근했는지를 설명하기 위해 근접 목격자 분류 시스템을 만들었다.

그런데 발레는 하이넥을 훨씬 뛰어넘었다. 정신분석학자 카를 융Carl Jung의 저서를 바탕으로 발레는 UFO가 3차원 공간을 통해 외계 행성에서 지구로 오는 것이 아니라고 확신하게 되었다. 대신 다른 차원에서 온다는 것이었다. 이것이 '차원 간 가설'이 되었다. 3차원 공간을 통과하는 4차원 구처럼 UFO도 차원을 넘나들며 우리를 방문하고 있었다는 것이다. 발레에게 이것은 UFO가 육안과 레이더에 모두 나타났다 사라질 수 있는 이유를 설명해 준다.

발레의 연구 이후 차원 간 가설은 소수이긴 해도 꾸준히 지지자 그룹을 유지해 왔다. 외계인 가설은 확실히 대다수의 관점이지만, UFO가 다른 차원의 존재를 나타낸다는 생각은 여전히 매력적이다. 특히 초자연적 존재에 대한 믿음에 경도되어 있는 사람들에게는 더욱 그렇다.

이 지점에서 현대물리학에서 고차원 사고의 활용이 얼마나 놀랍고, 얼마나 비범하며, 얼마나 아름다운지 계속 말씀드릴 수 있을 것 같다. 나는 이론물리학자로서 가장 흥미로운 순간 중 일부를 6차원

도넛 주위를 돌아다니며 그 모양의 세부 사항을 통해, 예를 들면 태양계 행성의 운동에서 질서와 혼돈의 경계를 밝혀내는 데 보냈다. 하지만 추가 차원에는 문제가 있다. 실제로 존재하지 않는다는 것이다.

물리학의 관점에서 볼 때, 우리가 경험하는 3차원을 넘어서는 공간의 추가 차원이 존재한다는 증거는 단 한 하나도 없다. 그리고 노력이 부족한 것도 아니다.

아인슈타인의 4차원 시공간을 살펴보자. 아인슈타인의 상대성이론에서 실제로 일어나는 일은 시간을 '공간화'하는 것이다. 시간을 수학적으로 다른 차원의 공간처럼 취급한다는 말이다. 그런데 시간은 항상 다른 차원과 다르다. 살펴보면, 세 공간 차원은 각각 왔다 갔다 할 수 있지만(왼쪽 오른쪽, 앞뒤, 위아래) 안타깝게도 시간에서는 한 방향으로만 갈 수 있다는 것이 명백한 사실이다. 이것은 슬픈 일이다. 시간 거리에는 거대한 일방통행 표지판만 있어서 우리가 언젠가 죽을 수밖에 없기 때문이다. 시간 여행에 관한 수많은 SF 이야기에도 불구하고 시간 여행이 가능하다는 증거는 전혀 없다. 시간은 공간이 아니며, 공간의 추가 차원도 아니다.

한편, 물리학에서 여분의 공간 차원을 가정하는 일부 이론이 있었던 것도 사실이다. 우주가 실제로 10개의 공간 차원을 가지고 있다고 주장하는 끈 이론이 유명한 예다. 끈 이론에서는 7개의 추가 공간 차원이 종이를 말아 빨대를 만드는 것처럼 단단히 말려있기 때문에 볼 수 없다. 멋진 아이디어지만 수십 년간의 노력에도 불구하고 끈 이론은 실험적으로 검증된 예측에 가까운 결과를 내놓지 못했으며, 대부분의 물리학계에서는 더 이상 그다지 유망해 보이지 않는다.

다중 우주 이론도 있다. 이것은 빅뱅이 단 하나의 우주를 만들어 낸 것이 아니라 우리 우주와 같은 수많은 '포켓 우주'를 만들어 냈다는 이론이다. 다중 우주에는 지금 하고 있는 일의 무한한 버전을 하고 있는, 무한한 버전의 여러분이 있다. 안타깝게도 이러한 종류의 평행우주는 UFO에는 적용되지 않는다. 실제로는 평행하지 않기 때문이다. 평행우주는 다른 차원에 존재하지 않는다. 평행우주는 모두 빅뱅이라는 동일한 공간의 일부이며, 정의상 너무 멀리 떨어져 있어 다른 우주에서 온 UFO는 결코 우리에게 도달할 수 없다. 마지막으로, 다중 우주 아이디어의 한두 가지 버전은 SF작가에게는 훌륭하지만(사랑해요, 마블 시네마틱 유니버스), 이를 뒷받침하는 증거는 전혀 없다. 단지 소수의 물리학자들이 선호하는 아이디어일 뿐이며, 나머지 사람들은 이에 대해 "글쎄"라고 생각하거나 적극적으로 매우 잘못된 것이라고 생각한다.

그래서, 미안하다. 정말로. 나는 수리물리학에서 다른 차원에 대한 아이디어를 좋아하고 SF에서 다른 차원을 좋아한다. 하지만 **실제** 우주에서 **실제** 공간의 **실제** 차원 수가 3차원 이상이라는 증거는 전혀 없다.

그런데 그들은 여기서 무엇을 하고 있을까?
하이빔 논쟁과 일부 다른 의문들

지금껏 외계인이 성간 거리를 가로질러 우리에게 도달하기 위해 필요한 기술의 종류를 살펴보았다. 또한 일부 사람들이 주장하는 UFO

의 불가능한 움직임에는 어떤 기술이 필요한지도 살펴보았다. 마지막으로, 몇몇 사람들이 UFO가 왔다고 주장하는 추가 차원에 대해서도 살펴보았다. 이제 우리는 UFO와 외계인이 무엇이며, 어디서, 어떻게 나타나는지 잘 파악할 수 있게 되었다. 이 주제를 떠나 지구가 아닌 우주에서 외계인을 찾는 과학적 탐색으로 가기 전에 몇 가지 중요한 사항을 짚고 넘어가야 한다. 외계인에 대해 매일 생각하는 과학자로서 UFO와 관련된 몇 가지 공통된 주제가 논쟁의 많은 부분을 차지하고 있기 때문에 이러한 내용을 다루고자 한다.

첫 번째는 내가 '하이빔 논쟁'이라고 부르는 것이다. UFO를 둘러싼 많은 논쟁은 하늘에서 놀라운 일을 하는 물체를 보는 것에 중심을 두고 있다. 하지만 우리는 그것들을 제대로 볼 수 없는 것 같다. "하늘에서 이런 불빛을 봤어요"가 자주 반복된다. 불빛이 나타나더니 이상하고 불가능한 방식으로 움직이다가 불가능한 속력으로 날아간다. 낮에도 빛이 보이지만 항상 고해상도 이미지를 촬영하기 전에 사라진다. 요점은 간단하다. 외계인은 결코 자신을 알리고 모든 사람이 자신을 잘 볼 수 있도록 가만히 서있지 않는다. 그들은 우리가 그들이 여기 있다는 것을 알기를 원하지 않는다. 그들은 숨어있기를 원한다. UFO의 이러한 측면이 나에게는 큰 의문으로 이어진다. 그들이 숨고 싶어 한다면, 왜 그렇게 숨는 데 서투를까?

생각해 보라. UFO는 별들 사이의 광활하고 험난한 거리를 가로지른 우주선으로 여겨진다. 그들은 알려진 물리법칙을 능가할 수 있는 강력한 기술을 보유하고 있다. 그런데 그 모든 능력을 갖추고도 그들은 헤드라이트를 끄지 못한다.

이 외계인들이 정말 우리에게서 숨어있기를 원했다면, 우리가 그들을 보지 않기를 원했다면, 어떻게 우리가 거의… 쭉 그들을 볼 수 있을까? 어떤 버튼이 은폐 장field을 작동시키는지 모르는 D팀을 우리에게 보냈을까? 아니면 부모님의 비행접시를 훔쳐서 놀러 나온 10대 외계인들일까?

도저히 이해가 되지 않는다.

그리고 우리가 사용하는 카메라도 1947년 이래로 먼 길을 왔다. 그렇다면 왜 UFO와 UAP 사진 대부분은 흐릿한 얼룩이나 초점이 맞지 않는 흐릿한 영상일까? 이 점은 2023년 2월 미국 정부가 중국 스파이 풍선을 격추했을 때 더욱 선명하게 드러났다. 몇 주 후, U-2 고고도 제트기의 조종석 내부에서 촬영한 사진이 공개되었다. 기본적으로 셀카에 가까운 이 사진은 매우 선명하고 또렷하다. 조종사의 머리와 함께 구형 풍선을 볼 수 있으며, 태양열 패널이 배치된 것을 포함해 아래 탑재물의 세부 사항도 확인할 수 있다. 70년 동안 UFO가 목격되었다면 이런 종류의 사진이 쌓여있어야 하지 않을까? 얼룩과 흐릿한 사진이 널리 퍼져있다는 것은 오히려 필름이나 전자 메모리에 선명한 사진을 남겨야 하는 실제 물리적 물체가 아니라 환경이나 카메라 자체의 인공물이라는 증거가 된다.

이것이 UFO와 UAP에 대한 우리의 생각이다. 나는 이 현상에 대한 완전하고 개방적이며 투명한 과학적 연구에 전적으로 찬성한다는 점을 분명히 하고 싶다. 조종사들의 목격담을 둘러싼 오명이 사라진 것은 좋은 일이다. 이를 통해 하늘에서 얼마나 자주 이상한 것들이 목격되는지 더 잘 파악할 수 있게 됐다. 과학적 관점에서 보면 이상한 물체가 무엇인지 이해하는 것이 첫 번째 단계다. 나는 이것이 주로 국방과 관련된 문제라고 생각하지만, 과학자로서 나는 데이터가 확실해질 때까지 불가지론적인 태도를 유지하려고 노력한다. 과학을 하려면 실제 과학적 데이터가 필요하다. 지금 바로 그 단계에 막 들어섰을 수 있으며, 그것이 앞으로 우리를 어디로 데려갈지 지켜볼 것이다.

하지만 지구 밖 생명체에 깊은 관심을 갖고 있는 과학자로서 나는 지구가 이 질문의 합리적인 초점이라고 생각하지 않는다. 네브래스카 사람을 찾고 싶다면 히말라야의 외딴 마을을 찾아가겠는가? 아마 아닐 것이다. 대신 네브래스카인이 살고 있는 네브래스카로 갈 것이다. 마찬가지로 외계 생명체를 찾으려면 외계 행성을 찾아야 한다. 이전에는 불가능했지만 지금은 가능하다. 우리는 마침내 먼 우주에서 생명체의 흔적을 찾을 준비가 되었고, 능력을 갖추게 되었다. 이 책의 나머지 부분에서는 어디에서 어떻게 이 작업을 수행할지, 그리고 무엇을 찾을 수 있다고 기대하는지를 설명할 것이다.

우주의
앞마당?

외계인을
어디에서
찾을까

THE LITTLE BOOK OF ALIENS

1960년 프랭크 드레이크가 획기적인 SETI 탐색을 수행했을 때만 해도 그는 우주의 부동산에 대해 잘 몰랐다. 외계 문명의 흔적을 찾기에 가장 좋은 곳은 어디일까? 그가 할 수 있는 가장 현명한 추측은 태양처럼 보이는 가까운 별을 찾는 것이었다. 하지만 생명체는 별에서 만들어지는 것이 아니라 행성에서 만들어진다(가장 차가운 별의 표면도 너무 뜨거워서 생명체를 원자까지 찢어버릴 수 있다). 1960년만 해도 태양계 밖에 다른 행성이 존재하는지 아무도 몰랐다. 사실 1970년, 1980년, 1990년에도 아무도 몰랐다. 하지만 2000년이 되자 상황은 극적으로 바뀌었다. 인류는 처음으로 태양계 밖의 행성, 즉 '외계 행성'을 발견했다. 갑자기 우주는 훨씬 더 생명체가 살기 좋은 환경으로 보였다. 우리는 외계 생명체가 시작될 수 있는 곳과 번성할 수 있는 곳을 발견했고, 이는 모든 것을 변화시켰다. 마침내 (외계인) 주택 쇼핑을 할 준비가 된 것이다.

　지난 수십 년 동안 우리는 소수의 외계 행성에 대해서만 알고 있던 데서 외계 세계에 대한 광범위한 분포 조사를 구축하는 단계에까지 이르렀다. 이러한 연구의 결과는 놀랍다. 우리는 다이아몬드로 이루어졌을 수 있는 세계, 온통 바다로 이루어졌을 수 있는 세계, 얼음으로 덮여있을지도 모르는 세계를 발견했다. 이 글을 읽고 있는 지금 이 순간에도 협곡에 바람이 불고 계곡에 눈이 내리고 해안가에 파도가 밀려오는 세계들이 실제로 존재한다고 생각하면 마음의 지평이 넓어질 것이다. 그중 일부에 창조성을 지닌 생명이 깃들었을지도 모를 가능성을 생각하면 우주적인 어지러움을 느낄 수도 있다.

　태양계는 지구 외에도 생명체를 가지고 있을 가능성이 있다. 화성은 지금은 대기가 거의 없는 얼어붙은 사막이지만, 한때는 액체 상태의 물이 표면을 따라 흐르며 거대한 호수나 얕은 바다로 모여들었던 세계였다. 40억 년 전 화성이 대기의 대부분을 잃기 전에 화성에 생명체가 만들어졌을 가능성이 있다. 화성은 너무나 오랫동안 생명체 탐사 활동의 일부였기 때문에 다음 장들에서는 다루지 않겠다(화성에는 수많은 착륙선과 탐사선을 보냈기 때문에 현재 화성은 일종의 로봇-거주 행성이다). 하지만 앞으로 살펴보겠지만, 목성, 그리고 바다가 있는 토성의 위성과 같이 태양계에는 생명체가 있을 수 있는 다른 곳도 있으며, 이들 위성이 흔할 수도 있는 해양 외계 행성에 대해 알려줄지도 모른다.

　우리가 가장 관심을 갖는 것은 생명체이므로 생명체와 행성의 연결부터 시작하겠다. 우주 부동산 여행의 첫 번째 경유지는 '생명 발생'의 문제다. 생명 없는 세상에서 생명은 어떻게 시작될까?

생명의 기원
밀러-유리 실험과 생명 발생

산다는 것은 이상하다.

여러분의 특정한 삶과 최근에 나타난 특정한 이상한 일을 말하는 것이 아니다(다 잘될 거라고 확신한다). 우주의 현상으로서의 생명이 이상하다는 말이다. 물론 블랙홀과, 공간과 시간을 구부릴 수 있는 블랙홀의 능력도 이상하다. 그리고 그래, 양자물리학은 머리를 어지럽히는 역설로 가득하다. 하지만 그 어느 것도 **바로 지금** 우리 몸의 온갖 세포에서 일어나고 있는 신기한 일에 비할 수는 없다. 예를 들어, 지금 이 순간에도 수백만 대의 작은 나노 기계 견인차가 눈에 보이지 않을 정도로 작은 세포를 가로지르는 자가 조립 철로를 따라 분자 화물을 끌어당기고 있다. 이것은 하나의 예일 뿐이다. 한참을 계속할 수 있다.

우주에는 생명과 비교할 수 있는 다른 어떤 시스템도, 다른 어떤 종류의 것도 존재하지 않는다. 생명은 다른 어떤 것과도 비교할 수 없는 창조와 혁신의 능력을 가지고 있다. 그런데 생명은 어떻게 시작되었을까? 생명이 그토록 기이하고 색다른 존재라면 생명은 어떻게 시작된 것일까? 다른 곳의 생명에 대해 알고 싶다면 어디에서 어떻게 시작되었는지 알아야 한다. 그러니까 지구에서 생명이 어떻게 시작되었는지를 이해해야 한다는 말이다. 물론 다른 행성의 생명은 다를 수 있다. 다른 화학적 기반이나 다른 진화 원리를 사용할 수도 있다. 언젠가는 그 가능성을 고려할 것이다. 하지만 생명의 예는 하나뿐이므로 지구에서 시작하는 것이 합리적이다.

생명의 기원에 관한 연구는 비생명체에서 생명이 탄생하는 과정인 생명 발생 연구이다. **생명 발생** 연구의 목표는 물리학과 화학의 기본 법칙을 통해 죽은 화학물질이 어떻게 결합하여 살아있는 유기체를 만들 수 있었는지 이해하는 것이다. 어려운 일이지만 지난 70년 동안 이 문제 해결에 필요한 기본 요건을 마련하는 데 괄목할 만한 진전이 있었다. 생명 발생을 이해하기 위해서 먼저 '생명'이라는 단어가 무엇을 의미하는지 생각해 보자.

생명의 특징 중 하나는 '번식'이다. 생명은 스스로 복제본을 만든다. 생명은 또한 항상 '신진대사'를 수반한다. 생명은 스스로를 유지하기 위해 에너지를 소비한다. 생명은 주변 환경에도 '민감'하다. 마지막으로 생명은 변화할 수 있는 능력이 있다. 한 번의 번식 주기에서 다음 주기로 '돌연변이'를 일으킬 수 있으며, 이것이 바로 진화 능력의 기반이다. 그리고 모든 생명 활동은 분자 활동에서 비롯된다. 생명의 기묘함은 분자 수준에서 시작된다.

하지만 아무 분자나 다 되는 것은 아니다. 지구상의 생명체는 제한된 분자 레고 조각으로만 작동한다. 특히 유기화학은 대부분 탄소, 수소, 질소, 산소, 인, 황의 조합으로 이루어진다. 그렇다고 해서 다른 생명체가 다른 분자 조합을 사용할 수 없다는 뜻은 아니지만, 제한된 원자 집합을 사용하는 종류의 조합일 가능성이 있다는 뜻이다.

그러니까 번식, 신진대사, 민감성, 돌연변이를 생명체가 하는 일의 목록으로 꼽을 수 있다. 분자 수준에서는 이런 일들이 어떻게 이루어질까? 다음 글에서는 그 이야기에서 중요한 몇 가지 부분을 간략하게 살펴보겠다. 매우 풍부한 이야기이기 때문에 불완전하겠지만, 다음 파티에서 사람들에게 인상을 주는 데 사용할 수는 있을 것이다(주변에 생물학자가 있다면 슬그머니 사라지시라).

우리 몸의 대부분의 기능은 단백질에 의해 수행되며, 단백질은 구조적으로 고분자에 해당한다. 아미노산이라는 작은 소단위 분자로 이루어진 긴 사슬을 멋지게 표현하는 방법이다. 단백질은 세포에 있는 리보솜이라는 아주 작은 공장을 통해 아미노산으로 만들어진다. 이 리보솜은 필요한 시점에 필요한 단백질을 어떤 아미노산을 결합하여 만들어 낼지 정확히 알고 있다. 리보솜은 무엇을 연결할지 어떻게 알까? 이 모든 단백질을 만드는 데 필요한 정보는 디옥시리보핵산DNA이라는 다른 종류의 분자에 저장되어 있다. DNA의 정보가 어떻게 읽혀서 리보솜의 공장으로 전달되는지에 관한 자세한 내용은 머리가 어지러울 정도로 복잡하다. 분자 수준에서의 생명은 놀랍고 말도 안 되게 복잡하다. 그렇기 때문에 그 뒤에 숨겨진 과학은 충격과 경외감을 불러일으킨다. 도대체 이 모든 일이 어떻게 일어났을까? 무작위로 돌아다니는 작은 분자들이 어떻게 정보를 저장하고 자기 복제를 하는 컴퓨터 코드처럼 작동하게 되었을까?

1920년대에 러시아 과학자 알렉산드르 오파린Alexander Oparin과 영국 연구자 J. B. S. 홀데인J.B.S. Haldane은 어린 지구에서 일어난 자연적 과정을 통해 만들어진 생물학적 분자의 전구체에서 생명이 시작되었다고 제안하여 현대 생명 발생 이론을 만들었다. 아이디어는 간단했다. 생화학의 기본 요소를 모두 한곳에 모아 충분히 오래 흔들리게만 하면 자기 복제가 시작되는 형태로 결합할 수 있다는 것이었다. 이 아이디어는 간단하지만 당시에는 매우 논란이 많았다. 생명의 전구체가 자연적인 과정을 통해 이렇게 자동으로 조립될 수 있다는 것을 아무도 증명하지 못했기 때문이다. 물론 그 당시에는 생명이 어떻게 시작되었는지에 대해 과학적으로 검증할 수 있는 아이디어가 없었기 때문에 모든 것이 새로운 영역이었다. 그러던 중 1950년대 초(이 책의 중요한 내용은 모두 1950년대에 시작된 것 같다), 오파린과 홀데인이 올바른 길을 가고 있음을 보여주는 놀라운 실험이 이루어졌다.

1953년 시카고 대학교의 두 화학자 스탠리 밀러Stanley Miller와 해럴드 유리Harold Urey는 시험관에서 초기 지구의 시뮬레이션 버전을 만들었다. 그들은 메탄, 암모니아, 수소, 물과 같은 단순한 분자를 병에 넣었다. 이 혼합물은 지구의 초기 대기를 모방하기 위한 것이었다. 그런 다음 전류의 형태로 에너지를 추가했다. 이것은 모든 대기에서 예상할 수 있는 번개의 실험실 버전이었다. 마지막으로, 그들은 그 결과물을 비커 바닥에 모이게 했는데, 이는 젊은 행성 어딘가에 있는 물 연못 버전이었다.

일주일 동안 이 실험을 실행한 후 밀러와 유리는 모의 연못에 '갈색 점액'이 모인 것을 발견했다. 화학적 분석 결과 이 점액은 글리신, 젖산, 요소와 같은 생물 발생 이전의 분자가 풍부하게 함유된 수프였다. 이 모든 분자는 생명체가 무척 많이 사용하는 중요한 분자들이었다. 하지만 무엇보다도 갈색 점액에 떠다니는 분자의 상당 부분이 아미노산이라는 점이 가장 중요했다. 생명체의 단백질을 구성하는 기본 물질이 플라스크 바닥에 떡하니 놓여있었던 것이다. 과학자들이 조금 더 기다리기만 하면 비커에서 아메바가 기어 나올 것 같았다. 생명이 어떻게 시작되었는지에 관한 오래된 문제가 한두 걸음만 더 가면 해결될 것 같았다!

밀러-유리 실험은 획기적인 발견이자 큰 놀라움이었으며 순식간에 생화학의 고전이 되었다. 많은 과학자들에게 이 실험은 무생물에서 시작하여 물리학과 화학의 자연적인 과정이 결국 생명의 분자적 기초를 제공할 수 있다는 증거였다. 많은 사람들이 승리를 외칠 준비가 되어있었다.

상황은 조금 더 복잡한 것으로 밝혀졌다. 그렇다, 조금 더 많이 복잡했다. 이후 연구에 따르면 초기 지구에는 밀러와 유리가 가정했던 것과 같은 대기가 존재하지 않았을 것이라는 사실이 분명해졌다. 나중에, 과학자들은 생물 발생 이전의 분자로 이루어진 원시적인 수프가 있는 따뜻한 연못이 아닌 다른 환경이 생명체에게 더 나은 출발점이 될 수 있다는 사실을 알게 되었다. 예를 들어 일부 연구자들은 용융된 암석이 바닷물과 접촉하는 바다 깊은 곳의 화산 분출구에서 생물학이 진행되는 데 적합한 화학물질을 생성하는 것에 주목했다. 뜨거운 물도 중요한데, 가열된 분자는 차가운 분자에 비해 더 빠르게 더 자주 서로 충돌하기 때문이다. 무작위 충돌이 많을수록 전체 과정이 더 빨리 진행된다.

하지만 연구자들은 단백질만으로는 충분하지 않다는 사실을 곧 깨달았다. 진짜 문제는 복제를 시작하는 것이었다. 계산에 따르면 무작위 충돌로 DNA를 조립하는 데는 우주의 나이보다 더 오랜 시간이 걸릴 수 있다. 좋지 않다. 그래서 과학자들은 스스로를 복제하는 최초의 분자가 꼭 DNA일 필요는 없다고 생각하기 시작했다. 그래서

RNA(리보핵산)에 초점을 맞추기 시작했다. RNA는 염기에 약간의 화학적 차이가 있는 DNA 이중나선의 한 가닥과 같다. RNA는 DNA의 명령을 복사하여 단백질 공장인 리보솜에 정보를 전달하기 때문에 생명 기계의 핵심이다. RNA로 눈을 돌리면서 생물학자들은 더 많은 성공을 거두기 시작했다. 이러한 'RNA 세계' 모형은 1초 이내에 충돌하여 조립될 수 있는 수많은 작은 RNA 가닥이 포함된 환경을 컴퓨터 시뮬레이션하는 것으로 시작된다. 그런 다음 이 모형은 약 30만 년이면 동일한 충돌이 더 길고 더 중요한 자기 복제 RNA 서열을 구성할 수 있음을 보여준다. 우리에게는 길어 보일 수 있지만 지구의 초기 역사를 생각하면 눈 깜짝할 사이에 이루어진 일이다.

밀러-유리 실험부터 현대의 RNA 세계 컴퓨터 시뮬레이션에 이르기까지, 생명 발생 연구의 성공은 여부보다는 시기의 문제일 수 있다. 자연이 생명의 구성 요소를 만드는 방법을 알고 있음은 분명하다. 심지어 성간 구름 속을 떠다니는 아미노산도 발견되었다! 문제는 이러한 구성 요소들이 어떻게 무작위 충돌을 통해 스스로 번식할 수 있는 무언가로 정확히 결합되는가 하는 것이다. 복제가 시작되면 생명의 게임이 본격적으로 시작될 수 있다. 복제자는 자신의 복제본을 아주 많이 만들어서, 다른 화학물질의 농도를 높이려는 모든 화학적 과정을 능가하게 될 것이다. 이제 돌연변이와 진화를 더하면 복제자는 더 나은, 더 흥미로운 버전의 자신을 만들기 시작한다. 과학자들은 심지어 지질이 어떻게 화학물질 웅덩이에서 떠다니면서 작은 주머니나 보호막을 형성할 수 있는지도 발견했다. 아마도 초기 버전의 복제 분자는 40억 년 전에 스스로를 보호하고자 이러한 지질막을 사용하기 시작해 세포의 초기 버전을 만들었을 것이다.

이 모든 이야기의 핵심 요소는 시간이다. 인간 과학자들은 실험이 제대로 작동하는지 확인하기 위해 수십 년 이상을 기다릴 수 없다. 자연은 그렇게 참을성이 없지 않다. 생물 발생 이전의 수프는 무작위로 자기 복제가 일어날 때까지 무수한 분자 조합이 형성되면서 수십만 년 동안 스며들 수 있다. 사람들은 어떻게 무생물에서 생명이 만들어질 수 있었는지 의문을 제기할 때, 그 과정이 작동할 수 있었던 방대한 시간을 고려하지 않는 경우가 많다. 여기서 말하는 시간은 수억 년이다. 여러분이 살아있을 시간보다 백만 배나 긴 시간이다.

밀러-유리 실험과 그 이후의 연구 덕분에 무생물에서 어떻게 생명이 출현 가능한지 이해할 수 있는 탄탄한 과학적 토대가 마련되었다. 아직 이해해야 할 중요한 의문들이 남아있지만, 생명 발생의 기본적인 가능성은 더 이상 신비로운 것이 아니다. 이는 우리가 지구에서 생명체가 어떻게 만들어졌는지 되돌아보고 이해하거나, 외계에서 생명체가 어떻게 만들어졌을지 또는 만들어질지 전망하고 이해할 때 우리가 딛고 설 수 있는 확고한 근거를 제공한다. 이러한 분자적 관점을 통해 우리가 외계 생명체의 증거를 발견했을 때 그 생명체의 추동력을 이해할 수 있는 위치에 서게 될 것이다.

바다 위성

누가 알았겠는가?

생명체 사냥이 물 사냥이기도 하다면, 태양계 가장자리에는 완전히 다른 종류의 목표물이 숨어있다. 지구의 온갖 바다를 잠시 떠올려 보라. 북쪽의 뉴펀들랜드에서 아일랜드까지, 남쪽의 아르헨티나 끝에서 아프리카 호른까지의 광활한 대서양. 그리고 10킬로미터에 이르는 깊은 협곡이 뻗어있는 끝없이 펼쳐진 태평양의 광활함도 잊지 말라. 이제 이 모든 물을 머릿속에 떠올리며 태양계의 놀라운 사실을 생각해 보자. 지구 표면에 있는 모든 물은 목성의 작은 위성인 유로파의 바다에 있는 양의 절반 정도에 불과하다. 그리고 유로파는 태양계의 **바다 위성들** 중 하나에 불과하다.

목성과 토성은 그 자체로는 생명체가 살기에 좋은 곳이 아니다. 이 거대한 세계에는 표면이 없다. 그저 끝없이 깊은 수소와 헬륨 기체로 이루어져 있으며, 더 깊이 들어가면 잠수함(그리고 다이아몬드까지)을 부술 수 있는 압력에 도달한다. 하지만 이 거대 기체 행성들은 주위를 도는 위성의 대가족으로 둘러싸여 있다. 이들 대부분은 소행성을 포획한 것에 지나지 않는다. 하지만 몇몇 위성은 그 자체로 작은 세계들이다. 1979년 NASA는 목성을 지나가는 탐사선을 보냈는데, 목성에서 두 번째로 가까운 위성인 유로파의 고해상도 사진은 충격적일 수밖에 없었다.

태양계의 다른 대부분의 천체와 비교했을 때 유로파의 표면은 아기 엉덩이처럼 매끈했다. 대부분의 다른 위성과 달리 크레이터가 거의 없었다. 대신 사진에는 북극의 얼음에 생긴 균열처럼 보이는 갈라진 선들의 연결망이 보였다. 그리고 그것은 정확하게 균열이었다. 천문학자들은 곧 목성 주위를 도는 다른 위성들과 달리 유로파가 최소 10킬로미터 두께의 얼음층으로 완전히 덮여있다는 사실을 알게 되었

다! 그 얼음 맨틀 아래에는 100킬로미터까지 뻗어있는 액체 상태의
물로 된 바다가 있었다. 유로파는 두꺼운 얼음 맨틀 덮개를 가진 깊은
바다로 완전히 덮인 암석 위성이다.

유로파에 물이 꽤 많다는 사실이 밝혀지면서 태양계 생명체에 대
한 천문학자들의 예상이 뒤집혔다. 목성과 토성은 태양의 거주 가능
영역에서 멀리 떨어져 있기 때문에 아무도 생명체가 살 수 있는 곳으
로 주목하지 않았다. 하지만 유로파의 바다가 발견되자 과학자들은
태양계 내에 생명체의 가장 중요한 자원을 품고 있는 또 다른 세계가
있다는 사실을 알게 되었다. 갑자기 유로파의 생명체에 대한 질문이
크게 다가왔다. 하지만 햇빛은 유로파의 10킬로미터 두께의 얼음 지
각을 절대 통과할 수 없다. 빛이 없다면 유로파의 생물권은 어떻게 유
지될까?

그 답은 우리가 아는 힘 중 하나인 중력이다.

목성은 질량이 지구의 317배에 달하는 거대한 행성이다. 목성의
모든 물질에서 발생하는 중력은 유로파를 포함한 목성의 위성 내부
를 잡아당기고 늘린다. 이는 주로 달의 중력에 의해 지구의 파도가
만들어지는 것과 같은 과정이다. 목성의 조석력은 유로파가 궤도를
도는 동안 유로파의 암석 핵을 늘리고 누른다. 이 모든 늘리고 누르
는 과정이 위성을 가열하여 위성의 내부 암석 일부를 녹인다. 이 열
은 유로파 생명체의 동력이 될 수 있는 에너지원이다.

지구에서는 열과 녹은 암석이 지각을 뚫고 끓어오르는 심해의 구
멍에서 생명체가 시작되었을 수 있다. 유로파에서도 동일한 과정이
일어났을지도 모르고, 지금 이 순간에도 일어나고 있을 수 있다. 위

성의 얼음으로 뒤덮인 바닷속 어두운 세계 깊숙한 곳에는 열 분출구가 에너지원이 되는 광대한 생태계가 존재할지도 모른다. 녹은 암석이 액체 상태의 물과 부딪힐 때 발생하는 열과 엄청난 화학작용으로 어떤 종류의 생물이 진화를 통해 탄생했을지 누가 알겠는가? 이 아이디어도 흥미롭지만, 이런 종류의 드라마가 펼쳐질 수 있는 곳은 유로파뿐만이 아니다.

엔셀라두스는 고리를 가진 거대 기체 행성 토성의 주위를 도는 작은 위성이다. 2005년, 토성 주위를 도는 카시니 우주탐사선은 천문학계에 충격을 안겨준 사진을 찍었다. 엔셀라두스 남반구의 깊은 균열에서 수백 킬로미터 높이의 물기둥이 우주로 분출되는 장면이 목격된 것이다. 또 하나의 표면 아래 바다가 발견되었다. 과학자들은 물기둥을 통과하여 비행하라고 카시니호에 명령했고, 우주선의 장비를 통해 그 물이 소금과 다른 화합물이 섞인 '염수'라는 사실이 밝혀졌다. 소금을 첨가하면 물은 과학자들이 생명의 기원에 중요하다고 생각하는 방식으로 변한다. 예를 들어, 소금기가 있는 염수는 소금이 없는 물보다 잘 얼지 않는다. 이는 매우 추운 환경에서도 생화학이 일어나게 하는 능력을 확장시킬 수 있다.

그렇다면 이 위성들에 생명체가 있을까? 그랬으면 좋겠다. 정말 멋질 것이다. 하지만 거짓말은 하지 않겠다. 생명체를 찾는 건 쉽지 않을 것이다. 확실히 알 수 있는 유일한 방법은 목성까지 11억 킬로미터, 토성까지 14억 킬로미터를 가로질러 착륙선을 보내는 것뿐이다. 그런 다음에는? 수 킬로미터의 얼음을 뚫고 들어갈까? 녹여서 들어갈까? 이런 일을 해낼 수 있는 기술은 상상조차 하기 어렵다. 오직 시간, 독창성, 자금만이 어떤 경로가 최선인지 알려줄 것이다.

중요한 것은 이것이다. 이러한 바다 위성이 우리 태양계에도 존재한다면 다른 태양계에도 존재할 가능성이 높다는 것이다. 이는 생명체와, 심지어 지적 생명체에 대해서도 많은 가능성을 열어준다. 얼음으로 둘러싸인 바다 위성에 기술 문명이 출현할 수 있을까? 그건 어떤 모습일까? 별조차 볼 수 없는 곳에서 그들은 우주를 어떻게 상상할까? 얼음에서 벗어날 수 있을까? 이러한 질문은 과학과 상상의 경계에 있는 질문이다. 우리가 확실히 말할 수 있는 것은 태양계의 바다 위성은 실재하며, 이전에는 누구도 상상할 수 없었던 방식으로 우주 생명체에 대한 가능성을 높인다는 것이다.

외계 행성
망원경으로 혁명을 볼 것이다

'태양계 밖에 다른 행성이 존재할까?'라는 질문은 생명에 관한 질문만큼이나 오래된 질문이었다. 인류 역사의 99.9% 동안 중심 별과 행성군이 있는 우리 태양계가 괴상한 것인지 아니면 정상인지 아무도 알지 못했다. 지구나 목성 같은 행성은 만들어지기가 매우 어렵기 때문에, 우리 태양계는 은하계에서 매우 희귀한 보석과 같은 존재일 가능성이 충분히 높아 보였다. 반면에 행성은 쉽게 만들어지는 것이어서 우리 태양계가 먼지처럼 흔할 수도 있었다. 다른 별의 주위를 도는 행성을 발견하는 것이 유일한 방법이었다.

행성은 매우 작고 별은 매우 크다. 이것이 태양계 밖에서 행성을 찾는 일이 왜 그렇게 어려운지 요약해 준다. 먼 별 주위를 도는 행성의 사진을 직접 얻는 것은 샌프란시스코에서 뉴욕 시티 필드를 바라보며(뉴욕 메츠, 파이팅!) 불빛 주위를 날아다니는 반딧불이를 찾아내는 일과 기본적으로 같다. 행운을 빈다. 이것은 너무나 어려운 문제여서, 사람들은 외계 행성을 탐지하는 여러 방법을 찾으려고 몇 세기 동안 노력했다. 하지만 실패했다. 꽤 많이.

생명은 행성에서 시작되기 때문에, 태양계 밖의 행성을 찾는 것은 항상 천문학의 우선순위였다. 역사는 외계 행성을 발견했다고 주장하다가 천문학자로서 경력을 망친 사람들로 가득하다. 1960년대 후반까지만 해도 과학자들은 아무도 동의하지 않는 외계 행성 발견 주장에 휩싸여 있었다. 천문학자들이 마침내 외계 행성을 '보게' 된 것은 무엇 때문일까? 바로 정밀 기술 덕분이다. 첫 번째 외계 행성은 행성의 중력이 아주 미세하게 작용하여 별이 앞뒤로 흔들리는 것을 관찰함으로써 발견되었다. 이 '시선속도' 방법에는 엄청나게 민감한 기기가 필요했다. 그리고 태양계에는 없는 종류의 행성도 필요했다. 우리 태양계가 아닌 다른 태양계를 찾기 시작하자 **우리**가 이상하다는 것이 밝혀졌다.

초등학교 5학년 지구과학 수업을 기억한다면, 태양계에는 안쪽의 '암석' 행성과 바깥쪽의 '거대 기체' 행성이 깔끔하게 배열되어 있다. 안쪽 행성들은 상대적으로 작고 공전궤도가 촘촘하게 밀집되어 있다. 수성은 궤도를 도는 데 88일밖에 안 걸리지만 화성은 약 687일이 걸린다. 바깥쪽의 거대 기체 및 얼음 행성은 **훨씬** 더 크고 궤도가 넓게 퍼져있으며, 궤도를 완전히 도는 데 수십 년이 걸릴 수 있다. 다른 것이 없다면 대부분의 태양계가 같은 종류의 구조를 가질 것이라고 생각하는 것이 합리적이었다. 하지만 자연은 합리적이지 않다.

페가수스자리 51의 주위를 돌고 있어 51 페가시 b라고 불리는 최초의 외계 행성은 목성 크기였다. 궤도를 도는 데 단 4일이 걸렸으며, 자신의 별에 수성과 태양 사이보다 거의 10배 더 가까웠다. 과학자들은 이 새로운 종류의 행성에 '뜨거운 목성'이라는 창의적인 이름을 붙였다. 거대하고 매우 가까운 궤도를 도는 뜨거운 목성은 발견하기에 유리하다. 모성을 가장 크게 흔들기 때문이다. 그래서 시선속도 방법으로 쉽게 볼 수 있다. 곧 또 다른 뜨거운 목성들이 대거 발견되기 시작했다.

그리고 상황은 더 이상해졌다.

1990년대에서 2000년대로 가면서 천문학자들의 도구 키트에 새로운 행성 찾기 기술이 추가되었다. 추가된 가장 중요한 방법은 기본적으로 외계 행성의 식현상을 찾는 것이었다. 행성이 자신의 별 앞을 지나가면 별의 빛을 약간 가린다. 천문학자들은 이것을 식현상이라고 부르며, 새 천년의 첫 10년이 끝날 무렵 식현상 방법을 사용해 외계 행성을 대량으로 발견했다. 새로운 발견의 홍수는 주로 케플러라는 훌륭한 작은 우주망원경이 만들어 낸 결과였다. 케플러 임무 이전에 천문학자들은 몇백 개의 외계 행성을 발견했다. 케플러는 발사 후 불과 3년 만에 그 수를 수천 개로 늘렸다.

새로 발견된 행성 중 상당수는 눈길을 사로잡는 기괴한 행성들이었다. 우주 대부분의 별은 태양보다 작고 훨씬 어둡기 때문에 왜성이라고 불린다. 왜성 주변의 거주 가능 영역 행성은 너무 가까워서 궤도를 도는 데 몇 주에서 한 달밖에 걸리지 않는다(그러니까, 1년이 일주일 정도밖에 되지 않을 수 있다). 그리고 너무 가까워서 그 행성의 낮에 보면 별이 하늘에서 거대하게 보일 것이다. 우리 태양은 팔을 뻗은 거리에 있는 동전 크기로 보인다. 낮과 밤에 대해 말하자면, 왜성의 거주 가능 행성에서 가장 이상한 점 중 하나는 태양이 하늘에서 절대 움직이지 않는다는 것이다. 왜성의 거주 가능 영역에 있는 행성은 별과 너무 가까워서 별의 중력이 행성의 자전을 공전과 일치시킨다. 그러니까, 항상 행성의 같은 면이 별을 향하고 있으며, 이는 행성의 낮 부분에서 태양이 항상 같은 위치에 있다는 것을 의미한다. 밤은 항상 밤이다. 영원히. 이런 행성에서 만들어진 생명체는(생명체가 만들어질 **수** 있다면) 낮과 밤의 주기가 없이 진화할 것이다. 햇빛이 전혀 없는 암흑면에도 생명체가 존재할 수 있을까? 기후는 어떨까? 낮 쪽은 항상 정오이고 다른 반구는 항상 자정인 세상에서 날씨는 어떻게 작동할까? 광합성은 어떻게 될까? 왜성 주위를 도는 행성에서 식물이 별빛을 수확하도록 진화할 수 있을까? 이러한 별은 우리의 노란색 태양보다 훨씬 더 붉으며, 그 색깔 차이 때문에 '적색왜성'이라고 부른다. 적색왜성은 천문학자들에게 거주 가능 영역 외계 행성의 환경이 얼마나 극단적일 수 있는지 보여주었다.

하지만 무엇보다도 가장 중요한 것은 새로운 행성의 분포였다. 2010년대 초, 천문학자들은 행성의 통계를 작성할 수 있는 충분한 데이터를 확보했다. 1992년에는 다른 별의 주위를 도는 행성이 있는지 아무도 몰랐지만, 2012년에는 하늘의 거의 모든 별에 행성계가 있다고 확신하게 되었다.

단 하나도 빼지 않고 모든 별에.

다음에 밤하늘을 볼 때 이 점을 생각해 보라. 여러분이 보는 거의 모든 별에는 그 주위를 도는 세계가 적어도 하나는 있다. 대부분은 아마도 여러 세계를 가지고 있을 것이다. 더욱 놀라운 것은 새로운 행성 통계 덕분에 천문학자들이 별 5개 중 1개 정도가 '거주 가능한' 궤도, 즉 표면에 액체 상태의 물이 존재하고 따라서 생명체가 만들어질 수 있는 궤도에 행성을 갖고 있음을 확실하게 말할 수 있게 되었다는 것이다. 밤에 나가서 별 5개를 바라보면 그중 하나에는 안개가 낮은 계곡을 가로질러 흐르고 파도가 해안선을 덮칠 수 있으며, 어쩌면 여러분과 같은 누군가가 별빛에 젖어있는 암석 행성이 있을 수도 있다.

외계 행성 혁명은 외계 생명체 탐색의 모든 것을 바꿔놓았다. 외계 생명체가 존재할 확률이 크게 높아졌고, 어디서 어떻게 찾아야 하는지를 정확히 알려주었다. 외계 행성 발견은 인류 문화의 가장 위대한 업적 중 하나이며, 실제로 일어난다면 역사상 가장 위대한 발견이 될 수 있는 길을 확고히 다져놓았다.

거친 행성
슈퍼 지구 수수께끼

아무것도 없는 상황에서 무엇을 기대해야 할지 알기란 쉽지 않다. 인류 역사에서 우리가 행성을 본 것은 태양계의 행성들이 전부다. 그 작은 경험을 바탕으로 무엇이 일반적이고 무엇이 특이한지 어떻게 말할 수 있을까? 지구는 평균 크기의 행성일까? 태양으로부터의 위치는 대부분의 행성, 특히 생명체가 만들어질 것으로 예상되는 행성에서 기대할 수 있는 것과 비슷할까? 더 많은 것을 알기 전까지는 우리가 알고 있는 것이 보통이라고 생각하기 쉽다.

새로운 외계 행성이 하나씩 추가되면서 천문학자들은 어떤 종류의 행성이 흔하고 어떤 종류의 행성이 희귀한지 더 잘 파악할 수 있게 되었다. 몇 년 후, 그들은 은하계의 평균 행성을 정의할 만큼 충분한 데이터를 확보했다. 그들이 발견한 것은 꽤 충격적이었다. 매우 흔한 행성이지만 우리 태양계에는 없는 종류의 행성이 **있다**는 것이었다.

은하계의 평균적인 행성을 제대로 파악하기 위해서, 우리가 포함된 우주의 작은 구석에 무엇이 있는지 떠올려 보자. 우리 태양계에는 8개의 행성이 있다(명왕성 얘기는 하지 말아달라, OK?). 이 8개의 행성은 기본적으로 세 가지 종류로 나뉜다. 첫째, 수성, 금성, 지구, 화성과 같은 '지구형' 행성이 있다. 이들은 비교적 얇은 대기를 가진(행성의 다른 부분에 비해 대기의 무게가 크지 않다는 의미다) 암석 행성이다. 가장 큰 지구형 세계는 지구다(힘내라, 지구! 우리가 지배한다!). 하지만 우리 태양계의 진짜 헤비급은 거대 기체 행성인 목성과 토성이다. 거대 기체 행성이라는 이름에서 알 수 있듯이 목성과 토성은 수소와 헬륨 기체로 이루어진 거대한 공이다. 목성은 지구보다 300배 이상 무겁고 지름은 11배 더 크다. 토성은 지구 질량의 약 100배, 지구 지름의 10배에 달한다. 마지막으로 거대 얼음 행성이 있다. 천왕성과 해왕성이다. 이 행성들의 윗부분에는 물, 암모니아, 메탄 얼음의 슬러시가 있고 중심에는 꽤 큰 암석 핵이 있다. 천왕성과 해왕성은 크기가 비슷하며, 천왕성은 지구보다 약 14배 더 무겁고 약 4배 더 크다.

이 짧은 투어에서 중요한 점은 우리 태양계에 지구 질량 1에서 14 사이의 행성이 하나도, 단 하나도 없다는 것이다. 잘 모르고 우리 태양계만 고려한다면 자연은 그 정도 크기의 행성을 **만들지** 않는다고 생각할 수 있다. 그렇게 생각했다면 크게 잘못된 것이다. 우주에서 가장 흔한 행성의 질량을 맞혀보겠는가? 그렇다, 바로 지구 질량 1에서 14 사이에 있다. 우주는 유머 감각이 있는 모양이다.

천문학자들은 이제 대부분의 행성이 지구의 1배에서 10배 사이의 질량을 가지고 있다고 자신 있게 말할 수 있다. 이것이 왜 중요할까? 생명체에게 중요하다. 거대 (기체 또는 얼음) 행성과 암석 행성은 정말 다르다는 것을 명심하라. 천문학자들은 거대 행성에서는 생명체가 결코 만들어지지 않을 것이라고 꽤 확신한다. 이러한 결론을 내리는 데에는 여러 가지 이유가 있는데, 그중 가장 큰 이유는 거대 기체와 얼음 행성에는 표면조차 없다는 사실이다. 이러한 거대 행성은 압력과 온도가 너무 높아서, 생명체가 만들어질 가능성을 아예 배제할 수는 없지만, 액체 상태의 물이 있는 표면을 가진 행성에 비하면 훨씬 어려울 것으로 보인다.

천문학자들은 이제 완전히 다른 종류의 행성을 이해해야 한다. 지구보다 질량이 크지만 해왕성보다 작기 때문에 '슈퍼 지구'라고 부르는 행성이다. 슈퍼 지구란 정확히 무엇이며, 가장 중요하게는 생명체가 살기 좋은 곳일까? 이 마지막 질문이 정말 중요하다. 슈퍼 지구가 가장 흔한 종류의 행성이라면, 이곳이 생명체가 살기 적합한 곳이라면 정말 좋을 것이다.

　두 질문에 대한 흥미로운 대답은 아무도 모른다는 것이다. 슈퍼 지구는 암석 표면과 상대적으로 가벼운 대기를 가진 곳일 수 있다. 이 경우 슈퍼 지구는 우리 세계의 확대된 버전이 될 것이다. 만약 이런 슈퍼 지구에서 생명체가 진화했다면, 생명체는 행성의 높은 중력에 맞서 싸워야 할 것이다. 이는 모든 동물이 코끼리처럼 두꺼운 다리를 갖거나 악어처럼 땅에 납작 붙어 살 수 있음을 의미한다. 꽤 멋질 것 같다. 하지만 대기가 표면으로 더 단단하게 당겨질 테니, 슈퍼 지구의 공기는 너무 두꺼워서 팔(과 같은 것)을 흔들기만 해도 날 수 있을지도 모른다. 그것도 꽤 멋질 것 같다.

　그러나 슈퍼 지구는 기체와 얼음이 섞인 거대하고 두꺼운 외층을 가진 쪽에 더 가까워질 수도 있다. 이런 세계의 중심부는 지구처럼 녹은 암석과 철이 아니라, 엄청난 압력 아래에서 새로운 종류의 얼음으로 만들어진 물로 구성될 수 있다. 이런 종류의 슈퍼 지구는 액면 그대로 보면 생명체가 살기 좋은 곳은 아닌 것 같다.

　현재 문제는 천문학자들이 대부분의 슈퍼 지구가 어떤 종류의 행성으로 밝혀질지 아직 말할 수 없다는 것이다. 슈퍼 지구가 어떤 행성의 범주에 속하는지 알아내는 데 도움이 될만한 해상도로 충분히 깊숙이 볼 수 있는 차세대 망원경으로의 관측은 이제 막 시작했을 뿐이다. 초고출력 레이저를 사용해 실험실에서 슈퍼 지구 내부의 조건을 재현하는 실험을 할 수도 있다(로체스터 대학의 대규모 레이저 에너지 연구소에서 나와 내 동료들이 이런 실험을 하고 있다). 하지만 우리 태양계에 가까이서 연구할 수 있는 슈퍼 지구가 없다는 사실은 이 문제를 매우 어렵게 만든다. 하지만 좋은 도전보다 과학자가 더 좋아하는 것은 없다. 슈퍼 지구는 생명체가 서식하기에 매우 친화적인 장소일까? 우주에서 가장 흔한 행성이 외계 문명이 거주할 수 있는 행성일까? 그렇다면 이러한 슈퍼 행성의 초대형 크기는 생명체와 문명을 육성하는 데 어떤 종류의 영향을 미칠까? 이 놀랍고 예상치 못한 행성들이 주목받으면서 이러한 질문들이 우리를 기다리고 있다.

눈덩이 세계와 바다 세계
겨울이 다가온다, 홍수도

가끔 장난을 치고 싶을 때면 로체스터 과학관에 가서 나의 단짝 친구인 거대한 털 코끼리를 보곤 한다. 마스토돈은 죽은 지 오래되었지만 그렇다고 해서 덜 인상적이지는 않다. 3미터 높이에 6톤에 달하는 거대한 몸집, 무광택의 두꺼운 털, 거대한 상아를 가졌다. 그와 그의 친족들은 한때 이 지역에서 무리를 이루었다. 이제 그의 종은 영원히 사라졌다. 나는 빙하시대를 떠올리기 위해 그를 계속 방문한다. 불과 2만 년 전만 해도 뉴욕 북부의 작은 도시는 공중으로 3킬로미터나 뻗은 빙하 밑에 자리 잡고 있었다. 실감이 나도록 다시 한번 이야기하겠다. 뉴욕주 로체스터는 거의 3킬로미터에 달하는 단단한 얼음 아래에 있었다.

세상에!

빙하기는 행성 규모의 사건이다. 지난 몇백만 년간 지구 북부 지역은 대부분의 시간 동안 빙하에 덮여있었다. 이러한 빙하기는 빙하가 후퇴하기(녹기) 전까지 수십만 년 동안 지속될 수 있다. 빙하기와 빙하기 사이 1만 년의 간빙기에는 흥미로운 일들이 일어날 수 있다. 그러니까, 인류 문명 전체가 탄생하는 것과 같은. 빙하가 되었다가 녹고, 반복된다. 이것이 빙하기다.

수 킬로미터 두께의 얼음이 십만 년 동안 시애틀에서 롱아일랜드까지 이어져 있었다고 생각하면 꽤나 기이하다. 이 생각은 너무 기이해서, 실제로 지질학자들이 지구의 과거에 빙하기가 있었다는 증거를 받아들이기까지 시간이 꽤 걸렸을 정도다. 하지만 이제 지구과학자들은 또 다른 빙하기의 순간에 직면하고 있다. 현재의 일련의 빙하기 훨씬 이전에도 지구 전체가 얼음에 갇혔던 시기가 있었다. '눈덩이 지구기'라고 불리는 이 시기는 기후변화의 급진적인 예이며, 지구의 생명체에 지대한 영향을 미쳤을 수 있다. 지구 전체가 얼어붙으면 진화는 심각한 도전에 직면하게 된다. 지구 생명체의 역사에서 중요한 만큼이나 외계 생명체를 찾는 데도 이러한 최대 빙하기 시기는 중요하다. 지구에서 일어난 일이라면 어디에서나 일어날 수 있으며, 천문학자들은 이제 은하계가 눈덩이 세계로 가득 차있는지 물어야 한다.

지구가 세 번의 뚜렷한 눈덩이 시기를 경험했다는 증거가 있다. 두 번은 '비교적' 최근에 일어난 것으로, 3억~15억 년 전에 발생했다. 이 중 더 긴 눈덩이 시기는 약 1억 년 동안 지구를 얼음 속에 가두었을 수 있다. 그보다 훨씬 이전인 약 20억 년 전에도 눈덩이 현상이 더 오래 지속되었을 수 있다. 〈왕좌의 게임Game of Thrones〉을 부끄럽게 만들 정도로 긴 겨울 동안 전 대륙은 빙하에 수 킬로미터 깊이 파묻혔을 것이다. 바다도 마찬가지여서 최소 9미터 두께의 단단한 얼음층으로 덮여있었을 것이다.

눈덩이 시기의 시작은 지구에게 위험한 순간이다. 얼음이 전 세계를 덮으면 다시 녹기 어려울 수 있다. 이러한 현상이 어떻게 일어나는 지에 관한 물리, 화학, 지질학적인 이해는 행성 기후 과학 분야에서 비롯된다. 화성, 금성, 지구에 대한 연구를 통해 연구자들은 어떤 행성의 어떤 기후가 어떻게 작동하는지에 관한 놀랍도록 깊은 지식을 얻었으며, 현재 인간이 주도하고 있는 기후변화에 대해서도 이해하게 되었다. 실제로 이것은 햇빛, 행성의 자전, 대기와 해류, 화학이 어떻게 결합하여 세계의 '기후 상태'를 설정하는지를 이해하는 것을 의미한다. 이러한 상태는 수천에서 수백만 년 동안 행성 전체의 평균적인 기상 조건이다. 예를 들어, 인류 문명은 홀로세라는 지질시대에 생겨났으며, 이 지질시대는 지금까지 약 1만 년 동안 지속되었다. 홀로세의 기후 상태는 비교적 따뜻하고 습기가 많아 안정적인 농업에 적합했다. 빙하기에는 기후 상태가 달라진다. 지구는 대체로 춥고 건조해진다. 건조해지는 것은 많은 물이 빙하에 갇혀있기 때문에 생기는 일이다. 빙하기에는 너무 많은 물이 빙하로 얼어붙어 해수면이 현재보다 120미터 아래로 내려갈 수 있다. 이는 40층 고층 빌딩의 높이와 같다.

일단 눈덩이 시기가 시작되면, 그러니까, 눈덩이처럼 불어날 수 있다. 눈이 많아지면 지구의 반사율이 높아진다. 햇빛이 지면을 데우는 대신 우주로 반사되어 지구의 온도가 내려간다. 그러니까, 눈이 더 많이 내릴수록 더 많은 눈이 내릴 수 있는 조건이 조성되는 것이다. 기후 과학에서는 이를 '폭주 효과runaway effect'라고 부르며, 이는 지구가 어떻게 결국 얼어붙은 상태에 갇히게 되는지를 설명한다. 지구를 다시 따뜻하게 만드는 유일한 방법은 화산과 여러 과정을 통해 더 많은 온실기체를 대기 중으로 유입시키는 것이다. 이것이 지구를 구한 것으로 보인다. 화산은 충분한 이산화탄소를 공기 중으로 내뿜어 온도를 서서히 상승시키고 빙하를 녹였다. 그러나 외계 행성의 기후 모형은 지구가 운이 좋았을 수도 있음을 보여준다. 지구와 비슷한 외계 행성에 대한 컴퓨터 시뮬레이션에서는, 행성이 아이스박스가 되면 영원히 그렇게 머물 수도 있는 것으로 나타났다. 이것이 사실이라면 거주 가능 영역에 있는, 완전히 지구와 같은 행성에서도 눈덩이 세계가 흔할 수 있다. 영화 〈인터스텔라Interstellar〉에서 맷 데이먼이 연기한 악역 캐릭터가 갇히는 행성이 눈덩이 세계인 것으로 보인다.

눈덩이 세계에도 생명이 존재할 수 있을까? 눈덩이 상태가 도래하기 전에 생명이 시작되었다면 여전히 생존하고 번성할 수 있을까? 더 나아가 눈덩이 세계에서 생명체가 기술 문명을 향해 진화할 수 있을까? 미생물 생명체는 아이스박스에서 사는 데 문제가 없을 수도 있다. 과학자들은 남극에 사는 많은 동물을 발견하고 있다. 하지만 복잡한 동물은 또 다른 이야기일 수 있다. 복잡한 다세포 생명체가 출현하기 전에 행성이 눈덩이가 되면 추위가 일종의 에너지 장벽이 되어 더 큰 생명체가 출현하지 못하게 될 수도 있다. 진화는 더 작고 열에 덜 굶주린 생명체를 선호할 수 있다. 이는 눈덩이에 갇힌 세계에서는 문명을 건설하는 외계인이 등장하지 않을 수도 있다는 말이다. 그러나 지적 생명체가 출현한 후 행성이 눈덩이가 되었다면, 그 생명체는 계속 생존하고 번성할 방법을 찾을지도 모른다. 그런 특이한 눈snow 외계인이 필요한 자원에 접근한다면 기술을 개발하지 못할 근본적인 이유는 없다. 그렇다면 아마도 우리의 첫 번째 접촉은 여행용 냉장고를 닮은 우주선을 가진 외계인과의 만남이 될 것이다.

행성에 존재하는 얼음의 양은 당연히 물의 양에 따라 달라진다. 사막 행성은 결코 눈덩이 세계가 될 수 없다. 하지만 외계 행성 혁명이 전개되고 천문학자들이 은하계에서 발견한 수천 개의 새로운 행성 목록을 구축하면서 지구의 한 가지 특징이 정말정말 이상하게 보인다는 것을 깨달았다.

지구는 파랗다. **그리고** 갈색이다.

지구 표면의 약 4분의 3은 바다이다. 나머지는 육지다. 그러니까, 지구에 있는 모든 저지대 분지에 물을 가득 채운다고 해도, 대륙은 홍수를 피할 수 있을 만큼 충분히 높이 솟아있다. 비가 올 때 강, 일부 호수를 제외하고 마른 땅은 건조한 상태를 유지한다. 문명 건설을 위한 대뇌의 발달을 비롯해 진화의 중요한 단계가 모두 이곳에서 이루어졌다.

지구에는 왜 그 정도의 물만 있고 그 이상은 없을까? 지구가 가진 H_2O의 양이 더 많았다면 산꼭대기 몇 개를 제외하고는 마른 땅이 전혀 없었을 것이다. 지구는 바다 세계가 되었을 것이다. 천문학자들은 이제 이런 종류의 행성이 육지와 물이 섞여있는 지구보다 훨씬 흔할 것이라고 생각한다.

바다 세계가 존재 가능한 이유를 이해하려면 세계가 애초에 어떻게 물을 얻는지 알아야 한다. 행성은 새로 만들어진 별을 둘러싼 태양계 크기의 기체와 먼지로 이루어진 원반에서 태어난다. 지구형 행성(지구와 같은 암석 행성)은 이 원반의 먼지 입자가 충돌하여 궤도를 도는 암석을 형성하면서 천천히 만들어진다. 그런 다음 암석들이 충돌하여 바위를 형성하고, 이 바위들이 다시 충돌하여 소행성 크기의 천체(지름 수십 킬로미터)를 형성하는 식으로 수성, 화성, 지구, 금성과 같은 본격적인 행성까지 만들어진다. 이 모든 과정은 약 천만 년에서 1억 년이 걸리며, 이 모든 충돌에서 많은 열이 발생한다. 행성 형성 과정이 시작될 때 H_2O가 어떤 형태로 존재했든 간에 행성이 완성되면 증발하기 때문에 대부분의 암석 행성은 바짝 마른 상태로 태어난다. 행성이 성숙한 세계가 될 때의 물은 모두 행성이 만들어진 후에 **배달**되어야 한다. 그 배달원은 혜성과 소행성이다.

특히 혜성은 우주의 슬러시 볼이다. 일반적인 혜성에는 일부 암석 물질이 섞인 1,000억 톤의 얼음이 들어있다.[1] 지구에 수백만 개의 혜성이 충돌해야 바다를 채울 만큼의 물을 공급할 수 있다. 이 수치가 너무 커 보인다면 지구 초기 역사의 엄청난 폭력과 방대한 시간을 상상하기 어렵기 때문일 뿐이다. 처음 5억 년 동안 지구는 혜성이나 소행성 같은 태양계 건설 잔해에 끊임없이 부딪혔다. 오늘날 이러한 충돌 중 하나라도 발생한다면 인류는 지구상에서 사라질 것이다. 하지만 생명체가 출현하기 전인 그 당시에는 주기적인 혜성 충돌이 일반적이었다. 500년마다 몇 개의 혜성이 물을 가져다주는 것만으로도 오늘날의 바다가 만들어지기에 충분했을 것이다.

왜 500년마다 몇 개의 혜성에 그칠까? 그 2배의 양이 젊은 암석 행성에 떨어지는 또 다른 태양계를 상상하기는 그리 어렵지 않다. 혹은 5배, 10배 더 많은 경우도 없을 이유가 있는가? 이런 역사를 가졌다면 행성에 너무 많은 물이 쏟아져 그 행성은 바다 세계가 될 수밖에 없을 것이다. 모든 대륙이 물에 잠기게 될 것이다. 반면에 지구에 충돌하는 혜성의 수를 지구가 경험한 것의 10분의 1로 줄인다면, 우리는 호수를 제외하고는 아무것도 얻지 못할 것이다. 이 경우 소설 《듄》의 아라키스와 같은 사막 세계가 될 것이다. 이 모든 것을 종합하면 사막 행성을 만드는 방법은 얼마든지 있고 바다 세계를 만드는 방법도 얼마든지 있다는 결론이 나온다. 하지만 지구와 같은 행성에는 혜성이나 소행성에서 '딱 적당한' 양의 물을 공급받는 골디락스의 역사가 필요하다. 물론 우주생물학에서 골디락스를 언급하면 항상 가장 중요한 질문으로 바로 이어진다. 생명체와 문명은 어떻게 될까?

행성과 행성의 형성에 대해 우리가 이해하는 모든 것을 바탕으로, 바다 세계는 반드시 존재하며 그 세계는 놀라울 것이라고 자신 있게 말할 수 있다. 바다 세계는 수심이 수백 킬로미터 이상에 이르는 끝없이 펼쳐진 물의 세계일 것이다(지구의 바다는 약 10킬로미터 이상 깊어지지 않는다).* 천문학자와 행성 과학자들은 이렇게 깊고 연속적인 바다의 가능성을 이제 막 탐구하기 시작했다. 이 행성들은 행성 전체에 폭풍을 일으킬 수 있을까? 세계의 절반을 집어삼키는 허리케인이 존재할까? 심해에는 어떤 종류의 거대한 해류가 흐르고 있을까? 무엇보다도 가장 중요하게는, 바다 세계에 생명체가 존재할 수 있을까? 그리고 만약 생명체가 나타난다면, 육지 없이도 기술적으로 정교한 종들이 출현할 수 있을까? 이러한 질문은 이미 바다 위성을 통해 마주친 적이 있지만, 바다 위성은 작은 위성 세계로 대기가 없을 수도

---

* 다시 상기하자면, 바다 **위성**은 목성 크기의 거대 기체 행성과 같은 또 다른 행성의 위성이 될 것이다. 바다 행성은 자체적으로 별의 주위를 도는 완전한 행성이 될 것이다.

있다. 바다 세계는 젊은 문명이 볼 수 있는 아름답고 푸른 하늘과 별이 가득한 밤하늘을 가질 수 있다.

우주생물학자들은 물이 어디에서든 생명체를 만들기 위한 전제조건이라고 여길 강력한 이유를 가지고 있다. 사막 행성은 생물학이 발전하고, 더 중요하게는 도구를 만드는 지능적인 종이 진화할 만큼 풍부한 생물권을 확보하기 어렵다. 바다 세계에는 분명 충분한 물이 있다. 하지만 대륙이 없다면 생명체가 첨단 문명을 향해 나아갈 수 있을까?

생명이 시작되는 것은 그리 큰 문제가 아닐 수도 있다. 지구 최초의 복제 생물계는 바다 깊은 곳의 열수 분출구에서 형성되었을 것이다. 이곳에서 지구 내부의 뜨거운 마그마가 해저를 뚫고 나와 생명체가 시작될 수 있는 에너지와 화학물질의 원천을 제공했다. 지구 역사의 많은 부분에서 진화의 역사는 바다에서 펼쳐졌다. 생명체가 육지에 '정착'하기 시작한 것은 생명체가 등장한 지 수십억 년이 지나서였다.

지구를 모델로 삼으면, 물로 완전히 덮인 행성에서도 생물학적 진화가 시작되어 단순한 유기체가 높은 지능을 가진 생명체를 포함해 훨씬 더 복잡한 형태로 진화할 수 있는 것으로 보인다. 지구에서 가장 외계인처럼 보이는 종인 문어는 도구를 만들고 사용하는 능력을 포함해 인상적인 인지 능력을 발달시켰다. 인상적이게도 문어는 인간과 전혀 닮지 않은 뇌로 이러한 놀라운 능력을 발휘한다. 문어는 각 촉수마다 고유의 뇌를 가지고 있으며, 이 뇌는 스스로의 의도와 결정을 중심 뇌에 전달해야 한다. 문어는 일종의 다중인격 생물이라고 할 수 있다. 지구의 바다에서 이런 종류의 지능이 진화할 수 있다면 바다 세계에도 독자적인 지능을 가진 종이 존재할 수 있다는 것은 분명 합리적인 추측이다. 이들 중 일부는 다시마나 산호 등의 재료를 사용해 거대한 공중 도시와 같은 멋진 것을 짓는 풍부하고 복잡한 문화를 발전시킬 수도 있다. 가능성은 놀랍고도 무한하다.

하지만 바다 세계의 고도로 발달한 문명과 관련해서는 한 가지 큰 문제가 있다. 행성의 바다가 충분히 깊다면 해저의 압력이 너무 높아서 물이 완전히 새롭고 이상한 형태로 얼어붙을 수 있다. 해저가 16킬로미터 두께의 9번 얼음(또는 이 새로운 얼음 형태를 뭐라고 부르든 간에) 층으로 덮여있다면 열수 배출구도 없고, 생명이 시작되는 데 필요한 녹은 암석이 있는 액체 물도 없을 것이다. 게다가 바다 세계에서 생명이 만들어져서 지적인 종으로 진화했다 하더라도 물의 세계는 불이 없는 세계다. 불이 없는 세계는 야금冶金도 없다. 지적 생명체가 금속을 녹이고 결합할 방법이 없다면 컴퓨터나 전파망원경, 로켓 우주선을 만드는 수준까지 발전할 수 있을까? 불이 없다면, 어떤 종류의 산업이라도 존재할 수 있을까?

이 질문들에 대한 답은 아직 없지만, 우리는 지난 20년 동안에야 바다 세계의 존재와 그 세계가 아주 많다는 사실을 인식하게 되었다. 앞으로 50년 동안 우리는 더 많은 데이터와 더 많은 통찰을 얻게 될 것이다. 어쩌면 기술 문명이 바다 세계에서 불의 필요성을 우회하여 결국 첨단 기술을 구축하고 심지어 행성을 벗어날 여러 가지 방법이 있을지도 모른다. 그렇다면 바다 세계가 얼마나 흔한지를 고려할 때, 우리가 만나는 최초의 우주여행자는 산소가 포함된 기체가 아닌 소금물로 채워진 우주선에서 살고 있을지도 모른다.

주사위를 던지는 무수히 많은 기회
비관적인 생각과 그것이 우리에게 알려주는 것

인류의 모든 역사 동안 우리는 다른 별의 주위를 도는 행성이 있는지 몰랐지만, 지금은 행성이 어디에나 있다는 사실을 알고 있다. 이러한 지식이 우리에게 정확히 무엇을 가져다줄까? 우리가 원하는 것에 정말 더 가까워졌을까? 우리가 정말로 관심 있는 질문이 외계 행성이 아니라 **외계인**에 관한 것이라면, 외계 행성 혁명은 실제 외계인과 관련해서 어떤 변화를 가져올까?

흥미로운 일이다. 2016년 외계 행성 분포 조사가 구체화되기 시작하면서 나의 전 스승인 우디 설리번Woody Sullivan과 내가 던졌던 질문이 정확하게 이것이었으니까. 우디는 워싱턴 대학의 전파천문학자이자, 프랭크 드레이크에 이어 2세대 SETI 연구자의 일원이었다. 1980년대 후반, 퍼블릭 에너미Public Enemy가 지상파를 지배하고 영화 〈프레데터Predator〉가 막 개봉했을 때, 나는 워싱턴 대학의 막내 대학원생이었다. 나는 아직 SETI에 참여하고 있지는 않았지만, 외계인에 대한 나의 오랜 관심이 나를 우디의 무한한 열정 쪽으로 이끌었다. 우리는 수십 년 동안 친구로 지냈다. 외계 행성 발견이 **외계 문명**과 관련해 어떤 의미가 있는지 궁금해지기 시작했을 때 나는 우디에게 전화를 걸었다. 우리는 이 질문에 답하려면 드레이크 방정식으로 돌아가야 한다고 생각했다(아니면 어디로 가겠는가?).

우디와 내가 연구 프로젝트에서 무엇을 했는지 이해하기 위해 드레이크 방정식을 다시 써보고 각 용어의 의미를 되새겨 보자(1장을 다시 읽어볼 수도 있다). 여기에 그 모든 영광이 있다.

$$N=R_* \cdot f_p \cdot n_e \cdot f_l \cdot f_i \cdot f_c \cdot L$$

이번에는 빠르게 방정식의 내용을 말로 설명해 보겠다. 우리가 발견할 수 있는 외계인의 수(N)는 매년 만들어지는 별의 수(R_*) 곱하기 행성을 가진 별의 비율(f_p) 곱하기 생명체가 만들어질 수 있는 환경을 가진 행성의 비율(n_e) 곱하기 실제로 생명체가 만들어진 행성의 비율(f_l) 곱하기 지능이 진화하는 행성의 비율(f_i) 곱하기 기술 문명을 창조하는 지능의 비율(f_c) 곱하기 그 문명의 평균 수명(L)이다.

드레이크가 이 방정식을 만들었던 1961년 당시, 천문학자들이 데이터를 가지고 있던 유일한 항은 연간 은하계에서 만들어지는 별의 수(R_*)뿐이었다. 나머지 6개 항은 모두 추정이었다. 외계 행성 혁명으로 행성을 가진 별의 비율(f_p)과 생명체가 살 수 있는 환경을 가진 행성의 수(n_e)라는 두 가지 항이 정립될 때까지 30년 동안 혼란스러운 상태가 지속되었다. 천문학자들이 하늘의 거의 모든 별이 주위를 도는 행성을 하나 이상 가지고 있다는 것을 확실하게 알게 된 건 내가 계속 이야기했던 외계 행성 분포 조사 덕분이었다(수학으로 표현하면 f_p=1). 그리고 별 5개 중 1개에는 거주 가능 영역에 지구와 같은 행성이 있다는 것을 알게 되었다(방정식에서는 n_e=0.2).

드레이크 방정식의 항을 1개만 알았다가 3개를 알게 되었다는 것은 이해도가 비약적으로 높아졌다는 사실을 의미한다. 그 도약은 천문학에서의 항이 모두 완성되었음을 의미하기도 한다. 우리는 망원경으로 관측하여 실제 값을 결정했다. 드레이크 방정식의 나머지 미지의 항은 모두 어떤 식으로든 생명과 관련이 있다. 이제 나머지 해결해야 할 것은 생물학에서의 미지의 항이다. 생명의 시작에 대한 기본 생물학(f_l), 지능으로 이어지는 진화(f_i), 문명으로 이어지는 진화(f_c), 마지막으로 문명의 지속 기간과 관련된 사회학(L)에 관한 것이다. 다음 단계는 드레이크 방정식을 새로운 형태로 재구성하여 실제 외계 행성 데이터를 사용해 다른 질문, 답을 얻을 수 있는 질문을 하는 것이라고 우리는 보았다.

드레이크 방정식의 원래 형태는 하나의 특정한 과학적 질문을 던진다. 현재 지구에서 감지 가능한 전파 신호를 방출할 수 있는, 기술적으로 진보한 문명의 수는 은하계에 몇 개나 될까? 이 질문에 답하는 데 필요한 정보는 아직 부족했지만, 약간의 수정을 통해 답을 찾을 **수** 있는 질문을 생각해 냈다. 기술 문명이 형성될 확률이 얼마가 되면 오직 우리 문명만이 존재할 수 있을까? 복잡하게 들릴 수도 있지만, 과학의 핵심은 가지고 있는 데이터로 가능한 질문에 답하는 것이다.

그러니까 우리 질문의 진짜 의미는 이것이다.

모든 거주 가능 영역 행성은 생명체와 문명에 대한 우주의 실험과 같다. 기술 문명은 우리가 현재로서는 전혀 알지 못하는 생물학적, 진화적, 사회학적 요인에 따라 거주 가능 영역 행성에 형성될 수도 있고 그렇지 않을 수도 있다. 만약 우리가 이 요인들에 대해 안다면, 무작위로 선택된 거주 가능 영역 행성에서 생명체와 문명이 형성될 확률도 알 수 있을 것이다. 다시 말해, 어떤 실험이 성공할 확률을 알 수 있다. 이를 생명공학적인 확률이라고 부르고 f_{bt}로 표현할 수 있다. 이 생명공학적인 확률이 1에 가까우면 거의 모든 거주 가능 영역의 행성에서 기술 문명을 이룰 수 있는 생명체가 만들어질 것이다. 만약 f_{bt}가 0으로 밝혀진다면 어떤 행성도 첨단 문명을 형성하지 못할 것이다. 물론 우리가 존재하기 때문에 f_{bt}가 **확실히** 0일 수는 없다.

앞서 말했듯이, 이 시점에서 안타까운 점은 자연이 스스로 설정한 **실제** 생명공학적인 확률을 얻는 데 필요한 생물학이나 진화를 모두 알지 못한다는 것이다. 다시 말해 생물학, 진화론, 사회학의 '첫 번째 원칙'으로부터 우리 스스로 f_{bt}를 알아낼 수 없다는 것이다. 하지만 우디와 내가 발견한 멋진 점은, 외계 행성 데이터와 새로운 형태의 드레이크 방정식을 사용하면 과학자들이 말하는 생명공학적인 확률에 한계를 설정할 수 있다는 것이다. 우리는 이 데이터를 이용해 인류가 우주 역사상 유일한 기술 문명이 되려면 f_{bt}가 어느 정도여야 하는지 알아낼 수 있었다. 이 한계가 왜 중요할까? 자연이 설정한 f_{bt}의 실제 값이 데이터에서 제시한 한계보다 크다면 우리는 그런 문명의 유일한 존재가 **아닐** 것이기 때문이다. 이 한계는 우리가 유일한 문명일 가능성이 얼마나 높은지를 알려준다.

데이터를 수집하고 드레이크의 간단한 방정식을 재구성하는 방법에 대해 고민한 결과, 생명공학적인 확률의 한계를 보수적으로 추정하여 100억조 분의 1이라는 사실을 발견했다. 정말 작은 숫자처럼 들린다면, 실제로 그렇다. 과학적 표기법으로는 10^{-22}이다. 0 다음에 소수점, 소수점 뒤에 21개의 0, 그리고 1로 표현된다. 어떻게 써있는지 보고 싶은가?

$$f_{bt} = 0.0000000000000000000001.$$

이 숫자는 우리에게 무엇을 말해줄까? 우주 역사상 인류가 유일한 문명일 수 있는 유일한 방법은 임의의 행성에 문명이 형성될 확률이 엄청나게 작을 때뿐이라는 것을 말해준다. 즉, 자연이 생물학, 진화학, 사회학의 법칙에 따라 설정한 실제 확률은 매우 작을 수 있지만, 그럼에도 불구하고 우주 역사에는 수많은 문명이 존재했을 것이다. 한 행성에 기술 문명이 존재할 확률이 100만 분의 1이라고 가정해 보자. 그 자체로 문명이 존재하기에는 매우 작은 확률이다. 하지만 우디와 내가 발견한 것을 이용하면 수조 개의 고도의 문명을 우주에 남길 수 있다! 우주에는 클링온, 우키, 프레데터가 얼마든지 있다.

우디와 내가 알아낸 것은 자연이 우주 역사 동안 행성, 생명체, 문명을 대상으로 약 100억조 번의 실험을 해왔다는 사실이다. 그 모든 우주 역사에서 인류가 유일한 문명일 수 있는 유일한 방법은 **다른 모든** 실험이 실패하는 것이다. 만약 그렇다면 자연은 문명을 만드는 데 매우 편향되어 있다고 봐야 한다. 그 편향이 너무 강해서, 비관론자들은 왜 여기서만 일어날 수 있었는지 설명해야 할 것이다. 그래서 우리는 우리의 한계를 비관론의 선線이라고 불렀다. 만약 자연이 비관론의 선 아래의 생명공학적인 확률을 선택했다면, 우리는 우주 역사상 유일한 문명이다. 그러나 자연의 실제 값이 그 선 위에 있다면 우리가 최초도 아니고 유일한 문명도 아니다.

처음 100억조라는 숫자를 계산했을 때 나는 '순간'을 느꼈다. 아무도 몰랐던 사실을 알게 된 같았다. "세상에, 외계인은 반드시 있었어야 해."

이것이 맞을까? 우리가 자신이 도출한 결과와 사랑에 빠지지 않는 (과학의 본질이다) 냉철한 과학자가 되려면, 멈춰서 상황을 진지하게 고려해야 한다. 100억조 분의 1이 작은 확률처럼 보이지만 실제 확률은 더 작을 수 있다는 사실을 인정해야 한다. 숫자가 작다고 말할 때 우리는 무엇과 비교하는 것일까? 생물학, 진화론 또는 사회학 이론에 근거한 어떤 것도 우리가 무엇을 기대할 수 있는지 알려주지 않는다는 점을 기억하라. 더구나 우디와 내가 발견한 생명공학적인 한계는 우주의 **역사**에 대해서만 알려줄 뿐이다. 그 문명 중 어떤 것이 지금 존재하고 있는지는 알려주지 않는다. 클링온과 우키 문명이 1,000억 개나 있었을지 모르지만 지금은 모두 사라졌을 수 있다. 우주는 130억 살이 넘었다. 문명이 나타났다가 사라지기에 충분히 긴 시간이다.

하지만 이러한 경고에도 불구하고(과학은 모두 경고에 관한 것이다), 그 숫자에 놀라지 않을 수 없다. 불과 수십 년 전만 해도 어떤 별 주위를 도는 외계 행성이 하나라도 있는지 아무도 알지 못했다. 이제 우리는 생명체가 살기 적합한 곳에 약 100억조 개의 행성이 존재한다고 자신 있게 말할 수 있다. 하늘에는 세계가 풍부하다. 은하계에는 세계가 풍부하다. 우주에는 세계가 풍부하다. 100억조 개의 거주 가능 영역 행성은 수많은 실험과 수많은 가능성을 의미한다. 우주의 세계에는 지금 이 순간에도 고요한 협곡에 눈이 내리고, 산길에 바람이 불고, 황금빛 해변에 파도가 부서지는 곳이 많다는 뜻이다(계속 이 얘기로 돌아오는 건 알지만, 지금 이 순간 이런 행성들에서 어떤 일이 벌어지고 있을지 상상해 보는 것도 정말 가치 있는 일이다). 에피쿠로스가 옳았다. 이러한 깨달음을 통해 우리는 다음 단계로 나아가 이 행성들 중 어느 행성에 생명체가 등장했는지 물어볼 준비가 되었다. 그리고 만약 생명체가 존재한다면, 지금 어떻게 그 생명체를 찾을 수 있을까?

우주의 감시인

ET를
어떻게
감시할
것인가

THE LITTLE BOOK OF ALIENS

외계 행성 혁명은 외계인을 정확히 어디에서 찾아야 하는지 알려주었다. 우리는 어떤 별에 행성이 있는지 알고 있다. 우리는 그 행성들 중 어느 것이 생명체가 살 수 있는 거주 가능 영역에 있는지도 알고 있다. 그 거주 가능 영역의 행성 중 망원경을 들이밸 가치가 있을 만큼 지구와 비슷한 행성이 어떤 것인지도 곧 알게 될 것이다. 이제 어디를 찾아야 할지 알았으니 다음 질문은 이것이다. **어떻게** 찾아야 할까? 수조에다 수조 킬로미터 떨어진 별에서 외계 생명체를 '보기' 위해 우리는 어떤 과학적 기술을 준비하고 있을까?

이 이야기는 내 가슴을 뜨겁게 하는 부분이다. 외계 생명체를 찾는 것이 꿈이었던 어린 시절의 나는 망원경이 얼마나 강력해질지, 그 힘이 어떻게 생명체를 발견할 수 있는 능력을 제공할지 상상도 하지 못했다. 로체스터 대학교에서는 매주 여러 과학자들을 초청하여 새로운 연구에 대해 이야기하고 우리의 마음을 홀린다. 나는 강연을 통해 먼 행성에서 외계 생명체를 확인할 수 있는 방법에 대해 배웠다. 이런 발표를 들을 때마다 나는 스스로를 꼬집어 봐야겠다는 생각이 든다. 정말로? 우리가 드디어 정말 이 일을 할 준비가 되었다고? 답은 "그렇다"이다. 우리는 드디어 정말로 이 일을 할 준비가 되었다. 우리는 이 일을 할 것이다. 하지만 쉽지 않을 테고, 아직도 수많은 과학적 창의성을 필요로 한다.

하지만 앞으로 10년, 20년, 혹은 30년 동안 우리는 별에서 외계인 질문에 대한 답을 찾을 수 있는 데이터를 수집할 것이다. 그 답이 무엇인지는 말할 수 없지만, 우리가 무엇을 찾으려 하는지는 말할 수 있다. 나와 나의 동료들, 그리고 우리가 속한 전체 연구 커뮤니티가 열렬히 연구하고 있는 것이 바로 그것이기 때문이다.

그렇다면 우리는 어떻게 하려는 걸까? '멍청한' 종류의 외계인(미생물)과 '똑똑한' 종류의 외계인(문명)을 정확히 어떻게 찾을 수 있을까?* 답은 훔쳐보는 것이다. 일련의 놀라운 기술과 이론적 발전으로 이제 우리는 그들의 행성을 관찰하는 것만으로도 외계인을 찾을 수 있다. 외계인이 우리에게 메시지를 보낼 필요도 없다. 외계인이 우주에 자신들의 존재를 알릴 필요도 없다(그것은 사실 정말 안 좋은 생각일 수도 있다). 잠복근무 중인 형사처럼 우리는 그저 도넛과 차가운 커피를 먹고 마시며 관찰하고 기다릴 수 있다. 우리가 구축한 놀라운 망원경과

---

* '멍청한'과 '똑똑한'으로 구분한 것은 미생물을 존중하지 않으려는 뜻이 아니다. 미생물은 발효와 같은 놀라운 일을 하고(고마워요, 미생물) 놀라운 방식으로 집단적으로 일할 수 있다. 우리 모두는 미생물과 곰팡이, 숲에 대해 깊은 경외심을 가져야 한다. 하지만 논의를 위해 기술 문명을 구축하지 않는 생명체와 구축하는 생명체를 명확하게 구분하는 것이 유용하다.

빛 분석기는 행성과 생명체가 함께 진화하는 방식에 대한 깊은 이해와 함께 은하계 전역의 외계인을 조용히 감시하는 데 필요한 도구를 제공한다.

생명 흔적
먼 곳의 생명체를 찾는 방법

지구에서 가장 가까운 외계 행성은 프록시마 센타우리(삼중성계인 알파 센타우리 중 하나)의 주위를 도는 행성이다. 4광년 이상 떨어져 있으며, 현재 최고의 우주선 기술을 사용해도 그곳까지 가는 데 8만 년 이상이 걸린다. 그러니까 외계 행성에 착륙하여 생명체를 찾아보는 일은 당분간 없을 것이라는 말이다. 다행히도 과학자들은 엄청나게 고집스럽고 영리하다. 이 책의 요점이 바로 여기에 있다. 그들이 만들고 있는 새로운 세대의 망원경을 통해 수조 킬로미터 떨어져 있는 생명체를 찾을 길이 열렸다. 이것이 바로 외계 행성 혁명의 진정한 결실이자 "오 세상에!"의 순간이다.

수천 년에 걸친 질문 끝에 마침내 외계 생명체에 대한 질문에 답할 수 있게 되었으며, 그 답은 **생명 흔적**을 통해 이루어질 것이다. 우리는 오랫동안 지구의 역사를 연구해 왔으며, 생명체가 지구의 역사를 어떻게 형성해 왔는지에 대해 많은 것을 알게 되었다. 우리가 이해하게 된 가장 중요한 사실 중 하나는 지구 생명체의 총합인 '생물권biosphere'이 수십억 년 동안 지구 진화에 주요한 역할을 해왔다는 것이다. 생물권이라는 개념은 매우 중요하기 때문에 잠시 후에 더 자세히 설명할 예정이지만, 간단히 살펴보기만 해도 몇 가지 핵심적인 질문이 떠오른다. 다른 행성에도 생물권이 있을까? 생물권은 지구를 변하게 한 것처럼 다른 행성도 변하게 했을까? 가장 중요하게는, 그 변화를 멀리서 볼 수 있을까? 성간 거리를 가로지르는 외계 행성의 빛에서 이러한 생물권의 흔적을 찾을 수 있을까?

이 질문에 답하기 위해 천체물리학의 최첨단으로 여행을 떠나보겠다. 하지만 그곳에 도착하려면 도중에 몇 군데 들러 필요한 물품(즉, 핵심 아이디어)을 가져와야 한다.

외계 행성을 탐지하는 가장 좋은 방법 중 하나는 '식현상' 방법이다. 지난 장에서 소개했지만, 여기서 다시 한번 상기시켜 드리는 것도 나쁘지 않을 것이다. 행성이 모성 주위를 공전하면서 우리와 별 사이를 지나갈 때 행성은 별의 빛을 아주 조금 차단한다. 지구에서 우리는 민감한 망원경을 사용하여 별의 밝기가 약간 어두워지는 것을 감지할 수 있다. 이러한 별빛의 감소를 감지하면 우리는 두 손을 들고 "만세, 외계 행성이다!"라고 외칠 수 있다. 그러나 우리는 식현상을 통해 훨씬 더 놀라운 일을 할 수 있다.

식현상이 일어날 때 별빛은 행성의 대기(대기가 있는 경우)도 통과하게 된다. 별빛이 행성의 얇은 대기를 통과할 때, 별빛의 일부가 외계 대기의 원자와 분자에 의해 잡힐 것이다. 이러한 빛의 '흡수'는 수조 킬로미터의 깊은 우주에서 생명체를 탐지하는 열쇠가 된다.

100여 년 전 물리학자들은 빛과 물질 사이의 놀라운 연결 고리를 발견했다. 그들이 발견한 것을 이해하기 위해 먼저 빛은 전자기에너지의 파동에 불과하다는 사실을 기억해야 한다. 빛의 다양한 색은 이

복사의 다양한 파장에 해당한다. 기억하시겠지만 붉은색은 파장이 길고 푸른색은 파장이 짧다.

순수한 수소 기체가 담긴 상자에 모든 색을 가진 무지갯빛이 통과하는 경우를 생각해 보자. 물리학자들은 1800년대 후반에 이런 종류의 실험을 시작했다. 상자를 통과하여 나오는 빛을 보면 상자 안으로 들어갈 때와 같은 무지개가 보이지만, 그 무지개에는 어두운 띠도 있다. 마치 기체 상자 안의 무언가가 무지개에서 몇 가지 특정 색을 한 입 먹은 것처럼 보인다. 푸른색 파장 중 일부가 사라지거나 붉은색에 어두운 띠가 보일 수도 있다. 나트륨 원자가 든 상자를 사용해도 같은 일이 발생한다. 다른 색에서 어두운 띠가 생길 뿐이다. 두 경우 모두 수소 또는 나트륨 원자가 들어오는 빛의 일부를 **흡수했기** 때문이다. 각 원소는 특정 파장만 흡수한다. 다른 파장은 그대로 통과한다.

수소와 나트륨은 각각 빛을 흡수하는 일종의 '스펙트럼' 지문을 가지고 있다. 사실 모든 원소는 각기 다른 빛 흡수 지문을 가진다. 분자도 마찬가지다. 천문학자들에게 이러한 스펙트럼 지문은 신의 선물이자 금광과도 같은 존재다. 멀리 떨어진 물체에서 빛을 모아 각각의 파장으로 분해하면 다양한 원소와 분자의 어두운 흡수선을 모두 식별할 수 있기 때문이다. 이런 식으로 물체의 실제 구성 성분을 파악할 수 있다. 나에게는 순전히 기적으로 보인다.

이제 행성의 대기로 가보자.

천문학자들은 외계 행성의 대기를 통과한 별빛을 분석하여 대기가 무엇으로 이루어져 있는지 정확히 파악할 수 있다. 별빛의 스펙트럼에 물의 흡수선이 있으면 행성의 대기에 수증기가 있다는 뜻이다. 이산화탄소 흡수선이 있으면 행성 대기에 이산화탄소가 있다는 뜻이다. 이 과정을 '대기 특성 분석'이라고 한다. 이 과정은 과학적 기적에 가까우며, 그 경이로움에 제대로 감탄하기 전까지는 더 이상 진도를 나가지 않겠다.

천문학자는 여기 지구에 앉아서 행성의 대기 중에 무엇이 있는지 정확히 파악할 수 있다. 그 행성이 수십, 수백, 수천 광년 떨어져 있어도 그렇다. 이 획기적인 새로운 방법 덕분에 우리는 인간이 한 번도 방문한 적 없는 행성의 대기 중에 무엇이 떠다니는지 정확히 볼 수 있게 되었다. 기본적으로 털 없는 원숭이에 불과한 우리 호모사피엔스가 먼 외계 대기를 탐색하는 방법을 알아냈다는 것은 정말 말도 안 되게 놀라운 일이다. 우리가 행한 온갖 끔찍한 일에도 불구하고 이 업적은 우리가 인류라는 종에 대해 조금은 자부심을 갖게 해줄 것이다.

이제 외계 행성 이야기로 돌아가 보자.

대기 특성 분석은 모든 종류의 행성을 새롭고 중요한 방식으로 이해하게 해주기 때문에 그 자체로 큰 의미가 있다. 예를 들어, 우리는 모성에 너무나 가까이 있는 거대 기체 행성인 뜨거운 목성의 바깥층에서 무슨 일이 일어나고 있는지 볼 수 있을 것이다. 대기 특성 분석을 통해 피자 오븐보다 더 뜨거운 대기에서 어떤 종류의 화학물질이 형성되는지 알아볼 수 있다. 이것은 뜨거운 목성에 관한 기본적인 내용을 이해하는 데 도움이 된다. 그런데 대기 특성 분석이 생명체와는 어떤 관련이 있을까? 외계 행성의 대기에 무엇이 있는지 알면 그 표면에 무엇이 살고 있는지 알 수 있는 이유는 무엇일까? 이 질문에 대한 답을 찾기 위해 제임스 러브록James Lovelock을 만나보자.

제임스 러브록은 다재다능한 사람이었다. 그는 수많은 분야에서 천재였다. 1919년에 태어난 러브록은 제2차 세계대전 당시 의학 연구를 하는 화학자로 시작했다. 1950년대에 그는 공기 중 미량의 화학 오염 물질을 감지하는 값싸고 휴대 가능한 장치를 발명했다. 이 특허는 매우 가치 있는 것이었기 때문에 그는 부자가 되었고, 이제 막 우주탐사에 박차를 가하던 정부를 돕는 것을 포함해 원하는 일을 다 할 수 있었다.

러브록이 참여한 정부 프로젝트 중 하나는 1960년대 NASA의 화성 탐사선 계획으로 미생물 생명체를 찾기 위한 것이었다. 하지만 러브록은 이 접근 방식에 큰 결함이 있다고 생각했다. 모든 탐사 계획은 화성의 생명체가 지구의 생명체와 같을 것이라고 가정하고 있었다. 만약 그 가정이 틀렸다면 탐사선이 기술적인 관점에서 바로 코앞에 생명체가 있어도 놓칠 수 있었다. 러브록은 어떤 형태의 생명체라도 찾을 수 있는 방법을 원했다. 몇 년간의 연구 끝에 그는 그 해답이 말 그대로 코앞에 있다는 것을 알게 되었다. 자신이 숨 쉬고 있는 공기가 바로 그 해답이었다.

러브록은 행성의 대기 자체가 일종의 생명체 탐지기라는 사실을 깨달았다. 지구의 대기에는 생명이 없는 세상에서는 존재할 수 없는 화학물질이 있다. 산소가 훌륭한 예이다. 지구의 공기는 처음부터 산소를 함유하고 있지 않았다. 처음 20억 년 동안 이 원소는 기본적으로 존재하는 것이 아니었다.

어떻게 갑자기 대기에 산소가 풍부해졌을까? 바로 생명체 덕분이다.

진화가 새로운 형태의 광합성을 발명한 후 산소를 공기 중으로 내뿜은 것이 바로 생명체였다. 약 20억 년 전, 물(H_2O)을 분해하여 산소(O)를 다시 공기 중으로 뱉어내는 일종의 광합성이 등장했다. 지금의 대기는 산소가 21%를 이루고 있다. 이 '위대한 산소화 사건'이 어떻게 일어났는지는 지구과학에서 가장 멋진 이야기 중 하나지만, 중요한 것은 만약 내일 모든 생명체가 사라진다면 산소도 빠르게 사라질 것이라는 점이다. 여기서 핵심은 지구상의 모든 생명체의 총합인 지구의 생물권이 대기를 산소가 풍부한 상태로 유지한다는 것이다. 실제로 일어나고 있는 일은 생명체가 대기를 '화학적 평형'에서 벗어나게 한다는 것이다. 이는 **생물권**이 스스로는 오래 존재할 수 없는 화학물질을 대기 중으로 계속 내뿜는다는 말을 멋지게 표현한 것이다. 지구 대기의 화학적 구성은 지구가 활기찬 생물권을 갖고 있음을 알려준다. 대기 중 산소는 그 자체로 지구가 살아있는 행성이라는 증거다.

이제 마침내 이 이야기의 모든 조각을 하나로 모을 수 있게 되었다. 천문학자들은 새로운 외계 행성 대기 특성 분석 방법을 통해 외계 행성 대기의 화학 성분을 파악할 수 있다. 그럼 러브록은 행성에 생명체가 있는지 확인하려면 무엇이 필요하다고 말했을까? 외계 행성 대기의 화학 성분이다. 바로 그렇다. 그게 정답이다. 행성의 대기에서 화학적 불균형의 징후를 찾을 수 있다면 생명체의 증거를 찾은 셈이다. 생명 흔적을 발견한 것이다.

그 행성이 지구에서 아무리 멀리 떨어져 있더라도 생명 흔적은 그 행성에 생물권이 있다는 증거, 즉 그곳이 살아있는 외계 세계라는 증거가 될 것이다. 독자 여러분, 이것이 바로 우리가 외계인 탐색이라는 혁명적인 새 시대의 문턱에 서있는 이유다. 외계 행성의 발견은 우리가 어디를 바라봐야 하는지 알려주었다. 대기 특성 분석과 생명 흔적 과학의 발전은 무엇을 찾아야 하는지 알려준다. 위대한 셜록 홈스의 말처럼, "게임이 시작되었다!"

나는 여기서 그만둘 수도 있다…. 왜냐하면… 그러니까… 세상에! 우리는 외계 생명체를 찾는 데 필요한 모든 것을 가지고 있다. 하지만 이 책의 하위 주제는 성가신 증거 기준이었기 때문에, 이 모험에는 위험도 따른다는 것을 알아주었으면 한다. 우리는 목표 생명 흔적을 정할 때 매우 신중해야 한다. 잘못된 탐지를 할 수도 있다. 실제로는 생물권이 없는데도 행성이 생명 흔적이라고 생각되는 것을 만들어 내어 우리를 속일 방법이 얼마든지 있을 수 있다. 예를 들어, 우리는 이미 대기권에서 생명체와 무관하게 산소를 생성하는 특이한 방법을 적어도 하나는 알고 있다. 지난 장에서 만난 적색왜성 행성에서 이런 일이 일어날 수 있다. 이 행성들은 모성과 매우 가깝기 때문에, 행성 대기 중 높은 곳에 있는 수증기 분자(H_2O)가 들어오는 별빛에 의해 분해될 수 있다. 수소 원자는 우주로 날아가지만 산소 원자는 가라앉아 대기를 채운다. 우리는 이러한 종류의 잘못된 탐지를 설명하는 방법을 알고 있다고 생각하지만, 아직 생각하지 못한 다른 종류가 있을 수 있다. 조심해야 할 것이다.

우리가 준비해야 할 또 다른 함정과 도전이 있을 것이다. 하지만 함정과 도전을 극복하는 것이야말로 과학자들을 아침에 일어나게 하는 원동력이다. 우리는 문제를 해결해 나갈 것이다. 그러나 이러한 도전은 우리가 장기적인 게임을 하고 있다는 것을 의미한다. 이 프로젝트는 아마도 수십 년이 지나야 진척도를 측정할 수 있을 것이다. 괜찮다. 수십 년의 신중하고 영리한 노력은 오늘날 우리가 발견의 문턱에 서서 그 문턱을 넘어서기까지 걸린 2,500년에 비하면 아무것도 아니다.

기술권과 생각권
똑똑한 생명체가 대장이 될 때

생명체는 행성을 장악한다. 일단 생명체가 나타나면, 지구에서 그랬던 것처럼 바다, 얼음, 대기, 육지의 운명을 바꿀 수 있다. 우리가 알다시피, 허파가 그토록 좋아하는 산소는 모두 생명체가 그것을 갖다놓았기 때문에 대기 중에 있는 것이다. 하지만 산소만이 아니다. 식물의 뿌리 시스템은 바다로 씻겨 내려가는 토양의 양을 변화시킬 수 있다. 해조류는 대기 중으로 올라가는 작은 입자를 만들어 강우 패턴을 형성한다. 예시 목록은 길지만, 여러분이 정말로 알아야 할 것은 무균 상태의 생명 없는 지구는 우리가 살고 있는 지구와 전혀 다른 모습일 것이라는 점이다.

미생물과 같은 '멍청한' 생명체가 만들어 낸 변화는 기술 문명의 강력한 힘으로 증폭된다. 그러니까 생물권이 행성의 진화를 형성하는 데 중요하다면, 기술권은 훨씬 더 강력한 힘을 발휘할 것이다. 기술권은 은하계 외계 문명을 찾는 열쇠다. 이것이 바로 NASA의 기술 흔적 연구 프로그램의 목표다.

지난 장에서는 지구상 모든 생명체의 집합적 활동인 생물권이라는 개념을 소개했다. 생물권은 과학계에서 비교적 새로운 개념이다. 여러분이 한 번도 들어본 적 없는 위대한 과학자 블라디미르 베르나드스키Vladmir Vernadsky가 처음 개발했다. 베르나드스키는 공산주의 시대 전후에 활동한 러시아 연구자였기 때문에 여러분은 그에 대해 들어본 적이 없을 것이다. 베르나드스키는 생명과 행성에 대해 생각하는 데 천재적이었다. 그는 지구화학과 생명지구화학이라는 과학을 만들어 냈다. 베르나드스키에게 생명은 세상에 아무런 영향을 미치지 않는 초록색 찌꺼기가 아니었다. 생명은 지구의 역사를 형성하는 역동적인 힘이었다.

1926년 파리에서 열린 일련의 강연에서 베르나드스키는 현대의 생물권 개념을 전 세계에 소개했다. 그는 생물권이 다른 지구 시스템인 대기권, 수권(물), 얼음권(얼음), 암석권(땅)과 마찬가지로 행성 진화에서 주요한 역할을 해야만 하는 이유를 자세히 설명했다. 오늘날 기후 변화를 포함해 지구에 관한 우리의 모든 이해는 베르나드스키가 닦아놓은 토대 위에 놓여있다.

베르나드스키가 생명체 탐색과 어떤 관련이 있을까? 우리는 이미 천문학자들이 최근 발명한 대기 특성화 기술을 통해 생명 흔적을 찾아 생명체를 탐색하는 방법을 살펴보았다. 외계 생명체를 찾는다는 것은 실제로는 외계 생물권을 찾는다는 것을 의미한다. 베르나드스키 1점 획득. 하지만 그는 거기서 멈추지 않았다. 같은 파리 강연에서 베르나드스키는 미생물, 식물, 동물의 작용을 넘어 더 나아갔다. 다음 단계로 그는 기술이 어떻게 지구를 장악하는 데 더 강력한 힘이 될 수 있는지에 대해 생각했다. 이것이 바로 베르나드스키가 상상한 '생각권noosphere'의 등장이다.

'Noos'는 고대 그리스어로 '생각' 또는 '마음'을 뜻하는 단어다. 기후변화가 본격적으로 대두되기 훨씬 전인 1926년에도 베르나드스키는 인류 문명이 지구에 미치는 영향을 예견할 수 있었다. 또한 그 영향이 어떻게 증가하고 있는지도 볼 수 있었다. 결국에는 생물권에 '생각의 권역'이 겹쳐질 것이라고 그는 말했다. 이것이 인간의 온갖 이성적 계획과 기술 개발의 총체적 영향, 즉 생각권이다. 요즘은 이를 기술권technosphere이라고 부른다.

우리가 구축한 기술권을 찾기 위해 그렇게 멀리 볼 필요는 없다. 지금 이 글을 읽는 순간에도 눈에 보이지 않는 생각의 전자기파가 여러분의 몸을 통과하고 있다. 뉴에이지 텔레파시 같은 것을 말하는 게 아니다. 무선 인터넷을 이야기하는 것이다. 이제 지구는 무선 기술로 구현된 생각, 지식, 행동의 빛나는 권역으로 완전히 둘러싸여 있다. 그리고 이 모든 사고, 지식, 행동은 현실 세계에도 영향을 미친다. 인간이 지구를 완전히 바꿔놓았기 때문에 과학자들은 이제 지구가 인류세라는 새로운 지질학적 시대에 접어들었다고 이야기한다. 예를 들어, 인간은 지구 표면의 절반 이상을 식민지화하여 사용하고 있다. 우리는 자연의 힘보다 더 많은 질소와 인을 지구 전체로 이동시킨다. 우리가 길들인 식용 동물의 무게는 지구상의 다른 모든 포유류를 합친 것보다 더 무겁다. 그리고 당연히 우리는 지구의 대기와 기후를 변화시켰다. 좋든 나쁘든, 기술권은 이미 여기에 있다. 우리가 만들었고 이제 우리는 그 안에서 살고 있다. 이것이 바로 외계 문명을 찾는 데 핵심이 된다.

생물권이 '멍청한' 외계 생명체를 찾는 열쇠라면, 기술권은 '똑똑한' 외계인을 찾는 길이 될 것이다. 한 문명이 충분한 에너지를 수확하여 활기찬 기술권을 건설하기 시작하면, 지울 수 없는 흔적을 남길 만큼 행성을 변화시킬 수 있다. 표면이 다르게 보일 것이다. 대기는 다양한 화합물로 구성될 것이다. 주변 공간에는 기술권이 없었다면 존재하지 않았을 기계(예: 인공위성)로 채워질 것이다. 다시 말해, 일단 기술권이 나타나면 행성은 성간, 심지어 은하 간 거리에서도 볼 수 있는 **기술 흔적**을 보이기 시작할 것이다. 이러한 기술 흔적은 우리 인간이 직접 볼 수 있지만, 그 존재 가능성은 과학자들이 지난 10여 년 동안에야 인식하게 된 것이다. 아이러니하게도 우리는 이제야 우리 자신의 기술권을 지구를 움직이는 힘으로 인식했기 때문에 그것을 인식할 수 있게 되었다. 그렇게 우리는 수천 년 또는 백만 년 앞선 외계 기술권이 어떤 모습일지 상상하기 시작했다.

기술 흔적

지구가 모습을 드러낸 날

사탕 가게의 아이들. 우리는 그렇게 생각하고 있었다. 2018년 9월 26일 수요일 아침, 나는 천문학자 50여 명과 함께 텍사스 휴스턴에 있는 유명한 달과 행성 연구소Lunar and Planetary Institute의 강의실을 찾았다. NASA가 '기술 흔적 워크숍'이라는 제목의 회의를 위해 우리 모두를 그곳으로 불렀기 때문이다. 의회가 외계 문명 탐색에 천만 달러를 배정하라고 우주국에 지시한 직후였다. 그들은 우리에게 그 돈을 어떻게 쓸지 알려주고 싶어 했다.

1990년대 초에 UFO와 작은 녹색 인간의 이미지가 SETI를 정치 쟁점화하기 위해 이용되었기 때문에 SETI에 대한 연방 기금은 꽤 오랫동안 확보하기 어려웠다. 하지만 최근 외계 행성이 발견되면서 우주생물학은 NASA의 주요 연구 분야가 되었다. SETI가 추위에 떨고 있는 동안 다른 행성에서 '멍청한' 미생물 생명체를 찾는 데 상당한 자금이 투입되고 있었다. 예를 들어, NASA는 외계 생명체의 생명 신호를 통해 외계 생명체를 탐지하는 것을 목표로 하는 여러 프로젝트를 진행 중이었다. 하지만 NASA가 통제할 수 없는 이유로 인해 지적 생명체 탐색은 여전히 큰 관심을 받지 못하고 있었다. NASA가 후원하는 이 회의가 흥미진진했던 이유는 어쩌면 '똑똑한' 생명체를 찾는 태양이 곧 떠오를지도 모른다는 생각 때문이었다. NASA는 기술 신호에 대한 아이디어를 받아들일 준비가 되어있는 것 같았다.

'기술 신호'라는 용어는 SETI의 위대한 영웅 중 한 명인 질 타터가 만들었다. 1970년대에 커리어를 시작한 타터는 이후 수십 년 동안 용기, 끈기, 창의력으로 우주 생명체 탐색에 앞장섰다. 타터는 생명 신호 과학이 진지한 연구 관심사로 떠오르고 있을 때, 모든 형태의 SETI가 그 노력의 일부로 보여야 한다고 생각했다. 지적 생명체도 결국 생명체이기 때문이다. 타터는 SETI가 항상 기술 신호를 찾는 일이었다는 사실을 인식했다. 그 단어를 사용하자 기술 신호도 매우 특별한 종류의 하나의 생명 신호라는 것을 알 수 있었다. 이러한 인식이 이 회의를 진행하는 데 도움이 되었다.

1960년 프랭크 드레이크의 오즈마 프로젝트에서 시작된 SETI는 의도적인 신호에 중점을 두었다. 먼 별에서 오는 신호를 감지하기 위해 드레이크와 대부분의 후속 SETI 연구자들은 외계인이 전파 에너지를 한 방향으로 집중하고 있다고 가정해야 했다. 만약 외계인 송신기가 한 방향으로만 에너지를 보내지 않고 모든 방향으로 에너지를 보낼 경우, 우리가 그것을 발견하려면 기본적으로 별의 신호에 가까울 만큼 출력이 매우 높아야 한다. 이는 우리 가상의 외계인에게 너무 많은 것을 요구하는 셈이었다. 그래서 모두가 의도적인 신호를 찾았는데, 그 결정은 우리가 감지할 수 있는 신호는 **의도적인** 신호밖에 없다는 것을 의미했다. 외계인은 의도적으로 신호기를 설치해 우주로 전파를 발사하고 의도적으로 자신의 존재를 알려야 했다. 이런 종류의 탐색 전략이 60년 동안 SETI의 많은 부분을 이끌어 왔다. 그러던 중 외계 행성의 발견으로 기존 SETI가 사용하던 전파망원경을 사용하는 것을 포함하여 새로운 방향으로 '똑똑한' 생명체를 찾는 길이 열렸다.

생명 신호는 먼 행성에서 오는 빛에 생물권의 존재가 의도치 않게 각인된 것이다. 외계 생물권을 구성하는 미생물, 숲, 동물이 우주에 자신의 존재를 알리려고 하는 것이 아니다. 생명 신호는 그냥 발생한다. 기술권도 마찬가지다. 다시 말해, 문명은 명함을 보내든 보내지 않든 문명 건설 사업을 진행하면서 기술 신호를 만들어 낸다. 게다가 회의에서 즐겁게 논의했듯이 의도하지 않은 각인이 생성되는 방법은 여러 가지가 있다. 공해, 도시의 불빛, 태양 전지판의 반사, 궤도를 도는 거대 구조물 등 그 목록은 길고 머리가 아찔할 정도로 많았다. 정신이 없을 정도로 멋진 시간이었다.

그 후 3일은 정신없이 바빴다. 첫 번째 업무는 현장을 조사하는 것이었다. 과학자들이 어떤 종류의 기술 신호에 대해 어떤 아이디어를 이미 제안했나? 현재 어떤 종류의 망원경 기술이 존재하며 그러한 기술 신호를 찾을 수 있는 망원경 기술도 개발 중인가? 곧 우리가 헤쳐 나가야 할 일이 많다는 사실이 분명해졌다. 가장 시급한 질문은 이것이었다. 제안된 여러 가지 기술 신호 중 어떤 것에 집중해야 할까?

소피아 셰이크Sofia Sheikh라는 영리한 젊은 과학자가 이 문제를 맡았다. 그는 토론을 소화하고 외계에서 발생할 가능성, 지속 기간, 다른 범주에 비해 관찰하기 쉬운 정도에 따라 기술 신호를 분류하는 방법과 관련한 제안을 신속하게 제공했다. 셰이크는 또한 특정 기술 신호의 모호성과 이를 찾는 데 드는 비용의 균형을 맞출 것을 제안했다. 제2장에서 다룬 다이슨 구와 같은 외계 거대 구조물은 적외선 망원경에 필요한 시간 측면에서 저렴할 수 있지만, 큰 먼지 별과 같은 자연적인 천문학적 광원과 구별하기 어려울 수도 있다. 그렇다면 거대 구조물은 비용과 모호함의 균형에서 낮은 점수를 받을 것이다. 더 높은 점수를 받는 다른 기술 신호를 찾을 수 있다면, 거대 구조물보다는 그쪽에 노력을 기울여야 할 것이다.

SETI의 전파망원경에도 새롭고 흥미로운 가능성이 있었다. 인공지능을 사용해 수십억 시간의 관측 자료를 자동으로 검색하는 것은 '이상 현상' 검색을 수행하는 새로운 방법이었다. 이상 현상은 자연이 스스로 생성할 수 있는 신호와는 다른 신호를 말한다. 이는 억만장자 유리 밀너가 1억 달러를 기부한 브레이크스루 리슨 이니셔티브

Breakthrough Listen initiative의 가장 큰 초점이었다. 브레이크스루 리슨은 전파망원경의 시간을 확보하고 종합적인 SETI 연구를 시작할 수 있는 실질적인 자금이 드디어 확보되었음을 의미했다. 브레이크스루 리슨이 그 자체만으로도 미래에 대한 기대감을 갖게 하는 이유였다.

우리는 회의에서 몇 시간 동안 기술 신호와 관련한 질문을 논의했다. 그런 다음 저녁 식사를 하면서 몇 시간 더 논의했다. 그 후에도 술을 마시며 몇 시간 동안 토론하고, 숙소인 호텔 복도에서도 이야기했다. 회의가 끝났을 때 우리 모두는 완전히 지쳤지만, 마치 긴 주말에 엄청나게 큰 파도를 타거나 신선한 눈이 쌓인 날 가파른 지형에서 스키를 탄 것처럼 완전히 상쾌한 기분이 들었다. 무엇보다도 우리는 문이 열리고 있다는 느낌을 받았다. 이미 놀랍도록 흥미로운 생명 신호의 가능성과 함께 외계 문명에 대한 관심도 높아지고 있었다.

그런데 천만 달러는 최종 의회 예산안에 반영되지 못했다. 흑흑. 상관없다. 눈덩이는 언덕 아래로 굴러가고 있었으니까. 1년 만에 나와 동료들은 제안서를 제출하고, NASA 최초의 대기 기술 신호 연구비를 받게 되었다. 곧 다른 몇 개의 기술 연구 지원금 확보에도 성공했다. 새로운 시대의 시작이었다. 외계 문명에 대한 과학적 탐색이라는 오랜 목표가, 아직 희망이긴 하지만, 가시권에 들어온 것이다.

외계 거대 구조물 공격

보야지안의 별

기술 신호의 새로운 과학을 구축하는 데에서 가장 중요한 질문은 다음과 같다. 정확히 무엇을 찾으려고 하는가? 과학계 사람들은 어떤 종류의 기술 흔적에 집중하고 있는가? 외계인이 무엇을 하고 있을 거라고 생각하며, 그 모습을 어떻게 발견할 수 있을까?

이 이야기는 외계 거대 구조물에서 시작된다. 2011년 가을, 한 아마추어 천문학자 그룹이 외계 행성 찾기 임무를 위해 만들어진 케플러 우주망원경의 데이터를 면밀히 분석하고 있었다. 케플러는 한 번에 수천 개의 별을 응시하며 행성이 지구와 자신의 태양 사이를 지나가는 순간을 찾아낼 수 있었다. 이 순간에 별의 밝기가 약간 어두워지는 것을 발견하면, 만세, 또 하나의 낯선 신세계가 긴 발견 목록에 추가되는 것이다.

대부분의 경우, 별의 밝기가 어두워지는 현상(식현상)은 행성이 별 앞을 지나가는 수학적 모형에서 예상한 것과 정확히 일치한다. 이러한 규칙성 덕분에 NASA는 누구보다 먼저 데이터를 살펴보고 행성이 있는 것처럼 보이는 별을 표시하는 AI를 구축할 수 있었다. 하지만 케플러는 때때로 너무 이상한 것을 발견하여 AI가 AI 버전의 소화불량 증상을 보이기도 했다. 이 경우 컴퓨터는 즉시 인간 제작자에게 '당신이 알아내라'는 식으로 데이터를 다시 토해냈다. 이런 일이 자주 발생하자 NASA는 관심 있는 비과학자들이 우주의 기이한 현상을 살펴볼 수 있는 시민 과학 웹사이트인 'Planet Hunters'[1]를 만들었다. 그렇게 해서 KIC 8462852라는 별이 전 세계의 헤드라인을 장식하게 되었다.

일반적인 식현상은 별의 밝기가 한 궤도마다 한 번씩 반복되는 U자형으로 떨어지는 것처럼 보인다. 행성은 별 주위를 돈다. 그리고 지구와 별 사이를 통과하면서 빛을 일부 차단해 시간에 대한 밝기 그래프가 U자처럼 보인다.

그러나 별 KIC 8462852의 빛은 규칙적인 시간에 맞춰 U 자형으로 떨어지는 멋진 모습 대신, 이빨에 문제가 있는 용의 미소처럼 보였다. 빛이 짧은 시간 동안 급격하게 차단되어 밝기가 깊은 V 자 모양을 만들었다. 그런 다음 아무것도 보이지 않다가 잠시 후 깊이가 다른 세 번의 짧고 날카로운 어두워지는 모양이 나타나고 다시 한참 동안 아무것도 보이지 않았다. 이것은 행성이 만들어 낼 수 있는 어떤 현상과도 같지 않았다. 별 주변에서 매우 이상한 일이 일어나고 있었다. 곧 시민 과학 프로젝트와 함께 일하고 있는 젊은 천문학자 타바사 보야지안Tabatha Boyajian에게 이 놀라운 데이터가 전달되었다. 그도 마찬가지로 이해가 되지 않았다. 그래서 그는 제대로 된 과학자라면 당연히 해야 할 일을 했다. 논문을 쓰기 시작한 것이다. 그 노력의 일환으로 보야지안은 펜실베이니아 주립대학교의 교수이자 NASA 기술 신호 팀의 일원인 제이슨 라이트와 이야기를 나눴다. 흥미를 느낀 라이트는 KIC 8462852 앞을 지나가며 식현상 신호를 이상하게 만들 수 있는 온갖 종류의 물체를 체계적으로 식별하고자 논문을 작성하기 시작했다. 궤도를 도는 혜성 구름은 어떨까? 어쩌면. 부서진 위성의 조각은 어떨까? 그럴 수도. 일련의 먼지 구름일까? 그럴 가능성도 있지. 아, 그리고 궤도를 돌고 있는 외계 거대 구조물 무리는 어떨까?

지지지직.

그렇다. 외계 거대 구조물이다. 라이트는 자신의 논문에 궤도를 돌고 있는 외계 거대 구조물을 가능한 설명 중 하나에 포함시키기로 결정했다. 그런 제안을 했다가 심각한 비난을 받을 수도 있다는 걸 알면서도 왜 그랬을까? 그냥 장난이었을까? 싸움을 원했던 걸까? TV에 출연하고 싶었던 걸까? 답은 훨씬 간단하다. 비정상적인 천문학적 신호에 관한 설명을 찾는 일에서 이 거대 구조는 매우 오래된 아이디어로, 매우 훌륭한 전통을 가지고 있었다.

진보한 외계 문명이 거대한 태양에너지 수집기로 별을 둘러싸고 있을 가능성은 SETI의 초창기와 다이슨 구라는 아이디어로 거슬러 올라간다. 초기 논문 이후 다이슨 구와 다이슨 군집은 외계 문명의 관측 가능한 흔적, 즉 기술 흔적에 대해 생각하는 과학자들에게 필수적인 아이디어가 되었다. 2005년에 천문학자 루크 아널드^{Luc Arnold}는 다이슨 군집의 일부처럼 궤도를 도는 외계 거대 구조물이 케플러 우주망원경과 같은 것에서 어떻게 보일지 상세한 연구를 수행했다. 아널드는 사각형, 정사각형, 직사각형 등 다양한 형태의 외계 거대 구조물을 고려하여 계산을 시작했다. 그가 생각한 '거대'라는 부분은 그러한 기계가 행성만큼 커야 한다는 사실을 의미했다. '외계' 부분은 우리가 아는 한 자연은 행성 크기의 삼각형을 만들지 않는다는 사실이었다. 아널드는 구조물이 별 앞을 지날 때 빛을 어떻게 차단할지 계산해서 외계 거대 구조물 식현상의 목록을 작성했다. 아널드의 이론적 밝기 곡선 중 일부는 보야지안이 KIC 8462852 데이터에서 본 것과 유사해 보였다. 라이트는 그의 논문에서 이 점을 지적했다.

보야지안은 분명히 그런 발견을 주장한 것이 아니었고, 라이트는 단지 가능성 목록에 포함시켜야 한다고 말했을 뿐이었다. 라이트와 보야지안이 KIC 8462852 주변에서 다이슨 군집의 흔적을 찾고자 망원경 사용을 제안했을 때 언론은 이 이야기를 접했고, 곧 '**외계 거대 구조물**'이라는 용어가 지구 곳곳에서 크고 굵은 헤드라인으로 떠올랐다. KIC 8462852, 혹은 '보야지안의 별'에 관한 보도는 외계 문명 탐색 과정에서 무언가 변화가 일어났다는 것을 대중에게 처음으로 알린 계기가 되었다.

하지만 천문학자들은 수많은 노력과 새로운 관측을 통해 결국 행성 크기의 기계가 아닌 먼지 구름이 가장 적합한 설명이라는 사실을 밝혀냈다. 그렇다. 정말 실망스럽다. 먼지 구름은 외계 거대 구조물만큼 흥미롭지는 않다. 물론 당신이 먼지 구름을 연구하는 천문학자라면 그것이 꽤나 흥미진진하다고 말할 수 있겠지만 말이다. 하지만 실망은 이 이야기의 요점이 아니다. 보야지안의 별 에피소드에서 정말 중요한 두 가지 사실이 밝혀졌다. 첫 번째는 외계 행성 혁명이 외계 문명을 찾는 규칙을 완전히 다시 썼다는 것이다. 두 번째는 비웃음을 유발하는 요소가 마침내 줄어들고 있다는 것이었다. 동료 심사를 거친 과학 논문에서 기술 흔적을 가능성으로 포함시키는 일이 허용되고 있었다.

라이트는 이 의문의 데이터의 기원에 대해 외계인일 가능성이 있다고 제안했고, 이는 달리 입증되기 전까지는 타당했다. 이는 생명체와 외계 지능 탐색 현대사의 이정표였다. 마찬가지로 중요한 것은, 천문학자들이 가장 기대되는 형태의 외계 슈퍼 기술 중 하나와 관련해 우리가 기대할 수 있는 정확한 종류의 신호를 발견했다는 사실이다. 보야지안의 별에는 없더라도 언젠가 다른 별에서 발견될 가능성이 훨씬 더 현실적으로 다가왔다.

오염, 도시의 불빛, 그리고 반짝임
외계의 하늘이 외계인에 대해서 이야기해 주는 것

마침내 우리는 탐색을 할 수 있는 강력한 망원경 기술을 확보했고 (제임스 웹 우주망원경과 그다음 망원경들) 마침내 어디를 찾아야 할지 (외계 행성) 정확히 알게 되었다. 그런데 정확하게 무엇을 찾아야 할까? 한 가지 전략은 이상한 것, 좀 더 공식적으로는 **비정상적인 것**을 찾는 것이다. 연구자들이 인공지능의 발전을 이용해 방대한 관측 자료를 샅샅이 뒤져서 자연이 만들어 내는 것과는 전혀 다른 신호를 찾고 있기 때문에 요즘 많은 전파 SETI가 여기에 초점을 맞추고 있다. NASA 지원금을 받는 내 동료들이 취하고 있는 또 다른 경로는 모든 문명이 진화 가능한 방식을 밝히는 것이다. 우리는 기술이 어떻게 진화하는지 체계적으로 상상하고, 관찰할 수 있는 신호가 있는지 파악해야 한다. 특히, 우리는 일반적으로 문명이 행성에 어떤 영향을 미칠지 알아야 한다. 다행히도 인류와 지구의 역사는 우리에게 한 가지 유력한 해답을 제시한다. 바로, 행성을 오염시킨다.

이상하게 들릴지 모르지만, 먼 세계의 대기에서 오염 물질을 찾는 것이 먼 문명을 찾는 가장 빠른 방법일 수 있다. 산업 문명의 정의에는 바로 '산업'이라는 중요한 단어가 있다. 산업은 무엇인가? 에너지를 사용하여 물건을 만드는 것이다. (초기의 도구를 넘어) 더 발전된 물건이 만들어질수록 자연과 닮지 않게 된다. 만약 100광년 떨어진 곳에서도 자연스럽지 않은 진보된 물건을 볼 수 있다면, 그것이 바로 기술 흔적이다.

너무 추상적으로 들릴 수도 있다. 말 그대로 여기 지구로 논의를 가져와 보겠다. 염화불화탄소CFC는 1920년대에 화학자들이 발명한 분자의 일종이다. 여기서 '발명'이라는 단어가 중요한데, CFC는 자연적으로 발생하지 않기 때문이다. 염소, 불소, 탄소 원소의 혼합물인 CFC는 (알다시피) 산업에 사용하기에 완벽한 놀라운 특성을 가지고 있다. 열에 대한 반응이 뛰어나 에어컨에 아주 적합하다. 압력에 대한 반응은 스프레이 캔에 이상적이도록 만들어 준다. 그래서 수십억 톤의 CFC가 전 세계의 공장, 사무실, 가정으로 유입되었다. 그러나 이러한 모든 산업 생산으로 인해 수백만 톤의 CFC가 대기 중으로 유입되었다. 이때 과학자들은 CFC가 지구의 오존층을 갉아먹고 있다는 사실을 발견했다.

이런.

이것은 매우 나쁜 소식이었다. 오존층은 암을 유발하는 태양복사로부터 우리를 보호하기 때문이다. 사람들은 무슨 일이 일어나고 있는지 깨닫고 함께 모여 손을 잡고 "쿰바야"(대표적인 흑인 영가—옮긴이)를 부른 후 CFC 생산을 크게 줄였다. 이는 매우 큰 사건이었으며, 우리의 대응은 온실기체와 기후변화 대응의 모형이 되었다. 오늘날에도 여전히 대기 중 CFC가 존재하지만 그 수치는 훨씬 낮아졌다.

산업, 공기, 화학에 관한 이 이야기는 외계인 사냥에서 정말 중요한 두 가지를 보여준다. 첫째, CFC와 같은 화학물질은 기술이 있기 때문에 존재한다. 둘째, 산업 문명은 의도적이든 실수든 엄청난 양의 화학물질을 행성의 대기에 퍼뜨릴 수 있다. 우리와 CFC의 경우는 실수였지만, 문명은 여러 가지 이유로 의도적으로 대기에 화학물질을 추가할 수 있다(나중에 살펴볼 테라포밍과 같은 경우).

자, 여기서 중요한 점이 있다. 문명이 대기에 배출하는 대기 화학 물질 중 일부는 우주를 가로질러 감지 가능하다. 내가 이 사실을 확실히 알고 있는 이유는 우리의 NASA 기술 흔적 연구 그룹에서 처음으로 나온 결과 중 하나이기 때문이다. 우리는 CFC를 사용했다. 제이콥 하크미스라와 라비 코파라푸가 이끄는 우리 팀은 10광년 떨어진 별 주위를 도는 지구와 같은 행성의 수학적 모형을 만들었다. 그런 다음 현재 지구의 대기와 동일한 수준의 CFC를 그 행성의 대기에 넣었다. 마지막으로 수학적으로 구현한 제임스 웹 우주망원경으로 그 외계 행성을 '관측'했다. 그 결과, 몇 가지 가정을 도입하면 JWST(제임스 웹 우주망원경)를 단 몇 주만 사용해도 시뮬레이션으로 구현한 외계 행성에서 CFC를 충분히 감지할 수 있었다. 만약 이것이 실제 행성이었다면 우리는 외계 문명의 존재에 대한 결정적인 증거를 발견했을 것이다. 우리는 이 결과를 무척 자랑스럽게 생각하며 매우 흥분했다.

우리의 연구 결과는 기술 흔적 과학의 일종의 이정표였다. 과학자들(우리 팀)은 처음으로 현재 지구가 보유한 망원경 기술(JWST)을 사용해 **현재 지구 수준의** 산업 기술(CFC 생산)을 감지할 수 있음을 보여주었다. 이것을 간단한 결론으로 번역하면 이런 의미가 된다. 이제 외계 행성에서 과학적인 외계인 사냥이 가능하다. 외계 행성의 대기 중에 산업용 화학물질이 존재한다는 말은 아니다. 하지만, 만약 적절한 수준으로 존재한다면 우리가 찾을 수 있다는 얘기다.

먼 행성에 문명이 존재한다는 것을 알 수 있게 해주는 건 대기 중의 화학물질만이 아니다. 지구의 밤 사진을 보면 모든 도시와 도시를 잇는 도로가 반짝이는 거미줄처럼 아름답게 빛나는 것을 볼 수 있다. 지구 궤도에 도달한 외계인은 지구의 밤을 보고 지구에 첨단 기술을 가진 종이 있다는 사실을 즉시 알 수 있을 것이다. 우리도 먼 행성에서 도시의 불빛을 찾아 같은 사실을 알아낼 수 있을까? 다시 말해, 인공조명이 기술 흔적이 될 수 있을까? 그 답은 분명하게 '그렇다'이다. 내가 계속 이야기하고 있는 망원경 기술의 발전 덕분이다.

인공조명은 외계 행성에서도 볼 수 있는 강한 스펙트럼을 만들어 낸다. 오늘날 우리가 사용하는 나트륨등이나 할로겐등과 같은 기술은 전 지구적인 영향을 미친다. 이러한 인공조명의 흔적은 이를 사용하는 문명을 가진 외계 행성의 빛에 포함될 것이다. 2021년에 토머스 비티Thomas Beatty는 지금 당장 망원경을 사용해 이러한 기술 흔적을 감지하는 방법을 보여주었다.[2] 하지만 그의 결과에는 한 가지 주의할 점이 있었다. 현재 우리가 가진 망원경으로 외계 인공조명을 보려면 지구보다 훨씬 더 많은 도시 불빛을 가진 행성이 필요할 수 있다. 가장 좋은 방법은 〈스타워즈〉에 나오는 코루스칸트나 아이작 아시모프의 《파운데이션》 시리즈에 나오는 트란토르처럼 전 세계에 걸쳐 거대한 도시가 있는 행성을 보는 것이다. 과학자들은 이런 종류의 행성을 '에큐메노폴리스ecumenopolis'(즉, 도시 세계)라고 부른다. (오늘 대화 중에 '에큐메노폴리스'라는 단어를 자연스럽게 사용한다면 1달러를 드리겠다.)

앞으로 수십 년 동안 망원경 기술이 발전함에 따라 우리는 행성의 빛 속에 숨어있는 기술의 흔적을 찾는 것 이상의 일을 할 수 있게 될 것이다. 현재 건설 중인 차세대 지상 망원경에는 30미터 크기의 거울이 장착될 것이다. 이는 현재의 망원경보다 거의 3배나 크다. 천문학자들은 외계 행성에서 반사되는 빛을 분석하는 데 이러한 괴물과 첨단 기술을 사용해 외계 행성 표면의 저해상도 이미지를 만들 수 있다.[3] 이것이 실현되면 정말 혁명적인 발전이 될 것이다. 괴물 망원경과 새로운 기술로 가장 먼저 할 수 있는 일은 행성의 밤 쪽에서 밝은 영역을 직접 찾는 것이다. 그리고 열원이 있는 지역의 지도를 만들어, 문명을 유지하기 위해 에너지를 활용하는 산업 현장을 추적할 수도 있다. 이런 방식으로 외계 행성의 지도를 만드는 것이 급진적으로 보인다면, 여러분의 본능이 맞다. 만약 여러분이 50세가 안 됐다면, 이 일이 일어나는 것을 볼 수 있을 확률이 꽤 높다.

마지막으로 언급할 만한 행성 기반 기술 흔적은 태양에너지 수집기다. 2017년 마나스비 링암Manasvi Lingam과 아비 로브는 행성 규모의 태양 전지판을 사용하는 문명이 어떻게 명확히 감지 가능한 기술 흔적을 만들어 내는지 밝혔다.[4] 태양빛이 태양 전지판에 닿으면 일부 빛은 흡수되고 일부는 우주로 되돌아간다. 물체에서 반사되는 빛을 생각해 보자. 반사된 빛은 태양 수집기와의 만남의 흔적을 담고 있다. 링암과 로브는 외계인이 태양복사를 수확하는 데 어떤 종류의 물질을 사용하든 이 흔적이 남는다는 것을 보여주었다. 자연은 태양광을 전기로 전환하는 데 적합한 방식으로 반응하는 규소와 같은 특정 종류의 원소만 제공한다. 링암과 로브는 태양에너지 수집기가 반사된 빛에 남기는 흔적을 자외선 가장자리라고 불렀다. 이는 기본적으로 스펙트럼의 자외선 영역 바로 주변에서 반사율이 크게 증가하는 현상이다.

이 결과에서 특히 멋진 점은 우주생물학자들이 지구의 생물권이 지구 스펙트럼에서 강한 '붉은 가장자리'를 만든다는 사실을 한동안 알고 있었다는 것이다. 과학자들은 우리의 우주선으로 지구를 관측하면서 지구가 녹색과 붉은색 파장 사이의 경계에서 햇빛을 반사하는 방식에 큰 변화가 있다는 사실을 발견했다. 이 붉은 가장자리는 지구상 모든 숲의 모든 나무에 있는 나뭇잎에 햇빛이 반사되어 만들어진다. 광합성이 활발하게 일어나는 모든 행성에서 비슷한 일이 일어날 것이다. 붉은 가장자리는 한동안 가장 인기 있는 잠재적 생명 흔적이었다. 이제 링암과 로브 덕분에 자외선 가장자리는 최고의 잠재적 기술 흔적 중 하나가 될 수 있다.

태양계의 인공물

누가 남겼지?

1969년 7월 20일, 닐 암스트롱Neil Armstrong과 버즈 올드린Buzz Aldrin은 달 착륙선을 달 표면으로 안전하게 내렸다. 그들은 깃발을 꽂고 과학 장비를 설치한 다음 착륙선의 하강부(아래쪽 절반)를 표면에 남기고 우주로 다시 날아갔다. 달에 머물렀던 시간은 약 22시간에 불과했다. 그 시간은 분명 중요한 순간이었지만, 그들이 남긴 물건들이 달에 남아있는 기간에 비하면 아무것도 아니다. 침식시킬 바람과 비가 없기 때문에, 암스트롱과 올드린이 남긴 인공물은 아마도 수백만 년 이상 발견 가능한 상태로 온전하게 남아있을 것이다.

이 놀라운 시간 규모는 똑같이 놀라운 질문을 제기한다. 우리 물건이 달에 그렇게 오랫동안 온전하게 남아있다면 다른 누군가 또는 무언가가 달을 방문했을 때 남긴 물건은 어떻게 될까? 쉽게 말해, 오래전에 태양계를 지나간 외계인이 달에 장비를 두고 갔다면 우리가 여전히 그 장비를 찾을 수 있을까?

이것은 태양계 SETI 또는 인공물 SETI라고 불리는 완전히 별개의 기술 흔적 연구 분야에서 제기되는 질문이다. 기본 아이디어는 놀라울 만큼 간단하기도 하다. 태양계 탐사가 다음 단계로 성숙하면, 우리는 그 시간 중 일부를 외계인이 남긴 물건을 찾는 데 사용해야 한다는 것이다. 태양계 SETI 연구자들이 말하는 것이 무엇인지 정확히 알기 위해, 이제 막 가능해지고 있는 탐사의 종류부터 시작해 보겠다. 달은 시작하기에 좋은 곳이다.

아폴로 프로그램 이후 수십 년 동안 달 표면을 촬영하기 위해 많은 로봇 궤도선이 달에 보내졌다. 사진의 품질이 매우 좋아져서 이제는 약 1미터 해상도까지 달 지형에 대한 거의 완전한 지도를 확보하게 되었다. 이 정도의 선명도라면 원칙적으로 달의 3,780만 제곱킬로미터 전체를 탐색하여 우리 이외의 누군가가 남긴 기술의 증거를 찾을 수 있다. 수작업으로 이 작업을 수행한다면 평생이 걸릴 것이다. 아무도 그런 인내심은 갖고 있지 않다. 하지만 인공지능 덕분에 컴퓨터가 이 작업을 대신 해줄 수 있다. 머신러닝을 사용하면 컴퓨터가 표면 사진에서 이상 징후를 찾도록 훈련시킬 수 있다. 여기서 이상 징후란 바위처럼 보이지 않는 것을 말한다. 2021년 NASA 제트추진연구소의 연구팀은 아폴로 11호 현장 주변의 아주 작은 지역을 대상으로 이 작업을 수행했다. AI는 연구팀이 AI에 지시한 비교적 작은 목표 지역에서 착륙 지점을 찾아내는 데 아무런 문제가 없었다. 다음 단계는, 연구팀이 자금을 확보할 수 있다면, 달 전체에 대한 사진을 사용해 동일한 탐색을 수행하는 것이다.

달과 행성 표면에서 외계인 기술로 만들어진 인공물을 찾는 것 외에도 행성 간 우주 공간을 항해하는 외계 기계도 찾을 수 있다. 여기서 문제는 행성들이 태양 주위를 돌면서 끊임없이 중력으로 잡아당긴다는 점이다. 시간이 지남에 따라 이러한 작은 잡아당김은 인공물의 궤도 운동을 불안정하게 만든다. 수십만 년에서 수백만 년이 지나면 외계인이 남긴 대부분의 궤도 인공물은 태양에 끌려 들어가거나 행성에 충돌하게 된다. 이 접근법을 적용하려면 과학자들은 수십억 년 동안 안정된 태양 또는 행성 주위의 궤도를 파악해야 한다. 가상의 외계인 방문자가 실제로 언제 방문했는지 알 방법이 없기 때문에 이러한 긴 시간 규모가 필요하다. 만약 그들이 1억 년 전 공룡이 지배하던 시절에 방문했다면, 그들은 우리가 지금도 그들을 찾을 수 있는 적절한 궤도에 탐사선을 배치해야 했을 것이다.

이제 이 모든 것의 근간이 되는 진짜 궁금증을 풀어보겠다. 외계인이 **정말** 우리 태양계를 방문할 수 있었을까? 나는 이것이 외계 행성 자체에서 기술 흔적을 찾는 것보다 더 먼 미래의 일이라는 쪽으로 생각이 기운다. 외계인을 찾고 싶다면 지구와 같은 외딴 행성이 아니라 외계인이 사는 곳(외계 행성)을 찾아보라.

하지만 나는 2020년 한 기술 흔적 회의 발표에서 태양계에 외계인 유물이 있을지도 모른다는 생각을 처음 진지하게 접했다. 발표자는 지구를 관측하기 위해 다른 문명에서 보낸 가상의 탐사선을 가리키는 용어인 '잠복자lurkers'에 대해 이야기하고 있었다. 그 순간 나는 생명 신호가 있는 행성을 찾게 된다면 가능해지는 대로 그 행성에 잠복할 무언가를 보내야겠다는 생각이 들었다. 성간 우주를 가로질러 로봇을 보내 생물권이 있는 행성을 관찰하고 데이터를 전송하는 것이다. 모든 것이 성공하면 또 다른 로봇을 보내고, 또 다른 로봇을 보내고, 또 다른 로봇을 보낸다. 솔직히 말해서 그 생각에 소름이 돋았다. 외계인으로서의 UFO가 나에게 이해되는 방법이 있다면 바로 이것이었다. 삼각형 머리의 방문자가 납치할 소를 찾는 것이 아니라, 데이터를 수집하기 위해 불가능한 공간을 가로질러 온 기계들 말이다. 이 아이디어를 받아들이기 전에는 왜 우리에게서 숨을 수 있을 만큼 충분히 발전된 것처럼 보이는 이 탐사선들이 은폐 능력이 너무 떨어져서 우리가 항상 볼 수 있는지(4장의 하이빔 논쟁)에 대한 많은 의문을 가지고 있었다. 그리고 그것은 내가 가진 의문들 중 **첫 번째** 의문일 뿐이었다.

하지만 여러분은 UFO가 외계인이라고 믿지 않더라도 태양계 SETI가 여전히 가치가 있다고 생각할 수 있을 것이다. 태양과 그 행성들의 나이는 40억 년이 넘었다. 그 오랜 세월 동안 태양계로 보내지거나 지나가던 항해자들이 남긴 인공물들이 언제든 이곳에 도착했을 수 있다. 오래전에 수명을 다해 작동이 불가능할 수도 있지만 여전히 발견될 수 있다. 최근의 것이든 고대의 것이든, 이것에 대해 어떻게 생각하든, 태양계 SETI 인공물은 기술 흔적 연구의 실행 가능한 흐름이 된다. 우리 기술의 급속한 발전 덕분에(인공지능과 행성 간 탐사) 마침내 이러한 탐사를 본격적으로 시작할 시기가 도래했다.

오무아무아는 외계인 탐사선일까?

방문자가 있다

낯선 물체가 오랜 세월 동안 깊은 우주의 어둠 속에서 별들 사이의 길고 차가운 거리를 조용히 가로지르고 있었다. 해왕성 궤도를 지나 우리 태양계의 영역으로 들어오면서 이제 지구의 고향별인 태양의 빛이 점점 밝아지고 있었다. 하지만 오래 머물지는 못했다. 인류가 은하계 방문객이 있다는 것을 알아차린 후, 태양을 지나 영원히 암흑 속으로 사라지기 전까지 이 침입자를 연구할 시간은 불과 몇 달밖에 없었다.

1973년 출간된 아서 C. 클라크Arthur C. Clarke의 SF 소설 《라마와의 랑데부Rendezvous with Rama》는 이렇게 시작된다. 수 킬로미터 길이의 원통형 외계 우주선이 미지의 목적지를 향해 미지의 임무를 수행하며 태양계를 조용히 통과하여 지나간다. 처음에는 성간 혜성으로 오인한 인류는 우주선을 급히 보내 조사에 착수한다. 35년 후, 우리 우주 공간 가장자리에 갑자기 나타난 오무아무아를 통해 삶은 예술을 모방하게 된다.

하와이 마우이섬의 할레아칼라화산 꼭대기에 위치한 파노라마 관측 망원경 및 신속 대응 시스템, 즉 팬스타스PAN-STARRS 망원경이 있다. 하와이 대학교에서 운영하는 이 망원경은 지속적으로 하늘을 훑으며, 빠르게 변하거나 나타났다가 빠르게 사라지는 순간적인 천체를 찾도록 설계되었다. 2017년 10월 19일 밤, 팬스타스 망원경은 이전에 볼 수 없었던 천체를 발견했다. 1I/2017 U1로 명명된 이 천체는 태양 주위를 도는 혜성이나 소행성이 아니라 다른 궤도를 가진 천체였다. 속도와 움직임으로 볼 때 1I/2017 U1은 분명히 그냥 지나가는 천체였다. 절대 태양계의 일부가 아니었다. 그것은 방문객이었다.

10월에 발견된 이 천체는 태양계에서 발견된 최초의 진정한 성간 침입자로, 큰 뉴스가 되었다. 처음에 일부 천문학자들은 이 천체의 이름을 '라마'로 지으려 했지만, 곧 하와이어로 '정찰병'이라는 뜻의 오무아무아로 의견이 모아졌다. 오무아무아가 등장한 지 하루도 되지 않아 천문학계는 발칵 뒤집혔다. 천문학자들은 이 천체가 별들 사이의 허공으로 다시 사라지기 전에 최대한 많이 관측하기 위해 노력을 기울였다. 연구자들의 주된 목표는 가장 기본적인 질문에 답하는 것이었다. 그것이 무엇이었을까? 이론적 연구에 따르면, 혜성과 소행성은 태양계를 벗어나 성간 공간으로 쉽게 날아갈 수 있다고 오랫동안 예측되어 왔다. 방출의 주범은 목성 크기 행성과의 근접한 만남이 될 것이다. 그러나 데이터가 들어오기 시작하자 오무아무아는 쉽게 분류될 것 같지 않았다.

첫 번째 이상한 점은 모양이었다. 천문학자들은 오무아무아에서 반사되는 빛을 주의 깊게 관찰한 결과, 이 천체가 극단적인 길이의 비를 가지고 있다는 사실을 알아냈다. 이것은 시가처럼 길고 가늘거나 팬케이크처럼 평평하고 둥글다는 말을 멋지게 표현한 것이다. 자연이 이런 모양을 만들기는 쉽지 않으며, 태양계에서 오무아무아처럼 생긴 천체는 지금까지 발견된 적이 없다.

두 번째는 그것의 움직임이었다. 소행성처럼 '죽은' 물체가 태양 궤도를 돌 때 발생할 수 있는 유일한 가속도(속도 변화)는 중력에 의한 것이다. 태양의 중력은 소행성을 태양 쪽으로 끌어당긴다. 행성들도 자체적으로 잡아당기는 힘을 발휘한다. 좋은 컴퓨터를 사용하면 일반적으로 물체의 운동에 관여하는 중력 영향을 모두 추적하고 모든 가속도를 예측할 수 있다. 중력으로 설명할 수 있는 것보다 더 큰 가속도가 보인다면 물체가 죽지 않았다는 뜻이다. 불체 표면에서 무언가 일어나고 있는 것이 틀림없다. 이는 기본적으로 산 크기의 더러운 얼음 덩어리인 혜성에서 자주 발생한다. 혜성이 태양에 가까이 다가가면, 따뜻해지고 일부 얼음이 기화된다. 증기 제트가 혜성 표면을 뚫고 나오기 시작한다. 각 제트는 작은 로켓 모터처럼 혜성을 이쪽 또는 저쪽으로 밀어내는 역할을 한다. 이러한 비중력 가속은 항상 제트가 분출하는 수증기와 기타 화합물의 구름으로 감지할 수 있다.

오무아무아를 추적하던 천문학자들은 꾸준한 비중력 가속을 목격했다. 이것은 오무아무아가 실제로 먼 항성계에서 튀어나온 혜성의 핵이라는 쉬운 결론으로 이어졌어야 했다. 그러나 기체나 증기 제트를 찾으려 한 천문학자들은 아무것도 발견하지 못했다. 제트가 있었다면 눈에 보이지 않는 것이었다.

그래서 오무아무아는 천문학자들에게 딜레마를 안겨주었다. 천문학자들은 하늘에서 새로운 것을 보았지만 그 속성을 완전하게 설명할 수 없었다. 이것은 그들에게 그렇게 심각한 상황이 아니었다. 천문학자들은 이해하지 못하는 것을 자주 본다. 간단하고 쉽고 이해할 수 있는 설명을 다 사용한 후에야 그들은 "세상에!"라고 가장 잘 표현되는 범주로 넘어간다. 여기서 외계 우주선이 등장한다.

외계 우주선은 아비 로브가 슈무엘 비알리Shmuel Bialy와 함께 연구할 때 적극적으로 고려했던 가능성이었다. 로브는 하버드 천문학과의 학과장이었고, 비알리와 함께 쓴 논문에서 빛의 돛으로 오무아무아를 설명할 수 있지 않을까 제안했다. 4장에서 설명했듯이 빛의 돛은 행성 간 추진 수단으로 오랫동안 떠돌던 아이디어이며, 지구 궤도에서 몇 가지 실험도 진행했다. 로브와 비알리 입장에서는 오무아무아가 다른 종족이 발사하여 우리 태양계를 통과하는 이와 같은 종류의 기계일 가능성을 고려해 볼 만한 가치가 있었다. 이는 보야지안 별과 관련해서 일어난 일, 그 별의 기이한 식현상 흔적, 외계 거대 구조물에 대한 제안과 크게 다르지 않은 것이었다. 이 경우의 차이점이자 많은 사람들을 당황하게 만든 것은, 오무아무아는 한 번 떠나면 완전히 가버린다는 점이었다. 1년도 되기 전에 너무 멀리 떨어져서 최고 성능의 망원경으로도 볼 수 없었다. 우리는 다시는 오무아무아의 소식을 들을 수 없을 것이다.

새로운 데이터가 없는 상황에서 남은 것은 오래된 데이터뿐이었다. 현재까지의 정보를 바탕으로 대부분의 과학계는 오무아무아가 외계 혜성의 타버린 핵이라고 생각한다. 이 물체의 모양과 비중력 가속도에 대한 다양한 설명이 제시되고 있다. 예를 들어 일부 연구자들은 오무아무아가 우리에게 더 익숙한 물이나 이산화탄소(드라이아이스)가 아닌 질소 얼음으로 만들어졌다고 주장하기도 했다. 물이나 이산화탄소와 달리 질소 기체는 감지하기가 정말 어렵기 때문에 이것이 해결책이 될 수 있다는 것이다. 하지만 로브와 비알리는 질소 얼음으로는 혜성이 형성될 수 없다고 주장한다. 일반적으로 로브는 그 어떤 '자연적' 설명도 오무아무아의 특성을 설명하지 못한다는 주장을 계속하고 있다. 그에게 가장 합리적이고 가장 좋은 설명은 그것이 실제로 우리 뒷마당을 돌아다니던 외계인의 인공물이라는 것이다.

오무아무아는 우리의 손이 닿지 않는 곳에 있기 때문에(탐사선을 보내서 잡자는 제안도 있었지만), 그 정체에 대한 질문에 확실히 답할 방법이 없다. 내가 보기에, 새로운 정보가 부족한 상황에서 내가 계속 이야기하는 증거 기준은 외계인 가설의 타당성을 떨어뜨린다. 일단 오무아무아에 대해 단정적으로 결론을 내릴 수 있는 데이터가 충분하지 않다. 외계인의 빛의 돛 비행 가능성을 배제할 수는 없지만 최우선 순위로 삼아서는 안 된다는 말이다. 여전히 물음표로 남아있는 가능성이다.

하지만 이 시점에서 오무아무아는 더 이상 중요하지 않다. 우리는 이미 태양계를 통과하는 또 다른 성간 방문자를 발견했다. 2I/보리소프라고 불리는 이 혜성은 외계 혜성으로 확인되었다. 2개가 있었다면 의심할 여지 없이 다른 것도 또 있을 것이다. 이제 알았으니 지켜볼 것이다. 아마도 다음 방문자 또는 그 이후의 방문자는 진정으로 라마라는 이름을 얻을 수 있는, 지능을 가진 인공물이 될 것이다.

테라포밍
거주 가능한 행성 만드는 방법

좋은 행성은 찾기가 어렵다. 정착할 새로운 세계를 찾으려는 인간이나 대체 거주지를 찾는 외계인 모두에게 대부분의 행성은 적합하지 않다. 태양계의 수성처럼 대기가 전혀 없는 행성도 많다. 그리고 대기가 있는 행성이라도 인류가 호흡하는 데 필요한 기체가 없을 수도 있다. 우주를 여행하는 발전된 문명은 무엇을 해야 할까? 새로운 세계를 고향처럼 만들어야 한다.

테라포밍이라고 불리는 이 과정은 SF의 주요 소재로, 〈에일리언Aliens〉, 〈스타 트렉〉, 〈파이어플라이Firefly〉 같은 영화와 TV 프로그램, 〈호라이즌 제로 던Horizon Zero Dawn〉, 〈아우터 월드The Outer Worlds〉 같은 비디오게임에도 등장한다. 일론 머스크Elon Musk는 화성 테라포밍에 대해 적극적으로 목소리를 높여왔으며, 이는 충분히 발전된 문명이라면 해낼 수 있는 일처럼 보이기도 한다. 그렇다면 테라포밍의 효과는 분명 눈에 띌 정도로 밝게 깜빡이는 기술 흔적이 될 수 있다. 하지만 행성 규모의 공학을 통해 지적 생명체를 찾는 방법을 이해하려면 먼저 테라포밍이 어떻게 작동하는지 이해해야 한다.

형편없는 행성을 낙원으로 바꾸고 싶다고 해보자. 무엇을 해야 할까? 바꾸려면 어떤 단계와 어떤 기술이 필요할까?

행성에 대기가 없는가?

진짜 '초보' 행성을 손에 넣은 것 같다. 가장 먼저 해야 할 일은 혜성을 찾아서 궤도를 바꾸어 행성에 충돌하도록 하는 것이다. 혜성은 이산화탄소CO_2와 물H_2O로 가득 차있는데, 이 기체 둘 다 행성에 멋진 담요를 만드는 데 필요하다. 이산화탄소는 훌륭한 온실기체이기도 하므로 낮의 온도를 쾌적하게 유지하도록 해준다. 물은 쉽게 분해되어 산소를 방출하므로 호흡과 같은 것에 도움이 될 수 있다. 물론 '행성에 혜성들이 떨어지는' 종말 같은 테라포밍의 단계에 지표면에 머물고 싶지는 않겠지만, 연기가 걷히고 나면(몇 세기 정도 지나면) 괜찮아질 것이다.

행성 자체의 얼어붙은 매장지에서 필요한 것 일부를 얻을 수도 있다. 대기를 구성하기 좋은, 행성물리학자들이 '휘발성 물질'이라고 부르는 많은 물질이 행성 깊숙한 곳에 묻혀있을 수 있다. 휘발성 물질은 질소, 이산화탄소, 암모니아, 메탄과 같이 상대적으로 낮은 온도(즉, 상온)에서 기체가 되는 물질이다. 메탄과 암모니아는 인간에게는 끔찍하지만(전자는 방귀 같은 냄새가 나고 후자는 폐를 갉아먹는다), 외계인에게는 집에서 요리하는 냄새일 수 있다. 화성을 테라포밍 하려는 계획은 종종 화성의 광대한 얼음 덮개에서 발견되는 이산화탄소를 녹이는 데 의존한다는 점에 주목할 필요가 있다. 안타깝게도 새로운 연구에 따르면 화성에는 테라포밍 작업을 완료하기에 충분한 양의 이산화탄소가 저장되어 있지 않을 수 있다.

행성에 대기는 있는데 유용하지 않은 것인가?

행성에 이미 대기가 있지만 맞지 않는 종류인 경우에도 앞의 단계를 따라야 할 수 있다. 테라포밍은 우리가 원하는 대기와 기후를 얻는 일이다. 행성이 화성과 같다면, '공기'는 있어도 표면을 따뜻하게 유지하기에는 너무 적을 것이다. 그리고 우리 같은 생명체가 살 수 있을 만큼 산소가 충분하지도 않을 것이다. 그러므로 녹은 다음 기화하여 대기 중으로 배출할 수 있는 물질을 찾아야 한다. 만약 그런 것이 없다면 혜성을 이용해야 한다.

하지만 금성과 같은 행성의 경우에는 이야기가 달라진다. 금성은 대기가 **너무 많고** 죄다 이산화탄소로 이루어져 있다. 금성과 같은 행성을 테라포밍 하려면 태양빛을 차단하기 위해 궤도에 거대한 차양을 설치해야 한다. 그러면 이산화탄소가 냉각되어 대기에서 응축돼 나올 것이다. 표면을 덮는 일종의 거품 드라이아이스만 남는다. 그러면 그 모든 이산화탄소를 퍼내서 묻어야 한다. 확실히 행성 전체의 드라이아이스를 치우는 것은 기술이 부족한 종이 할 수 있는 일이 아니다. 상당히 진보한 종만이 이 작업을 해낼 수 있다.

대기를 만들어 내야 할 수밖에 없다면 생물권으로 가는 길도 유전적으로 만들어 내야 할 것이다. 정원이 있는 세상을 원한다면 정원을 심어야 한다. 생명이 사는 행성이란 수백만 종의 다양한 생물종이 함께 살아가는(서로를 잡아먹는) 풍요로운 생물권을 의미한다. 고향 행성에서 그냥 동식물을 가져올 수는 없으므로 새로운 세계에서 생물권을 시작하려면 일부 미생물을 유전적으로 변형해야 한다. 이 미생물이 활성화되면 대기 중으로 적절한 종류의 원소를 순환시키는 데도 도움이 될 수 있다. 이것이 바로 지구에서 일어나는 일이며, 대기 중의 산소는 생명체의 활동에서 비롯된다. 이것이 바로 여러분이 따라야 할 모형이다.

바로 이거다. 꽤 쉽지 않은가? 과정을 시작하고 몇 세기(또는 수천 년)를 기다리면서 필요한 부분을 조정하면, 만세, 새로운 세계에서 살 준비가 완료된다.

그렇다면 테라포밍이 어떻게 기술 흔적이 될 수 있을까? 질 타터가 제안한 한 가지 가능성은 멀리 있는 별의 주위를 도는 똑같은 행성들을 발견하는 것이다. 우리 태양계의 암석 행성들을 살펴보면 서로 매우 다르다. 수성은 대기가 없다. 금성은 대기가 너무 많고 온실효과가 심하다. 지구는 대기와 바다가 있다. 화성은 대기가 희박한, 얼어붙은 건조한 사막이다. 이러한 차이를 감안할 때, 암석 행성 4개가 있는 또 다른 태양계가 발견되었고 그 행성들 모두 똑같은 대기와 기후를 가지고 있다고 생각해 보자. 이 행성들 모두 산소 함유량이 21%이고 평균 표면 온도가 15도라고 해보자. 이런 똑같은 조건이 저절로 발생할 가능성은 거의 없으므로 이는 특정 조건을 만들기 위해 행성들이 의도적으로 가공되었다는 것을 의미한다.

테라포밍이 기술 흔적이 될 수 있는 또 다른 방법은 활동 중인 외계인을 찾아내는 것이다. 예를 들어 화성을 테라포밍 하기 위해서 인공적인 온실 화학물질을 대기에 주입해 행성을 따뜻하게 만들 수 있다. 우리는 이미 이러한 화학물질을 CFC 형태로 많이 보유하고 있다는 사실을 기억하라. CFC는 이산화탄소보다 온실효과를 훨씬 더 잘 내기 때문에 테라포밍 되는 행성의 대기에서 관측될 가능성이 있다.

안타깝게도 테라포밍이 실제로 가능한지는 아무도 모른다. 어쩌면 행성의 기후는 이런 식으로 만들어질 수 없을지도 모른다. 어쩌면 원하는 대기를 만들 수 있다고 해도 한 세기 정도 지나면 불안정해져 붕괴해 버릴 수도 있다. 하지만 우리가 행성 공학이라는 작은 실험에서(즉, 기후변화에서) 살아남는다면 화성에서 이러한 질문에 대한 답을 얻을 수 있을지도 모른다. 더 좋은 점은, 테라포밍은 매우 기본적인 아이디어이기 때문에 우주를 여행할 수 있는 종족이라면 모두 시도해 보고 싶어 할 것이라 기대할 수 있다는 것이다.

여기까지다. 거대 구조물, 대기오염, 도시의 불빛, 태양 전지판으로 덮인 세계, 그리고 테라포밍. 이 장에서는 상상 속의 다른 세계에서 나올 수 있는 다양한 기술 흔적을 살펴보았다. 그 과정에서 생명체가 서식하는 행성을 변화시키면서 기술 흔적과 생명 흔적이 어떻게 다시 생명체로 연결되는지 파악할 수 있었다.

여기서 중요한 점은, 생명체는 거대하고 못된 행성의 그림자 속에 숨어있는 연약한 토끼가 아니라는 것이다. 대신 근육이 있다. 생명체는 힘이 있고, 그 힘은 세상을 완전히 재편할 수 있으며, 그 결과는 우리가 살고 있는 지구에서도 볼 수 있다.

이것은 단순한 아이디어가 아니다. 이러한 외계 생명체의 흔적을 찾는 것은 바로 지금 우리가 JWST를 통해 할 수 있고 또 하고 있는 일이다. 그러나 제임스 웹 망원경은 우리가 실제로 실행하는 데 필요한 능력의 가장 안쪽 가장자리에 있다. 다음 단계로 나아가게 해줄 것은 바로 지금 건설 중인 기계들이 될 것이다. 초거대 망원경Extremely Large Telescope 프로젝트 같은 것 말이다. JWST의 후계자가 될 NASA의 거주 가능 세계 관측 망원경Habitable Worlds Observatory처럼, 현재 설계 단계에 있는 프로젝트는 훨씬 더 나은 결과를 가져올 것이다. 2040년경에 발사될 예정인 이 망원경은 생명체 탐지를 최우선 과제로 삼아 설계되고 있다. 그때쯤이면 나는 늙어서 살짝 정신이 없을지도 모르지만, 여러분 중 많은 분들은 그렇지 않을 거라고 확신한다. 데이터가 들어올 때 여러분은 가장 가까운 곳에서 지켜보게 될 것이라는 말이다.

정말 멋진 쇼가 될 것이다.

외계인도
그럴까?

외계인을
찾는다면
무엇을
발견하게 될까?

THE LITTLE BOOK OF ALIENS

책을 집어 들었을 때 가장 먼저 펼친 장이 이 장인가?

판단하려는 게 아니라 그냥 말하는 것이다….

그리고 내가 말하려는 것은 이것이다. 물론 외계인이 어떻게 섹스하는지 알고 싶을 것이다. 우리 모두 그렇다. 정말로 우리가 원하는 것은 외계인이 **무슨 일이든** 어떻게 하는지를 아는 것이다. 외계인이 하는 모든 일은 외계의 것이어야 하기 때문이다. 외계인의 행성과 역사가 얼마나 다를지를 감안했을 때, 외계인에 대해서 지어낸 이야기가 아니라 우리가 말할 수 있는 것이 있을까? 외계인이 어떻게 생겼는지, 무엇을 하는지, 어떻게 행동하는지에 대한 우리의 생각을 과학으로 안내할 수 있을까?

지구를 보면 생물학적 형태와 기능이 놀랍고, 아름답고, 엄청나게 다양하다. 아메바부터 문어, 대머리독수리, 주머니에 컴퓨터를 넣고

다니는 인간에 이르기까지 지구상의 생명체는 그 범위가 매우 넓다. 외계 세계도 마찬가지로, 아니 그보다 더 다양할 것이라고 예상해야 하지 않을까? 할리우드의 외계인을 보면 우리의 상상력(혹은 예산)이 그러한 다양성을 묘사하는 데 얼마나 제한되어 있는지 알 수 있다. 대부분의 영화와 TV 속 외계인은 이마나 귀에 보철물을 붙인 인간일 뿐이다(스팍 씨, 당신 말이야). 영화 〈에일리언〉에 등장하는 외계인처럼 가장 매력적인 할리우드 외계인들도 여전히 인간의 기본적인 신체 구조를 가지고 있다. 그러니까 외계인의 생리와 행동에 대한 우리의 기대치를 과학이 더 잘 안내할 수 있는지 살펴보자. 성공의 열쇠는 물리학, 화학, 생물학적 진화의 교차점을 탐색하는 데 있다.

그럼 화학부터 시작해서, 탄소가 왜 그렇게 특별한지 자문해 보자.

탄소 기반 생명체를 넘어서?
사랑의 분자

"탄소를 기반으로 하지 않는 생명체는 어때요?"

내가 우주생물학에 대해 강연할 때 사람들이 가장 먼저 하는 질문 중 하나다. 훌륭한 질문이고, 나는 항상 이 주제에 대해 이야기하는 것을 즐긴다. 사실 천문학자와 생물학자들은 생명체가 구성 요소로 어떤 원자를 선택할지 오랫동안 고민해 왔다. 고려할 만한 몇 가지 대안도 있지만, 여러분과 나를 비롯한 지구상의 모든 생명체가 탄소로 만들어진 데에도 정말 훌륭한 이유가 있다. 이러한 이유로 탄소 기반 외계인으로 가득 찬 우주가 가능성이 높기도 하다.

이 모든 것은 간단한 사실로 귀결된다. 탄소는 결합하기를 정말 좋아한다. 그렇다고 판단력이 없다는 말은 아니다. 탄소는 불소처럼 아무데나 붙지 않는다(그래서 불소는 매우 위험할 정도로 부식성이 강하다). 탄소를 독특하게 만드는 점은 산소, 질소, 인, 황과 같은 주요 원소, 그리고 심지어 자기 자신과도 안정적이고 유연한 결합을 형성하는 능력이 있다는 것이다. 강력하고 유연한 결합 덕분에 탄소는 생화학을 구축하기에 완벽한 후보가 된다.

원소가 생명의 기초가 되려면 다른 [원소의] 원자와 쉽고 올바른 방식으로 결합해야 한다. 모든 형태의 생화학은 매우 다양한 종류의 복잡한 분자를 만들 수 있는 수많은 빠른 반응을 기반으로 해야 한다. 또한 이러한 분자는 근육 조직을 만드는 것부터 정보 저장에 유용한 것까지 온갖 일을 하는 더 큰 분자 기계 안팎으로 조각을 교체할 수 있는 모듈형이어야 한다.

탄소는 이러한 특성을 모두 갖추고 있다. 그럼에도 불구하고 탄소가 생명의 기초로서 그토록 강력한 힘을 발휘하는 이유를 제대로 이해하고 다른 대체 물질이 존재하는지 알아보려면 원소 주기율표를 살펴봐야 한다. 미안하다.

많은 사람들과 마찬가지로 나도 어릴 적부터 화학을 싫어했다. 암기해야 하는 그 모든 것과 화학 공식에서 끝없이 맞춰야 하는 전자의 균형. 대학 시절 일반 화학 수업에서 낙제해서 다시 들어야 했다. 하지만 시간이 지나 물리학 연구가 외계 행성과 우주생물학 연구로 바뀌면서 나는 화학을 아름답고 화려한 자연의 기적으로 바라보게 되었다. 주기율표만큼 그 아름다움과 힘을 잘 보여주는 것은 없다. 깔끔하게 정돈된 행과 열은 자연의 숨겨진 질서라는 놀라운 비밀을 우리에게 알려준다. 각기 다양한 색을 가진 열과 이빨이 빠진 미소처럼 큰 간격을 가진 행은… 어떤 메시지를 담고 있을까?

주기율표의 구조는 물질세계를 구성하는 원소들의 심오한 구조를 반영한다. 더 중요한 것은 이 구조가 **우주 전체**를 관통하는 질서라는 점이다. 우리가 어디를 보든, 얼마나 멀리 보든 항상 같은 속성을 가진 같은 원소를 찾을 수 있다. 지구에 있는 실험실에서 발견하는 것과 동일한 원소의 빛 신호를 먼 은하계에서 발견할 수 있기 때문에 우리는 이 사실을 알 수 있다. 원소 주기율표는 정말로 보편적인 것이다.

우주 원소들의 보편적인 특성은 외계 생명체가 만들 수 있는 생화학의 종류에 대해 많은 것을 알려준다. 예를 들어 주기율표의 가장 오른쪽 열에는 헬륨, 네온, 아르곤과 같은 '불활성기체'가 있다. 이 원소들은 다른 원소들과 거의 결합하지 않는다. 이들은 남들과 섞이는 것을 좋아하지 않는다. 왜 불활성기체들은 다른 원소와 쉽게 결합하지 않을까? 그것은 핵 주위를 도는 외곽 전자의 배열 때문이다. 이 전자들은 불활성기체를 불활성 상태로 유지한다. 세부적으로 들어가지 않더라도 원자에서 원자핵에 대한 전자의 위치는 화학적 성질에 관해 많은 것을 알려준다. 크립톤 기반 생명체를 찾으려는 노력을 할 필요가 없는 이유다.

이제 왼쪽으로 넘어가 탄소가 있는 열로 이동해 보겠다. 탄소를 생명체에 유용하게 만드는 무차별성, 유연성, 탄력성은 4개의 외곽 전자가 화학결합을 쉽게 할 수 있도록 적절한 위치에 배치되어 화학적 쌍을 이루는 데서 비롯된다. 주기율표의 해당 열에 있는 다른 원소도 모두 탄소와 마찬가지로 (원자 구조에서 볼 때) 적절한 위치에 4개의 전자를 가지고 있다.

탄소 바로 아래에 있는 원소는 규소다. 이 위치 때문에 사람들이 탄소가 아닌 생명체에 대해 이야기할 때 항상 규소를 언급한다. 규소는 탄소와 같은 전자 배열을 가지고 있기 때문에 (자신도 포함하여) 다른 원소들과 비슷한 종류의 강력하고 유연한 화학결합을 형성할 수 있다. 그러나 주기율표는 규소가 생명체가 되기에는 정말 쉽지 않을 수 있는 이유도 보여준다.

규소의 한 가지 문제는 탄소만큼 친화적이지 않다는 것이다. 규소는 4개의 결합 가능한 전자를 가지고 있지만 원자가 더 크고 무겁다. 이는 규소가 안정적으로 결합할 수 있는 다른 원소의 수가 적다는 것을 의미한다. 이는 주기율표 열 아래쪽으로 내려갈수록 더욱 분명해진다. 규소가 사용할 수 있는 화학결합의 종류가 상대적으로 제한적이라는 것은 규소가 만들 수 있는 분자 기계의 종류에 제한이 있다는 의미로 해석된다. 이는 5장에서 설명한 길고 끈끈한 원자 사슬인 '고분자'를 만들 때 중요하다. 탄소 고분자는 온갖 기발한 일을 한다. 이러한 고분자 공이 취하는 특정 모양은 특정 단백질에 특정 기능을 부여한다. 예를 들어 헤모글로빈 단백질은 혈액 속 산소를 효율적으로 운반하는데 이는 헤모글로빈이 스스로 접히는, 이상하지만 매우 정확한 방식 때문에 가능한 일이다. 이러한 접힘은 헤모글로빈의 사슬형 고분자의 탄소 결합으로 인해 가능하다. 규소는 결합이 더 부서지기 쉽기 때문에 이런 종류의 길고 유연한 사슬을 만드는 데 사용될 수 없다.

그리고 규소는 헤엄도 잘 못 친다. 탄소화합물은 물에 떠다니면서 수많은 생화학적 운동을 한다. 하지만 규소 화학은 물이 있는 환경에서 불안정하다. 규소로 만든 화합물은 물속에서 쉽게 분해되는 경향이 있다. 대신 규소는 고체 형태(즉, 결정)로 짝을 이루는 경향이 있다. 모든 규소 생화학을 액체가 아닌 고체에서 수행해야 한다면 그 범위가 심각하게 제한될 수 있다. 예를 들어, 노폐물 제거, 호흡, 오줌, 똥을 누는 것을 생각해 보라. 규소 기반의 생물이라면 이러한 모든 활동이 딱딱하고, 훨씬 더 많은 에너지를 필요로 할 것이다. 규소 동물은 말 그대로 모래로 숨을 쉬고 벽돌 똥을 싸야 한다.

그렇다고 해서 규소로 생명체를 만들 수 없다는 뜻은 아니다. 규소 생명체는 생화학의 속도가 훨씬 느린 추운 환경에서만 형성될 수 있을지도 모른다. 토성의 큰 위성인 타이탄처럼 평균기온이 영하 180도를 오가는 곳에 존재할 수도 있다. 어쩌면 타이탄에는 벌레 눈을 가진 괴물보다는 살아있는 바위처럼 보이는, **매우** 느리게 움직이는 커다란 생명체가 살고 있을지도 모른다. 〈스타 트렉〉의 오리지널 시리즈에 이런 외계인이 등장하는 '어둠 속의 악마'라는 멋진 에피소드가 있었다.

이보다 더 급진적인 아이디어도 있다. 유명한 SF 소설인 《블랙 클라우드The Black Cloud》에서 천문학자 프레드 호일Fred Hoyle은 살아있을 뿐만 아니라 의식도 있는 성간 기체 구름을 상상했다. 구름을 흐르는 전류가 구름의 신경계의 기초를 형성했다. 이 아이디어는 생각해 보면 분명 재미있지만, 진화가 어떻게 그런 지각 있는 구름을 만들어 낼 수 있었는지 이해하기는 매우 어렵다.

이 모든 것을 종합하면, 탄소 기반이 아닌 생명체에 대한 고려는 우리를 겸손하게 만든다. 자연은 인간보다 훨씬 더 창의적이다. 자연은 생명을 만드는 방법과 장소에 대해 우리보다 더 영리할 가능성이 높다. 다른 한편으로 우리는 너무 겸손해서는 안 된다. 화학의 규칙은 우주적인 것이지 우리에게만 해당되는 것이 아니다. 우리 모두를 고등학교 때 잠 설치게 만든 원소 주기율표에 구현된 그 규칙이 절대적 권위를 가질 것이다. 외계 생명체는 분명 낯설 수 있지만 우리가 상상하는 것보다 낯설지 않을 수도 있다.

말하는 회전초^{tumbleweeds} 혹은 날아다니는 숲
외계인은 어떻게 생겼을까?

우리는 화학적으로 외계인이 우리와 같은 탄소 기반으로 만들어졌을 가능성이 가장 높다는 점을 살펴보았다. 그런데 외계인들은 어떻게 생겼을까? 다리를 가지고 있을까? 날개가 있을까? 뾰족한 귀와 이마에서 튀어나온 안테나를 가지고 있을까? '앞'이 있는 머리를 가지고는 있을까? 아니면 움직이는 관목처럼 보이거나, 더 이상한 모양을 하고 있을까? 이런 질문에 답하기 위해 우리는 물리학과 화학에서 생물학적 진화의 우아한 논리로 넘어간다.

1859년 찰스 다윈이 개척한 진화론(1838년에 공식화하기 시작했지만)이 없었다면 그 어떤 생물학도 무의미했을 거라는 말이 있다. 다윈의 진화론은 두 가지 간단한 용어로 요약할 수 있다. 첫 번째는 '변화를 동반한 유전'이다. 생명체는 자신의 특성을 자손에게 물려줌으로써 스스로를 번식한다. 아기 새는 날개를 얻는다. 아기 물고기는 아가미를 얻는다. 이것이 바로 '유전' 부분이다. 하지만 때때로 번식과 관련된 복제가 엉망이 되기도 한다. 예를 들어, 아기 까마귀는 부모보다 훨씬 길거나 짧은 부리를 갖고 태어날 수 있다. 이것이 바로 '변화' 부분이다.

다음은 여러분이 틀림없이 들어본 것이다. '적자생존'이다. 이는 단순히 환경이 변화하면 그 변화에 가장 잘 적응하는 유기체가 계속 번식하게 된다는 것을 의미한다. 부리가 긴 쪽이 새로운 환경에서 더 유용하다면 부리가 긴 까마귀가 번성할 것이다. 몇 세대가 지나면 부리가 긴 까마귀만 볼 수 있을 것이다. 부리가 짧은 까마귀는 세대를 거듭할수록 경쟁에서 밀려나 마침내 사라지게 된다.

이것이 바로 진화다. 그런데 이것이 외계인에게도 적용될까?

번식하지 않거나 환경에 반응하지 않는 것을 생명체라고 부르는 것은 상상하기 어렵다. 이 두 가지 특성은 지금까지 제시된, 생명체에 대한 거의 모든 정의의 일부다. 그리고 이것은 다윈의 진화와 관련되지 않은 생명체는 상상하기 어렵다는 뜻이기도 하다. 환경에 더 잘 적응하면 더 많이 번식한다. 더 많이 번식하면 대를 이어가게 되고 생명의 게임에서 승리하게 된다. 이 모든 것을 종합해 보면, 다윈의 진화논리는 생명의 보편적인 현상으로 적용되어야 하는 것으로 보인다. 우주 어디에서든 생명체가 나타나면 적자생존과 변화를 동반한 유전을 통해 형성될 것이다. 다시 말해, 다윈은 외계인을 지배한다.

이제 우리는 진화의 보편적 법칙을 물리학의 보편적 법칙과 화학의 보편적 법칙과 결합해 볼 수 있다. 이를 위해 우리 모두가 동의할 수 있는 것에서부터 시작하겠다. 물질이다.

외계 행성은 물질로 만들어질 것이다. 우주의 모든 것이 물질로 이루어져 있기 때문에 외계 행성도 물질로 만들어져야 한다. 물질과 물질 조각 사이의 에너지 흐름은 물리적 우주의 기본 구성 요소이다. 물리학과 화학의 법칙을 통해 우리는 물질이 고체, 액체, 기체라는 몇 가지 기본적인 형태로만 존재할 수 있다는 사실을 알고 있다. 그리고 생명을 유지하려면 항상 다른 물질을 먹음으로써 생존에 필요한 에너지를 찾아야 한다는 합리적인 가정을 해보자. 이것은 외계인의 몸이 취할 수 있는 형태를 상상할 때 생각해 볼 기본적인 문제를 제공한다. 물리적, 화학적, 진화적 관점에서 볼 때 외계인이 음식을 찾는 방법은 고체, 액체, 기체 중 어떤 형태의 세계에 살고 있는지에 따라 달라진다.

먼저 기체일 경우를 보겠다.

거대한 대기를 가진 슈퍼 지구와 같이 대부분 기체로 이루어진 행성을 돌아다니고 싶다고 해보자. 가장 먼저 필요한 것은 중력에 대응하는 어떤 방법을 통해, 어둡고 위험한 고압의 행성 깊은 곳으로 가라앉지 않도록 하는 것이다. 기체의 물리학은 이를 달성할 수 있는 특정 방법만을 허용한다. 떠다닐 수 있다. 아래로 기체를 분사하여 위치를 유지할 수 있다. 휘어진 표면 위로 공기가 흐르게 하는 방법을 찾을 수도 있다. 마지막 방법이 익숙하므로 이것을 집중적으로 살펴보겠다.

아래쪽으로 휘어진 표면 위로 공기가 흐르면 아래쪽의 압력이 위쪽보다 높아진다. 이러한 압력 불균형은 표면을 위로 밀어 올려 중력에 대항하는 '양력'을 제공한다. 추상적으로 들릴 수 있지만 내가 여기서 말하고 있는 것은 날개다. 날개는 대기 속에서 이동하는 문제에 대한 하나의 해결책이다. 지구에서의 진화 과정은 날개를 통해 이 문제를 많이 해결했다. 곤충은 날개가 있다. 새도 날개가 있다. 박쥐도 날개가 있다. 사실 날개는 지난 5억 년 동안 네 차례에 걸쳐 서로 다른 계통으로 진화했다. 진화는 비행을 위한 곡면을 발견하여 기체의 물리학을 반복해서 이용했다.

날개가 여러 번 독립적으로 출현한 것은 과학자들이 **수렴** 진화라고 부르는 것의 한 예이며, 외계인에 대해 생각할 때 너무나 중요하다. 수렴 진화는 물리적 세계가 생명체에 제약을 가하여, 문제가 생길 때마다 동일한 문제에 대해 동일한 해결책을 찾도록 유도하기 때문에 나타난다. 지구의 수십억 년 역사에는 이 원리의 예가 여럿 있다. 이미 날개에 대해 설명했지만, 생물학적으로 만들어진 렌즈를 사용하는 다양한 종류의 눈과, (포유류인) 돌고래와 (어류인) 상어의 유선형 몸통도 있다.

수렴 진화는 대기가 있는 행성에서 날개를 가진 생명체를 발견해도 놀라지 말아야 한다고 말한다. 꽤 멋지지 않나. 하지만 수렴 진화 원리는 그 날개가 어떻게 생겼는지 또는 생물학적으로 어떻게 구조화될지 알려주지 **않는다.** 어쩌면 깃털이나 피부로 만들어지지 않고 섬유 프레임에 두꺼운 점액층이 그려진 형태의 비누 필름처럼 보일 수도 있다(내가 방금 생각해 낸 것이다). 세부 사항은 행성마다 다르겠지만 유체의 흐름이 양력을 생성할 수 있는 한, 어떤 종류의 날개는 행성의 진화 메뉴에 포함될 것이다.

하지만 이러한 물리적, 화학적, 진화적 접근 방식을 취하는 것은 그렇게 간단하지 않다. 단순히 "모두에게 날개를!" 하고 선언하고 끝낼 수는 없다. 우주생물학자들은 행성과 행성의 물리학이 어떻게 선택의 폭을 넓힐 수 있는지에 대해서도 오랫동안 열심히 고민해야 한다. 예를 들어, 지구와 비슷하지만 훨씬 더 거대한 슈퍼 지구를 생각해 보자. 우리는 단순히 그런 행성에는 두껍고 튼튼한 생명체가 살 것이라고 예상할 수 있다. 초대형 코끼리가 천둥처럼 질주하듯 높은 중력을 견딜 수 있도록 만들어졌을 것이다. 하지만 진화는 행성의 높은 중력을 완전히 다른 방식으로 이용할 수도 있다. 거대한 지구형 행성의 대기는 원자가 표면을 향해 더 강하게 당겨지기 때문에 지구보다 밀도가 훨씬 높을 것이다. 기체의 물리학은 밀도가 높은 대기에서 양력을 생성하는 일이 훨씬 쉽다는 것을 알려준다. 날개를 펄럭일 필요가 거의 없을 것이다. 비행이라기보다는 수영과 비슷할 것이다. 따라서 슈퍼 지구의 생명체는 지상을 완전히 포기할 수도 있다. 진화는 비행하기 쉬운 조건을 이용하여 아마도 번식을 위해 일생 동안 한두 번만 땅에 닿는 생물로 구성된 생물권 전체를 만들 수 있다.[*]

수렴 진화는 주어진 행성 조건에 따라 진화가 어떤 궤적을 선택할지도 알려주지 못한다. 기체 세계에서는 날개 달린 생물, 풍선 같은 유기체, 바이오 제트를 이용해 공중 부양하는 동물이 등장할까? 지

---

[*] 이것이 바로 넷플릭스 다큐멘터리 〈에일리언 월드(Alien Worlds)〉의 에피소드 2의 전제이다. 꼭 보셔야 한다. 나는 문명에 관한 에피소드에 참여하게 되었는데, 그들은 나를 51구역(미국 네바다주에 위치한 군사작전 지역으로, 민간인의 출입이 통제되어 있다. 외계인을 믿는 사람들이 외계인을 감금하고 있다고 주장하는 곳이다─옮긴이)의 문으로 데려갔다. 나를 쏘는 사람은 아무도 없었다.

구에서 전혀 사용된 적이 없는 해결책은 어떨까? 서로 다른 물리적 위상 사이의 경계에 관한 물리학은 매우 흥미롭다. 바다 밑바닥처럼 고체와 액체, 또는 육지와 대기처럼 고체와 기체 사이의 경계를 따라 이동하려면 다리가 있으면 좋을 것 같다. 지구의 진화는 움직이고 관절이 있는 막대기(다리)를 통해 경계를 가로질러 이동하는 문제를 여러 번 해결해 왔다. 다리의 수는 2개(인간)에서 수백 개(노래기)까지 다양하지만 결국은 모두 다리다. 수렴 진화의 1승이다.

바퀴는 어떨까? 지구상에서 경계를 탐색하는 방법으로 바퀴를 선택한 진화 계통은 존재하지 않는다. 왜 그럴까? 어쩌면 생물학적 분자를 통해 차축에 바퀴를 만드는 것은 불가능할지도 모른다. 바퀴와 차축의 조합을 만들 수 있다고 해도 이를 구동할 구동 벨트를 만드는 것이 불가능할 수도 있다. 진화가 바퀴 문제를 해결하지 못하는 물리학이나 화학적인 이유는 없는 것 같지만, 지구에서는 진화가 이 문제를 해결하지 않기로 결정했다.

이 모든 것은 수렴 진화가 외계인에게 적용할 수 있는 강력한 아이디어이기는 하지만, **항상** 자연이 우리보다 훨씬 더 창의적일 것이라 기대해야 한다는 것을 말해준다. 생명체가 지구와 다른 환경을 가진 행성에 직면했을 때, 우리는 다윈의 진화론이 기본적인 문제를 해결하기 위해 물리학을 활용할 것으로 기대할 수 있다. 하지만 문제가 어떻게 해결되는지 정확히 알 만큼 우리가 충분히 똑똑하지 않을 것이라는 예상도 할 수 있다.

그러나 진화에는 반대 방향으로 작용하는 또 다른 측면이 있다. 이것을 '우연성'이라고 한다. 기본적으로, 여기서 말하는 것은 우연이다. 진화는 무작위 돌연변이를 통해 이루어진다. 이런 식으로 진화는 "눈이 멀었다". 진화에는 계획이 없다. 대신 두 가지 다른 종류의 우연이 반복해서 발생하는 것에 의존한다.

첫 번째 종류의 우연은 무작위 자손에게 나타나는 무작위 돌연변이다. 예를 들어 클링온 아기가 유전자 코드에 무작위 돌연변이를 갖고 태어나 이마에 가시 융기 모양이 나타나는 것을 들 수 있다. 두 번째 종류의 우연은 돌연변이와 환경의 적합성이다. 돌연변이가 우연히 아이가 변화하는 환경에서 생존에 더 적합하도록 만든다면 아이와 돌연변이는 살아남는다. 소행성 충돌로 크로노스 행성이 갑자기 먹구름에 뒤덮이고, 우리 아기 소녀의 이마 융기에는 어둠 속에서도 더 잘 볼 수 있는 신경세포가 가득할 수도 있다. 이제 그 소녀는 생존에 더 적합해졌다.

물론 돌연변이가 아이를 더 적합하게 만들지 못한다면 돌연변이는 종말을 맞이할 수도 있다. 다음 우연은 이전 우연에 기반하여 발생하기 때문에 종의 구체적인 세부 사항(체형과 같은)은 우발적이다. 모든 우연은 정확히 순서대로 일어나야 하며, 그렇지 않으면 상황이 다르게 전개될 수 있다.

그리고 우리는 여기서 수많은 우연에 대해 이야기하고 있다. 진화는 수백만 년, 수천만 년, 심지어 수억 년의 시간 척도에서 이루어진다. 지구상 대부분의 개별 유기체는 수명이 100년 미만이므로 진화가 진행되려면 수많은 세대, 우연한 돌연변이, 우연한 환경 변화가 일어나야 한다.

우연성은 위대한 진화생물학자 스티븐 제이 굴드Stephen Jay Gould

의 주요 관심사였다. 저서 《원더풀 라이프: 버지스 셰일과 역사의 본질Wonderful Life: The Burgess Shale and the Nature of History》에서 굴드는 오늘날에는 더 이상 존재하지 않지만, **현존하는** 모든 생명체의 조상이 되는 화석화된 생물들을 생각했다. 그의 결론은 지구의 역사를 되돌리고 다시 시작한다면 모든 것이 달라졌으리라는 것이었다. (10억 년 전 절벽에서 떨어진 바위나 1억 년 전 돌연변이 공룡을 죽인 번개 같은) 또 다른 우연은 완전히 다른 방향으로 진화를 이끌었을 터다. 다른 지구에는 곰이나 고래, 꿀벌, 인간은 존재하지 않을 것이다. 여전히 많은 생명체가 존재하겠지만, 우리가 익히 알고 있는 생명체는 아닐 것이다.

그러나 진화생물학자 사이먼 콘웨이 모리스Simon Conway Morris는 환경이 유기체에 제공할 수 있는 진화 압력은 몇몇 특정 종류에 불과하며(중력, 저항, 열, 추위) 이러한 압력은 항상 같은 방향으로 진화를 이끈다고 주장한다. 모리스는 굴드와는 정반대의 입장을 취하며 다른 행성에서도 인간의 신체 계획이 반복될 것이라고 주장했다. 그는 우리와 닮은 생명체를 만날 수 있을 것으로 기대해야 한다고 말한다. 모리스가 확실히 생물학자들 사이에서 이런 주장을 하는 소수에 속한다는 점은 주목할 가치가 있다. 그런데 이 모든 논쟁에서 특히 멋진 점은 최근 실험으로 이 논쟁을 끝낼 방법이 등장했다는 것이다.

1988년부터 미시간 대학교의 생물학자들은 '대장균'이라는 박테리아 종의 세대별 진화를 추적해 왔다.[1] 연구팀은 비커에 이 작은 벌레를 채우고 먹이를 주며 행복하게 지내게 한다. 그러면 미생물이 번식하여 계속해서 다음 세대를 만들어 낸다. 연구팀은 가끔씩 일부를 떼어내어 냉동 보관한다. 이렇게 하면 기본적으로 박테리아의 진화

궤적에 대한 스냅샷을 보존할 수 있다. 동결되지 않은 박테리아 개체군은 박테리아 생활을 계속한다. 박테리아는 계속 번식하고 그 과정에서 새로운 특성을 계속 진화시킨다. 예를 들어, 미시간 대학교 과학자들은 박테리아가 훨씬 큰 세포 크기로 진화하는 것을 목격했다.

결국 뚜렷한 개체군이 등장한다. 작은 세포 박테리아의 한 계통과 큰 세포 박테리아의 다른 계통이다. 이러한 진화적 분화가 일어나면 연구자들은 (박테리아의 기준에서) 고대의 조상을 동결 해제하고 생명의 테이프를 다시 돌릴 수 있다. 조상들이 결국 동일한 진화적 차이를 가진 자손을 낳는다면 수렴 진화의 승리일 것이다. 그렇지 않다면 우연성이 진리다. 6만 세대가 넘는 대장균 박테리아의 진화를 지켜본 결과, 지금까지의 증거는 우연적 진화를 지지하는 것으로 보인다. 생물이 진화하는 구체적인 방법에서는 수렴보다 우연이 더 중요하다.

이것이 사실이라면 우리는 정말로 우주에서 유일한 인간이다. 미생물부터 단순한 다세포생물, 대형 다기관 동물에 이르기까지 수십억 회의 우연이 모두 똑같은 방식으로 진행되리라고 기대할 수 있는 다른 세계는 없을 것이다. 다른 세계에서는 진화가 외계인이나 인간 형태로 이어지지 않았을 것이다.

수렴과 우연 사이의 이 싸움은 우리가 예상치 못한 상황에 대비해야 한다는 것을 말해준다. 이것은 드디어 우리를 외계인의 섹스로 돌아가게 해준다.

섹스는 좋은 아이디어이다. 개인적으로가 아니라 모든 생명체에게 그렇다는 말이다. 서로 다른 개체의 유전정보를 혼합함으로써 생명체는 다양한 환경에서 견딜 수 있는 형질의 성공적인 조합을 만들어 내는 능력을 크게 향상시킨다. 다른 행성에서의 진화에서도 생명체가 영원히 복제되는 대신 성sex을 발견할 수 있을까? 수렴 진화론자들은 지구에서도 일어난 만큼, 다른 행성에서도 등장하지 **않기에는** 너무 좋은 전략이라고 주장할 것이다. 하지만 그렇다고 해서 미래의 커크 선장이나 제인웨이 선장이 외계인과 섹스할 수 있다는 의미는 아니다.

생물학적으로 섹스는 서로 다른 개체 간의 유전자 교환으로만 정의된다. 이러한 일이 일어나는 방식은 매우 다양하기 때문에 수렴 진화의 원리는 큰 도움이 되지 않을 수 있다. 박테리아는 수평적 유전자 전달이라고 불리는 일종의 섹스를 하는데, 이는 미생물이 다른 미생물이 '원하는' 유전자를 주변에 뿌려주는 것이다. 박테리아가 아니라면 특별히 로맨틱하게 들리지는 않을 것이다.* 그러니까 외계인한테도 섹스가 있을 것으로 생각되지만, 어떤 형태로 이루어질지는 아무도 추측할 수 없다.

외계인의 마음
외계인과 대화할 수 있을까?

우리는 우주의 외로운 마음이다. 약 30만 년 전 호모사피엔스가 처음 진화한 이래로 우리의 대화 상대는 우리밖에 없었다. 식물과 대화를 나눌 수 없다는 것은 누구나 아는 사실이다(물론 어떤 사람들은

---

* 사실 '뿌리는 것'보다 더 복잡하다. 죽은 박테리아의 유전자를 다른 박테리아가 가져가거나 세포를 연결하여 직접 유전자를 옮길 수도 있고, 한 박테리아에서 다른 박테리아로 유전자를 보낼 수도 있다.

가능하다고 말한다). 그리고 일부 동물은 서로 대화하는 것처럼 보이지만, 사람과 대화할 수 없거나 대화하지 않으려 한다. 나는 내 개가 무슨 생각을 하는지 안다고 생각하지만, 아무리 애써도 녀석은 나에게 한 마디도 하지 않는다.

우리와 비교할 수 있는 다른 지능적인 종이 있다면 얼마나 좋을까? 우리와 진화적, 역사적 경험을 공유하지 않은 누군가(또는 무언가)가 우리에게 무엇을 가르쳐 줄 수 있을까? 어쩌면 그들은 커다란 철학적 질문에 대한 자신들의 견해를 알려줄 수 있을 것이다. 신을 믿는지 안 믿는지 말해줄 수도 있을 것이다. **우리가 아닌 것**이 어떤 것인지에 대해 그들이 말하는 모든 것은 혁명적일 것이다. 별을 건넌 종 사이의 통신에 대한 이러한 꿈은 SETI의 초기 수많은 노력의 핵심이었으며, 여전히 UFO를 향한 막대한 열정을 불러일으키고 있다. 하지만 안타깝게도 외계인에 관한 핵심적인 질문을 무시한 꿈이기도 하다.

그들의 마음은 우리와 비슷할까?

외계인의 마음에 대한 질문은 우리를 일반적인 마음에 대한 질문으로 깊이 빠져들게 한다. 우리 모두는 인간이 자의식을 가진 존재라는 데는 동의하지만, 다른 동물이 얼마나 자의식을 갖고 있는지는 확실하게 알지 못한다. 그리고 (자의식이 있든 없든) 의식이란 정확히 무엇일까? 일부 과학자와 철학자들에게 우리는 기본적으로 고기로 만들어진 컴퓨터다. 그들에게 우리의 뇌는 의식이 있다는 **느낌**을 생성하는 데 적합한 신경 회로를 가지고 있으며, 그것이 전부다. 이 견해에 따르면 만약 내가 당신 뇌의 모든 연결을 알고 그것을 컴퓨터로 다시 만들 수 있다면, 기본적으로 컴퓨터로 **당신을** 다시 만든 것이다.

하지만 의식에 대해 생각하는 또 다른 똑똑한 사람들에게 이것은 희망 사항에 불과하다. 그들이 보기에 마음은 단순한 신경 하드웨어와 소프트웨어 그 이상이다. 대신 마음은 항상 '구체화'되어 있다. 마음은 머릿속에서만 돌아다니는 것이 아니라, 더 넓은 생명 공동체의 일부인 **몸 안에** 살아있는 경험을 필요로 하는 생태계와 더 비슷하다.

이 두 가지 관점은 매우 다르며, 이는 외계인의 마음을 바라보는 두 가지 관점으로 이어진다.

두뇌가 연산 기계에 불과하다면 중요한 것은 연산에 대한 수학적 규칙뿐이다. 그 규칙이 외계 행성에서 진화한 외계 종과 우리에게 동일하다면 우리는 서로를 이해할 수 있다. 우리는 모두 수학의 보편적 규칙으로 표현되는 물리학의 보편적 법칙에 의해 형성된 같은 종류의 세계에서 살고 있을 것이다. 그렇다면 외계인의 마음에 관한 질문은 곧 외계인의 수학에 관한 질문이 된다. 인간이 사용하는 수학적 규칙은 모든 외계인이 사용하는 것과 같을까? 다시 말해, 수학은 보편적인 것일까?

칼 세이건은 여기에 대해서 희망적이었다. 세이건은 외계 종족을 만난다면 기본적인 수학적 관계부터 시작해 그들과 소통하는 방법을 배울 수 있다고 믿었다. 1+1=2, 2+2=4 등등. 결국, 각 종은 서로가 더 복잡한 말을 하는 방식을 해독하게 될 것이다. 여기서 '복잡하다'는 것은 '원의 둘레는 반지름에 파이를 곱한 값의 2배'와 같은 것을 의미한다. 우리에게는 파이가 3.14159…이므로 상대방에게도 3.14159…가 되어야 한다. 이 모든 것을 함께 해결하고 나면 서로의 나머지 언어를 해독할 수 있을 것이다. 그러면 우리가 농담을 나누고 암 치료법을 교환하는 것은 시간문제일 것이다.

하지만 이런 이야기는 수학이 정말 보편적인 것일 때만 통한다. 수학은 우리의 정신이 **발견하는** 것, 즉 세상에 대해 이미 진실인 것이어야 한다. 하지만 수많은 과학자와 철학자에게 수학은 우리가 발견한 것이 아니다. 수학은 우리가 발명한 것이다. 우리가 만들어 낸 것이지만 그래도 놀라울 정도로 유용하다. 수학에 대한 이러한 사고방식은, 수학이 세상을 설명하는 데 성공할 수 있었던 이유를 우리 몸이 살아가는 경험에 뿌리를 두고 있기 때문이라고 본다. 수학은 영어나 스페인어, 중국어와 마찬가지로 하나의 언어다. 우리의 온갖 언어와 마찬가지로 수학은 인간 고유의 언어이며, 그렇기 때문에 이러한 관점은 외계인을 이해하는 데 큰 영향을 미친다. 인간이 아니며 우리와 같은 신체를 갖지 않은 생명체는 다른 경험을 할 것이다. 그것은 다른 마음과 다른 수학으로 이어질 것이다.

손이나 손가락이 없는 생명체를 상상해 보라. 어쩌면 그들은 거대한 아메바 같은 지능적인 원형질 덩어리일 수도 있다. 무언가를 잡아야 할 때는 덩어리 몸에서 덩굴손을 뻗었다가 다시 집어넣을 것이다. 이런 외계인들이 분리된 수라는 개념을 가지고 있을까? 1, 2, 3 등과 같은 정수를 가지고 있을까? 어쩌면 그들은 우리가 손가락이 5개 달린 두 손으로 세상을 세는 것처럼 세상을 불연속적인 물체로 '보지' 않을지도 모른다. 그들의 수학은 우리가 익숙하거나 이해할 수 있는 어떤 것과도 닮지 않았을 수도 있다.

다른 누군가가 이미 생각해 낸 예를 하나 들어보겠다. 내가 가장 좋아하는 외계인 접촉 영화 중 하나인 〈어라이벌(Arrival)〉(우리나라에서는 '컨택트'라는 제목으로 개봉되었다—옮긴이)은 이 가능성을 극한으로 끌어올려 탐구했다. 다리가 7개인 거대한 외계인이 거대한 우주선을 타고 도착하자 인간은 물리학자와 언어학자를 보내 대화를 시도한다. 칼 세이건과 같은 캐릭터인 물리학자는 수학을 이용해 의사소통을 시도한다. 그는 즉각적이고도 처참하게 실패한다. 언어가 구체화된 경험에서 어떻게 생겨나는지 이해하는 언어학사는 외계인이 우리와 완전히 다른 방식으로 시간을 경험한다는 사실을 깨달은 후에야 돌파구를 찾는다. 헵타포드는 과거, 현재, 미래를 한꺼번에 경험하는 외계인이다. 그들은 완전히 다른 물리학을 구현했으며, 그 차이는 그들의 언어에 반영되어 있다. 정말 흥미로운 아이디어다. 어쩌면 진짜 '물리학의 책'은 우리 인간이 경험하는 것보다 훨씬 큰 것일지도 모른다. 어쩌면 외계 종족은 그 책의 다른 챕터에 접근할 수 있을지도 모른다. 그렇다면 우리와 외계인은 어느 정도는 다른 세계에 살고 있다는 뜻이 될 것이다.

한 가지 가능성이 더 있는데, 좀 무섭기 때문에 여러분을 겁주고 싶지 않아서 마지막에 남겨두었다(고맙긴). 어쩌면 외계인의 의식은 전혀 의식이 아닐 수도 있다. 대부분의 SF 이야기는 외계인이 우리처럼 자기 성찰을 하고 자각하는 생명체라고 가르친다. 우리는 서로 다른 버전의 우주를 경험하고 있을지도 모르지만 적어도 둘 다 무언가를 **경험하고** 있다. 하지만 지능은 있는데 의식은 없는 외계인이 있다면 어떨까? 예를 들어 외계 종족이 인간을 빠르게 능가하는 기계를 만든다고 상상해 보자. 그 기계는 본질적으로 살아있는 존재가 된다. 고도로 지능적이며, 번식과 에너지 찾기 문제를 빠르고 효과적으로 해결할 수 있다. 이들은 강력한 우주선을 타고 우주 곳곳으로 퍼져나가 필요에 따라 한 항성계를 차례로 먹어 치운다. 그러나 그 모든 과정에서 그들은 결코 자각하지 못한다. 내면에 '계몽'이 없기 때문에 스스로 무엇을 하고 있는지 반성할 능력이 없다. 그들의 마음에는 내면의 차원이 없다. 철학적 측면에서 우리는 박쥐나 말, 돌고래가 되는 것이 어떤 것인지 물어볼 수는 있지만, 기계가 되는 것이 어떤 것인지 물어볼 수 없다. 그들은 어떤 것과도 같지 않다. 어떤 것도 경험하지 못하기 때문이다.

이런 종류의 외계인이 꼭 기계일 필요는 없다. 어쩌면 생물학적 진화가 이런 지능적이지만 의식이 없는 생명체를 만들어 낼 수 있을지도 모른다. 우리는 이런 생명체와 **결코** 대화할 수 없다. 거기에는 대화할 상대가 존재하지 않을 테니까. 만약 그들이 지구의 자원을 삼키려는 의도를 갖고 있다면, 우리가 호소할 대상이 아무도 없을 것이다. 그들은 그저 임무를 완수하는 빈껍데기일 뿐이다.

외계인의 가능성은 내가 방금 설명한 것처럼 넓은 스펙트럼에 걸쳐있다. 〈스타워즈〉 칸티나에서 함께 어울리며 알타이르 4호에서의 활약상을 서로 이야기하는 희망적이고 친숙한 버전의 외계인 마음이 있다. 서로를 완전히 이해하지는 못하지만 광활한 우주에서 동료로서 서로의 정체성을 인정하는 낯설고 매혹적인 버전도 있다. 마지막으로, 무심한 무의식적 존재에게 잡아먹히지 않기 위한 '도망쳐!' 버전이 있다. (외계인이 그토록 다를 수 있다는) 이러한 가능성을 총망라해서 '접촉'이 이루어진다면 인류 역사상 가장 혁명적인 사건이 될 것이다.

외계인의 윤리
숨어야 할까, 신호를 보내야 할까?

외계 우주선이 처음 착륙했을 때 사람들은 공황에 빠졌다. 하지만 곧 그들이 우리를 돕기 위해 왔다는 것이 분명해졌다. 외계인들은 우리에게 암을 치료하고 전쟁을 종식시키는 방법을 알려주었다. 그들은 그들의 목적이 우리의 번영이라고 말했다. 그들이 원하는 것은 '인간을 대접하는 것'이었으며, 이것은 심지어 그들이 어디든 가지고 다니는 책의 제목이기도 했다. 외계인들이 우리에게 그들의 고향 세계를 방문할 기회를 주겠다고 제안했을 때 수천 명의 사람들이 그 제안을 받아들였다. 그들의 거대한 우주선 중 하나가 여행을 위해 준비되었다. 그리고 인간 승객들로 가득 찬 우주선의 문이 닫히는 순간, 외계인의 책 《인간을 대접하는 것》 일부가 드디어 번역되었다는 소식이 들려왔다.

친구 중 한 명이 문으로 들어서는 순간, 번역가가 이렇게 외치며 달려왔다. "이건 요리책이야!"

이 버전의 접촉은 역대 최고의 〈트와일라잇 존Twilight Zone〉 에피소드로 탄생한 데이먼 나이트Damon Knight의 고전 단편소설을 원작으로 한다. 이 줄거리가 효과적인 이유는 외계인 윤리에 대한 우리 생각의 극단을 깔끔하게 드러내기 때문이다. 한편으로 많은 사람들은 별 사이를 여행할 수 있을 만큼 기술적으로 진보한 종족이라면 윤리적으로도 진보했을 것이라고 가정한다. 그들에게 전쟁과 약탈은 우리와 달리 깊은 진화의 과거에 남겨둔 공포일 것이다. 어쩌면 그들은 너무 진화하고 발전해서 순수한 선과 빛의 천사 같은 존재로 보일지도 모른다. 반면에 어떤 사람들은 '아래와 같이, 위도 그러하다'고 가정한다. 지구에서 종종 그렇듯이 우리 종의 최악의 특성이 우주적 규모에서 승리해선 안 되는 이유가 무엇이겠는가? 어쩌면 별들 사이에는 늑대밖에 없을지도 모른다.

스토리텔링 이상의 방법으로 이 질문에 답하기는 어렵다. 수렴적 다윈주의 진화의 원리를 사용하여 외계인의 생물학에 대해 추론할 수는 있지만, 외계인의 행동을 이끄는 윤리를 이해하는 것은 이전보다 훨씬 더 깊이 외계인의 마음과 외계 사회에 관한 질문으로 들어가는 일이다.

그러나 우리가 알고 있는 생명체의 한 가지 단서는 포식자에서 진화한 종과 먹이로 시작한 종 사이의 균형이다. 지구상에서 가장 높은 수준의 지능을 보이는 종의 대부분은 사냥꾼이다. 이것은 말이 된다. 생존을 위한 진화적 싸움에서는 먹잇감의 미래 행동을 가장 잘 예측하는 사냥꾼이 유리하다. 가젤이 도약하는 방향을 계속 놓치는 사자는 정글의 제왕으로 오래 살아남지 못할 것이다. 하지만 사냥꾼으로서의 지능만으로는 충분하지 않다. 기술 문명으로 진화하려면 대규모의 협력도 필요하다. 그 사실은 **사회적** 포식자 종만이 별의 길을 계속 여행한다는 의미일 수도 있다.

포식자가 별을 여행하는 종의 진화적 표본이 될 수 있다는 사실은 우리에게 나쁜 소식처럼 들린다. 우리가 누군가의 먹이가 될 수 있다는 말이기 때문이다. 그러나 인간과 가장 유사한 종을 살펴보면 지구에서의 기록은 복잡해진다. 한편으로는 사바나 침팬지(팬 트로글로디

테스*Pan troglodytes*)가 있는데, 이들은 폭력적인 무리를 이루고 있다. 침팬지 부족은 일상적으로 서로 전쟁을 벌인다. 이들은 다른 부족의 구성원(새끼 포함)을 죽이고, 부족 내에서는 알파 수컷 침팬지가 협박과 폭력의 위협으로 지배하는 경향이 있다. 다음으로 보노보가 있다. 이들은 사바나 침팬지만큼 진화적으로 우리와 가까운 숲 침팬지(판 파니스쿠스*Pan paniscus*)이다. 보노보는 모계사회이며 훨씬 더 평화롭다. 분쟁을 진정시키는 방법으로 섹스를 사용하는 경향이 있으며, 서로에게 폭력을 행사하는 경우는 거의 없다. 여러분은 어떤지 모르겠지만 나라면 당연히 보노보와 함께 나무에 매달리고 싶다!

이러한 진화적 사촌 간의 차이를 고려할 때, 침팬지가 식량이 매우 부족한 곳에서 진화했다는 점도 고려해야 한다. 원래의 자연환경에서 침팬지는 한 인류학자의 말처럼 대부분의 시간을 굶주리고 비참한 상태로 보냈다. 반면에 보노보는 먹이가 풍부한 아프리카 일부 지역에서 출현했다. 그들의 삶은 비교적 수월했다. 이 차이는 그들의 사회적 행동이 어떻게 이루어졌는지에 대해 많은 것을 설명해 줄 수 있으며, 외계 문명에서 어떤 일이 일어날지 예견하게 해준다. 우리가 자유를 사랑하는 히피 보노보를 만날지, 공포를 즐기는 파시스트 침팬지를 만날지는 행성이 제공한 환경의 세부 사항에 따라 달라질 수 있다.

그러나 외계인의 윤리에 대해 생각해 보면 우리 자신의 행동에 초점을 맞춘 또 다른 방향으로 나아갈 수 있다. 1974년 프랭크 드레이크는 거대한 아레시보 전파망원경을 은하수 가장자리에 있는 성단인 M13으로 향했다. 그리고 은하계에 우리의 존재를 알리기 위해 고안

된 메시지를 전송했다. 이 메시지를 외계인이 해독할 수 있다면 우리 인간이 어디에 살고 있는지 대략 알 수 있고 심지어 우리 모습에 대한 세부 정보도 알 수 있다. 이것은 혁명적이면서도 논란의 여지가 있었다. 드레이크가 처음 만든 SETI 버전은 외계인의 소리를 수동적으로 듣는 것에 불과했다. 그가 한 단계 더 발전시킨, 외계 지능에 메시지를 보내는 이 새로운 시도Messaging ExtraTerrestrial Intelligence, METI는 우리가 여기에 있다는 사실을 외계인에게 적극적으로 알리는 것을 의미했다. 드레이크의 첫 송신 이후, 의도적으로 우주의 특정 위치를 향해 고강도 신호를 보낸 또 다른 사람들이 있었다. 그러나 이들의 활동은 윤리적으로 큰 비판을 받았다.

METI를 반대하는 비판은 두 가지 형태로 나타난다. 첫 번째는 '누가 지구를 대변하는가?'라고 할 수 있다. 외계 문명을 둘러싼 불확실성을 고려할 때, 왜 전파망원경에 접근할 수 있는 몇몇 천문학자가 우리를 언제 어떻게 알릴지 결정해야 하는가? 그 과정은 전 세계 커뮤니티 전체가 결정해야 하지 않을까? 두 번째 비판은 METI의 결과에만 초점을 맞춘다. 물리학자 스티븐 호킹Steven Hawking은 인류의 역사를 통해 기술 수준이 다른 문명 간의 접촉은 일반적으로 덜 공격적인 기술을 가진 문명에게 불리하게 작용한다는 점을 분명히 경고한 바 있다. 고개를 숙이고 있는 것이 훨씬 나을 수 있다. 이것이 바로 류츠신Liu Cixin의 《삼체 문제The Three-Body Problem》로 시작된 멋진 SF 시리즈의 교훈이다. 이 책에서 류는 우리가 아직 외계 문명의 신호를 관측하지 못한 이유는 그들이 모두 숨어있기 때문이라는 '어두운 숲 가설'을 탐구한다. 어두운 숲 속의 생물들처럼, 외계인들은 자신의 존재를 드러내거나 위치를 알리는 것보다 숨는 편이 더 낫다는 것을 잘 알고 있다.

지구의 레이더와 TV 송신이 어차피 오랫동안 우주에 우리의 존재를 알려왔다는 반론도 있다. 그러나 이 입장에 대한 반론은 실제로는 그 신호가 매우 약하다는 것이다. 외계인이 어디를 봐야 할지 모른다면 아마도 우리를 찾지 못할 것이다.

결국 누가 누구를 잡아먹느냐는 가장 중요한 질문이 남게 된다. 우리는 숨어있어야 할까, 아니면 별에 도착한 누군가가 평화의 사절이 되기를 기대해야 할까? 그들이 우리와 같다면 아마도 입 다물고 있어야겠지만, 어떤 선택을 하든 잘못된 선택이 아니기를 바란다.

생명의 시대는 짧을까?
로봇 신들을 맞이하기

점액.

결론부터 이야기하자면, 바로 그 점액이 지구상의 생명체이다. 물론 거친 나무껍질이나 딱딱한 거북이 껍질로 둘러싸여 있을 수도 있지만, 세포 수준까지 내려가면 어딘가에선 생명체는 점액이다. 그래서 외계 생명체를 상상할 때 송곳니에서 흘러내리는 점액(영화 〈에일리언〉 시리즈), 인간을 숙주로 삼아 이용하는 점액(마블의 〈베놈Venom〉과 로버트 하인라인Robert Heinlein의 소설 《퍼핏 마스터The Puppet Masters》), 인간을 소화하는 점액(《우주 생명체 블롭The Blob》) 등 점액 부분을 강조하는 경향이 있다. 엄청난 양의 점액.

대부분의 외계인이 점액 형태가 아니라면 어떨까? 그러니까, 지적 생명체의 생물학적 단계가 상대적으로 짧다면 어떨까? 어쩌면 모든 행성의 알파 생명체가 결국에는 육체를 버리고 실리콘 기반 컴퓨터에 정신을 업로드하여 디지털 개체로 영원히 살게 될지도 모른다.

지적 생명체의 생물학적 시기는 디지털 기술의 급속한 발전과 함께 우주생물학자들에게 더욱 중요한 질문이 되었다. 최초의 전자 컴퓨터인 에니악Electronic Numerical Integrator and Computer, ENIAC은 1945년 핵무기 설계와 관련된 계산을 처리하기 위해 만들어졌다. 이 컴퓨터의 회로는 구리선과 유리 진공관으로 만들어져 방 한 칸을 가득 채웠다. 오늘날 여러분 휴대전화의 계산 능력은 에니악보다 수백만 배 더 뛰어나다. 처리 속도의 기하급수적인 증가와 함께 소프트웨어 용량도 그에 못지않게 놀랍도록 증가했다. 인공지능AI의 발전은 이미 세상을 재편하고 있으며, ChatGPT와 같은 새로운 발전으로 인해 세상은 더욱더 재편될 것이다. AI는 아마존 물류창고에서 구매 상품을 분류하는 자동 로봇을 운영하고, Siri라는 가상 글로벌 머신과 대화를 나눌 수 있게 해준다.

네트워크에 연결된 컴퓨터와 로봇 형태의 디지털 기계의 급속한 발전은 '트랜스휴머니즘 운동transhumanist movement'과 특이점에 대한 희망의 원동력이 되고 있다. 레이 커즈와일Ray Kurzweil과 같은 트랜스휴머니스트들은 컴퓨터가 더욱 정교해짐에 따라 기계가 인간의 정신 능력과 맞먹는 차세대 기계를 설계할 때가 반드시 올 것이라고 본다. 기계가 설계한 기계가 만들어지면 게임 끝이다. 그 순간부터 컴퓨터는 인간보다 더 나은 컴퓨터를 설계하는 데 더 능숙해질 것이다. 그 결과 디지털 '지능'이 인간의 지능을 빠르게 앞지르는, 일종의 기계의 폭주가 일어날 것이다. 이 폭주가 바로 '트랜스휴먼 특이점transhuman Singularity'이다. 특이점의 다른 한편으로는, 컴퓨터가 너무 정교해져서 우리 인간이 컴퓨터와 합쳐질 수 있을 것이다. 적어도 그렇게 주장은 하고 있다. 우리 모두는 우리 자신을 실리콘 형태로 다운로드할 수 있게 될 것이다. 우리는 컴퓨터 안에서 우리 자신의 가상 비전으로 살게 될 것이다. 게다가 컴퓨터는 수리하거나 업데이트할 수 있기 때문에, 우리의 디지털 버전은 기능적으로 불멸의 존재가 될 것이다. 우리는 영원히 살게 될 것이다.

트랜스휴머니스트의 비전은 여러분의 성향에 따라 매력적이거나 끔찍할 수 있다. 하지만 그들의 열망에 대한 여러분의 입장이 어떻든, 기술을 발전시키는 지적인 종은 결국 육체의 필요성을 넘어설 수 있다는 기본적인 생각은 적어도 가능성이 있어 보인다. 만약 그것이 가능하다면, 대부분의 오래 살아온 외계 종들이 택할 수 있는 길이 아닐까? 생물학적 생명체는 항상 시간의 공세에 맞서 신체를 유지하고자 끊임없이 투쟁한다. 그 투쟁은 언제나 끝이 있으니, 그 어떤 문명이 기계처럼 더 오래 지속되는 다른 형태를 택하지 **않겠는가**? 일부 종족이 다운로드를 하지 않기로 결정하더라도 결국 진화가 은하계나 우주적 규모에서 그들을 제거할 것이라고 주장할 수 있다. 다운로드되어 기계와 결합된 생명체는 점액으로 이루어진 사촌들보다 훨씬 더 똑똑하고 강할 것이다. 결국에는 실리콘 버전의 생명체만 남게 될 것이다.

(역시 여러분의 성향에 따라 다르겠지만) 이보다 더 무서운 가능성

도 있다. 기계가 우리의 지저분한 다운로드를 원하지 않을 수도 있다. 〈터미네이터The Terminator〉부터 〈매트릭스The Matrix〉, 〈웨스트월드Westworld〉에 이르기까지 SF는 로봇의 반란 이야기로 가득하다. 생물학적 기반 종족이 인공지능을 만들면, 그 지각 있는 기계는 이제 됐다고 판단할 수도 있다. 가장 좋은 경우, 창조자(그러니까 우리 인간)의 운명은 그 자신들에게 맡기고 그들은 별을 향해 떠날지도 모른다. 최악의 경우, 기계는 열등한 점액질 조상에게는 멸종이 적절한 선택이라고 판단할 수도 있다. 적대적 의도가 없더라도 자기 복제 기계는 은하계 정착의 원동력이 될지도 모른다. (수학자 존 폰 노이만John von Neumann의 이름을 딴) 폰 노이만 복제기는 순전히 AI로만 작동하는 우주선(탑승자 없이)으로, 한 항성계에 도착하여 더 많은 우주선을 만들기 위한 자원을 채취하고 떠날 것이다.

다운로드된 오랜 지능, 사악한 로봇 박멸자, 혹은 눈먼 폰 노이만 복제기와 같이 앞에서 개괄한 주장들은 생명체를 찾는 우리의 탐구가 생명체를 전혀 찾지 못할 수도 있을 근본적인 가능성을 제기한다. 우리의 점액질 생물체는 우주의 가능성 시장에서 이미 쓸모없는 존재일지도 모른다. 이런 생각이 든다면, 로봇 군주의 부상이 불가피하다는 데 대한 반론도 있다는 말이 반가울 것이다.

우선 AI가 우리가 가지고 있는, 의식을 갖춘 '일반적인' 지능과 같은 것에 이를 수 있을지는 확실하지 않다. 현재 지구상에서 우리는 '머신러닝'이라는 형태로 AI의 놀라운 발전을 목격하고 있다. 얼굴을 인식하고, 체스를 두며, 이미지를 조작하고, 심지어 인간과 제한적인 (때로는 무서운) 대화를 나눌 수 있는 종류의 AI 기반 프로그램이다.

하지만 이러한 온갖 버전 AI의 문제는 불안정하다는 것이다. 인공지능은 특정한 일을 하도록 훈련되어 있다. 다른 일을 하라고 하면 처참하게 실패할 수 있다. 인공지능의 가능성을 지지하는 사람들은 인간처럼 무엇이든 할 수 있는 인공지능(즉, 특정한 종류의 지능이 아닌 일반 지능을 가진 인공지능)이 나오는 것은 시간문제라고 말한다. 사실일지도 모르지만 70년 동안 반복되어 온 말이기도 하다. ChatGPT의 여러 버전과 같은 최신 '생성형 AI' 시스템조차도 인간과 같은 종류의 지능을 갖추는 수준에는 미치지 못한다. 이러한 시스템은 그 강력한 성능에도 불구하고 여전히 (매우 강력한) 예측 기계에 불과하다. 이 시스템은 입력된 방대한 양의 데이터를 사용해 요청에 대한 최상의 응답을 통계적 예측에 기반하여 수행한다. 이 모든 능력에도 불구하고 실제로는 아무것도 **알지** 못한다. 그 안에 '아는' 주체가 없기 때문이다. 이것은 우리와 같은 종류의 일반적인 지능은 단순히 실리콘 형태로 포착될 수 없다는 의미다.

더 강력한 비판은 컴퓨터로 다운로드하는 트랜스휴머니스트의 비전 역시 불가능할 수 있다는 것이다. 트랜스휴머니스트의 꿈(또는 환상)의 근저에는, 인간은 기본적으로 육체적 컴퓨터에 불과하다는 철학적 가정이 깔려있다. 트랜스휴머니스트에 따르면 인간을 인간으로 만드는 모든 것, 즉 사랑과 두려움, 희망과 연민의 내적 경험은 모두 회로에 불과하다. 하지만 수많은 과학자와 철학자들은 이 아이디어가 아주, 아주 잘못된 것이라고 생각한다. 의식이 있다는 것은 분명 뇌의 신경 회로를 갖는 것을 포함하지만, 그 외에도 훨씬 더 많은 것을 포함한다. 이 '더 많은 것'에는 자연 생태계와 사회 생태계의 일부인

몸 안에 있는 것이 포함된다. 이러한 관점에서 볼 때 '자신을 컴퓨터에 다운로드한다'는 것은 '자신'의 의미에 대해 전혀 이해하지 못하는 것이다.

마지막으로, 우주생물학자 케일럽 샤프Caleb Scharf가 제안한 것으로, 실리콘 스위치가 영구적이지 않을 가능성도 있다. 샤프는 생물학적 진화가 문제 해결에 매우 능숙하기 때문에 어떤 종이 기계의 길을 택하더라도 결국 수십억 년 후에 다시 생물학으로 돌아갈 수 있다고 강조한다. 지금 이 순간에도 우리 몸의 세포에서 수십억 개의 놀라운 화학적 계산이 일어나면서 생명을 유지하고 있다는 것을 생각하라. 결국에는 생물학이 특정 종류의 일에서 더 나은 능력을 발휘할 수도 있다. 만약 그렇다면 기계의 삶은 사춘기와 비슷할 것이다. 대부분의 형태의 성간 지능이 통과하는 단계일 뿐이다(널뛰는 기분 변화는 없기를 바란다).

보시다시피 이러한 질문은 현재로서는 꽤 열린 질문이다. 외계 로봇의 지배를 예상할 만한 근거도 있고, 지능이 점액 상태를 유지해야 하는 이유도 있다. 결국 외계인에 관한 다른 많은 것들과 마찬가지로, 우리는 보기 전까지는 알 수 없고, 드디어 우리는 보고 **있다**.

오래된 외계인
수백만 년 된 문명을 생각하는 방법

정말정말 오래된 문명은 어떻게 될까? 이것은 우주생물학과 기술 흔적 과학이 직면한 가장 어렵고 중요한 질문 중 하나다. 정말 오래된 지적 생명체가 어떻게 행동하는지 알지 못하면 우주에서 지적 생명체를 효과적으로 탐색할 수 없을지도 모른다. 우리는 무엇을 찾아야 할지 모를 것이다. 이는 우리 자신의 운명과 직결되는 질문이기도 하다. 기후변화를 극복하고, 핵전쟁의 위협을 극복하고, 우리를 싹 다 죽이거나 배터리화하지 않는 인공지능을 만드는 방법을 알아낸다면 어떻게 될까? 우리의 장기적인 가능성은 어떤 모습일까? 충분한 시간이 주어진다면 우리, 혹은 어떤 문명은 어떻게 될까?

먼저, 기술 문명으로서의 인류 역사는 100년 정도밖에 되지 않았다는 점을 기억하자. 외계인이 감지할 수 있는 기술 신호(무선 신호, 도시의 불빛, 대기오염)을 남긴 지 겨우 한 세기 정도밖에 되지 않았다. 물론 인류는 최소 9,000년 동안 농사를 지었고, 그 이전에도 수렵 채집 생활을 해왔다. 이러한 각 형태의 사회 조직은 복잡하고 풍부하고 다양했다. 하지만 고대 로마나 당나라 시대는 우리가 SETI와 기술 신호에 대해 이야기할 때 말하는 그런 문명이 아니다. 인류가 전파 기술 종족이 된 지는, 우주의 나이에 비하면 그리 길지 않은 1세기밖에 되지 않는다. 우리의 상대적인 젊음은 외계인 탐색에 중요한 결과를 가져온다.

2020년에 데이비드 키핑David Kipping, 케일럽 샤프, 나는 우리가 발견할 수 있는 외계 문명의 나이에 대한 확률을 계산했다. 사실 수학적 묘기를 선보인 것은 매우 똑똑한 이론천체물리학자인 키핑이었다. 샤프와 나는 그를 응원하고 계산을 확인한 다음 몇 가지 아이디어를 추가했다. 우리가 답하고 싶었던 질문은 다음과 같다. 우리보다 더 젊거나, 더 오래되었거나, 같은 나이의 외계 문명 중 어떤 것을 발견할 수 있을까? 상당히 정교한 확률적 추론을 사용한 결과, 그 답은 '더 오래된 것'으로 밝혀졌다. 아마도 **훨씬** 더 오래된 문명일 것이다.

우리의 계산이 맞다면, 우리가 외계인을 발견하게 됐을 때 그들은 아주 오랫동안 기술 문명을 유지해 왔을 것이다. 우리가 한 세기 동안 제트기, 전기로 움직이는 도시, 무선송신기, 심지어 조잡한 우주선을 만들며 장난을 치는 동안, 그들은 수백만 년 또는 수십억 년 동안 문명을 발전시켜 왔을 것이다. 이 결론은 그 자체로도 흥미롭지만, 실제로는 훨씬 더 크고 미묘한 의문을 제기한다.

수백만 년 또는 수십억 년 된 문명은 어떤 모습일까? 상상할 수 없을 만큼 긴 시간 동안 문명은 어떻게 발전할까?

이집트나 중국 왕조처럼 지구상에서 가장 오래 지속된 문명도 불과 수천 년밖에 지속되지 않았다. 천만 년 된 외계 문명은 우리의 최장수 사회보다 약 1만 배 더 오래되었을 것이다. 지적 생명체는 그토록 오랜 시간 동안 존재해 오면서 어떤 형태의 조직을 만들 수 있을까? 우리는 이렇게 긴 역사를 가진 문명에 대해 상상이나 할 수 있을까? 마찬가지로 중요하게는, 그렇게 오래 살아남은 **누군가**가 있을까?

정확하게 구체적인 질문을 만들어 보자. 천만 년 된 문명은 하나의 연속된 사회일까, 아니면 그 오랜 세월 동안 여러 번 흥망성쇠를 거듭했을까?

문명의 연속성보다 더 흥미로운 것은 문명 건설자들의 연속성이다. 그들은 천만 년 동안 어떻게 변할까? 그들이 점액질에서 실리콘으로 전환한다면 그 사회, 그 야망, 그 행동이 근본적으로 바뀔까? 그들은 확장을 포기할까, 아니면 컴퓨터의 이름으로 은하계를 정복할까? 외계인이 기계 형태로 전환하지 않더라도, 천만 년은 다윈의 진화론이 외계인의 생물학을 크게 변화시키기에 충분히 긴 시간이다. 천만 년 전 우리는 털북숭이 오랑우탄 같은 작은 생명체였다. 지금 우리를 보라! 천만 년 동안 많은 일이 일어날 수 있는 건 분명하다.

자연적인 진화를 넘어, 외계인이 유전공학의 방법을 사용해 오랜 세월에 걸쳐 자신의 몸과 마음을 조각할 수 있을까? 어쩌면 우리도 불과 앞으로 몇 세기 내에 이 일을 할 수 있을 것 같은데, 외계인이 어떤 형태로 스스로를 설계할지 누가 알겠는가? 어쩌면 천만 년 된 문명은 모든 '나무'가 다른 나무들과 네트워크로 연결된, 일종의 지각 있는 생물학적 슈퍼컴퓨터가 행성 전체를 덮는 숲으로 스스로를 바꿀지도 모른다. 그러면 행성 자체가 거의 불멸의 생명체, 생각하는 존재가 될 것이다.

숲 행성의 예는 또 다른 가능성을 제기한다. 문명이 발전하고 기술 역량이 증가함에 따라 물리법칙 그 자체가 되어 사라지는 시점에 도달할 수 있다. 정말로 오래된 진보한 종족이 어쩌면 결국에는 순수한 에너지가 될 수 있다는 구상은 SF에 많이 등장한다(《스타 트렉》이 이 줄거리를 자주 사용했다). 하지만 여기서는 한 걸음 더 나아가 외계인이 현실의 구조 자체에 스스로를 엮어내는 상상을 해본다. 이러한 아이디어의 예는 영화 〈인터스텔라〉에 있다. 먼 미래의 자아가 시공간을 조작해 현재의 자아로 하여금 멸종을 막을 수 있도록 하는 이야기다. 멋지면서도 동시에 혼란스럽다.

정말로 오래된 문명에 대해 생각하면 흥분되기도 하고 막막하기도 하다. 한편으로는 가능성이 너무 방대해서 수 킬로미터 아래로 펼쳐진 절벽을 바라보는 것 같은 느낌이 들기도 한다. 백만 년 동안의 진화를 상상할 때 현기증이 일어나는 것은 분명 적절한 반응이다. 반면에 오래된 문명에 대해 단순한 이야기가 아닌 무언가를 말한다는 것은 거의 불가능하다고 느껴질 수도 있다. 알려지지 않은 것이 너무 많고, 우리의 생각을 이끌어 줄 수 있는 과학의 제약 조건이 거의 없기 때문이다. 예를 들어, 기술은 우리의 오래된 외계인을 신으로 만들 수도 있고, 훨씬 낮은 수준에서 멈출 수도 있다. 예를 들어, 어쩌면 빠른 성간 여행이 불가능할 수도 있다.

어려움에도 불구하고 문명의 장기적인 진화에 대해 생각하는 것은 기술 신호 연구에서 필수적인 부분이다. 우리는 이를 피할 수 없다. 우리가 외계 문명을 찾고 있고 그 문명이 우리보다 훨씬 오래되었다면, 오래된 외계 기술 신호를 찾는 방법도 알아내야 할 것이다.

마지막으로, 우리가 외계 문명의 장기적인 진화에 대해 생각해야 하는 또 다른 이유가 있다. 바로 하나가 되고 싶기 때문이다. 우리는 인내하는 방법을 알아내야 한다. 우리는 다른 종족이 핵전쟁이나 기후변화의 위험이나 우리 앞에 닥칠지 모를 일에 직면했다고 생각할 수 있다. 우리는 어떤 종이 이러한 도전을 극복했기를 바랄 수 있다. 이런 식으로 외계 문명의 가능한 장기長期 역사를 그려보는 우주생물학적 작업은 우리 자신의 가능한 미래를 상상하는 작업이기도 하다. 어쩌면 아무도 수백 년을 넘기지 못할 수도 있다. 그건 끔찍할 것이다. 아니면 우리 단계에 도달한 종의 절반이 백만 년을 더 지속할 수도 있다. 그건 더 괜찮을 것이다.

어느 쪽일까? 누가 얼마나 오래 지속되었을까? 오래 지속되는 기술 문명을 구축하는 종의 특성은 무엇일까? 이 몇 가지 질문에 답하는 것이야말로 우주 생명체를 탐색하는 가장 훌륭한 이유일지도 모른다.

외계인이 왜 중요한가

여러분이
생각하는
것보다
더 중요하다

THE LITTLE BOOK OF ALIENS

.....
.....

내가 열여섯 살이던 1970년대 후반, 나는 틈만 나면 기차를 타고 뉴저지에서 허드슨강을 건너 맨해튼으로 가곤 했다. 그 당시 뉴욕은 마치 종말 이후의 놀이공원처럼 엉망진창이었다. 지하철은 오줌 악취가 진동했고 낙서로 뒤덮여 있었다. 데이비드 레터맨David Letterman의 농담처럼 길거리에 쓰레기가 너무 많아서 비가 오면 쓰레기로 진흙탕이 만들어졌다. 나에게는 CBGB나 케니스 캐스타웨이 같은 클럽에 몰래 들어가는 것부터 워싱턴 스퀘어 파크에서 24시간 내내 열리는, 대부분이 불법인 축제까지 모든 것이 거대한 모험이었다. 지금쯤은 아시겠지만 나는 최고의 파티보다 과학에 더 관심이 많았기 때문에(어차피 누가 날 파티에 초대하지도 않았다) 그 여행의 정점은 항상 헤이든 플라네타리움이었다. 디지털이 없던 시절, 화성 표면을 손으로 그린 디오라마와 목성에서의 체중(200킬로그램!)을 알려주는 기계식 저울이 전부였던 플라네타리움이었다. 나는 헤이든에서 별 쇼와 성간 구름의 커다란 광택 이미지에 취해 끝없이 시간을 보냈다. 솔직히 말해서 알버트 아인슈타인 동상 앞에서 감격에 겨워 운 적도 있었다.

그런 방문이 끝날 때마다 나는 다시 웨스트 80번가로 돌아와 마음을 가다듬곤 했다. 센트럴파크로 가 몇 시간 동안 헤매다 보면 그곳의 소음과 북적거림이 나에게 계속해서 같은 질문을 떠올리게 했다.

저 많은 별들. 그 모든 가능성들. 이런 일이 다른 곳에서도 일어나고 있을까? 다른 세계의 다른 도시를 가득 채운 나와 같은 사람들이 하루를 보내고 있을까?

지난 수십 년을 돌이켜 보면 이러한 질문과 관련하여 얼마나 많은 변화가 있었는지 놀라울 정도다. 이 책을 통해 그때와 지금의 차이를 느끼셨기를 바란다. 당시 헤이든에는 외계 행성 조사와 관련한 전시물이 없었다. 외계 행성이 하나라도 존재하는지 아무도 몰랐기 때문이다. 슈퍼 지구가 존재할 것이라고는 아무도 상상하지 못했기 때문에 슈퍼 지구의 풍경을 담은 디오라마도 없었다. 헤이든에서는 생명 신호나 기술 신호를 찾는 전시 구역도 찾아볼 수 없었다. 이런 용어가 아직 발명되지 않았기 때문이다.

그렇다. 모든 것이 바뀌었다. 외계인 탐색은 이제 현실이 되었고, 과학은 여기에 모든 것을 쏟아붓고 있다.

하지만 이러한 모든 진전에도 여전히 또 다른 의문이 남아있다. 이것이 왜 중요한가? 외계 생명체를 발견하면 무엇이 달라질까? 지구가 평평하지 않다는 사실을 깨달았을 때나 우리가 우주의 중심이 아니라는 사실을 깨달았을 때처럼 인간 이해의 혁명이 일어날까? 아니면 일주일 동안 큰 뉴스가 되다가 죄다 다시 소셜미디어 피드로 돌아가 매일매일 정치에 분노하고 댄스 영상을 볼까?

이 질문과 관련해 어떤 사람들은 우리가 무엇을 발견하느냐에 달려있다고 대답한다. 화성에서 박테리아를 발견하는 것은 UAP가 실제로 외계인 방문자라는 사실을 발견하는 것만큼 중요하지 않을 것이라고 그들은 말한다. 하지만 방금 배운 모든 것을 고려할 때, 가장 단순한 형태의 생명체나마 발견하는 것이 우리에게 어떤 의미가 있는지 생각해 보고 싶다.

21세기 초반의 인간으로서 가장 이상한 점은 우리가 너무 많은 것을 알고 있으면서도 여전히 아무것도 모른다는 것이다. 우리가 무엇이고 무엇을 해야 하는지에 대한 기본적인 질문에 관해서는, 우리가 배운 모든 것이 우리가 얼마나 깊은 어둠 속에 있는지를 강조할 뿐이다. 우리는 역사상 처음으로 우주가 얼마나 광활한지, 행성과 그 가능성이 얼마나 풍부한지 알게 되었다. 그러나 우리는 여전히 우리가(여기서 '우리'는 지구상의 모든 생명체를 말한다) 단 하나뿐인지 아닌지 알지 못한다. 우리가 단 한 번, 이곳에서만 일어난 후 다시는 일어나지 않은 우주적 우연인지도 여전히 알 수 없다.

여기에 문제가 있다. 생명체가 형성된 사례가 딱 **하나**만 더 있었다면, 무생물인 화학물질이 생명체로 변한 사례가 딱 **하나**만 더 있었다면, 우리는 이것이 미친 우연이 아니라는 사실을 알 수 있을 것이다. 이것이, 그러니까 생명이 두 번이나 등장했음을 알 수 있을 것이다. 그리고 두 번 일어날 수 있는 일이라면 세 번, 아니 서른 번, 3만 번, 혹은 300억 번 일어날 수도 있다.

단 하나의 다른 생명 사례가 우주적 가능성의 문을 활짝 열어준다. 생명은 **다르기** 때문이다. 생명은 전 우주의 다른 어떤 물리적 시스템과도 다르다. 생명은 **창조하기** 때문이다. 나에게 지금 저 밖에 있는 어떤 별에 대해 알아야 할 모든 것을 알려주면 나는 그 별의 미래가 어떻게 될지 말해줄 수 있다. 별의 행동(과 미래)은 물리법칙에 의해 정해져 있기 때문에 별은 결코 나를 놀라게 하지 않는다. 생명은 분명 물리법칙의 지배를 받지만, 그 외에도 더 있다. 생명은 생물학의 법칙(즉, 진화)도 같이 적용되는 복잡한 시스템이다. 생명은 놀랍다는 말이다. 생명은 발명한다. 생명은 스스로를 뛰어넘는다.

우리는 지구의 생명체가 어떻게 지구를 장악했는지, 그 확산과 발명 능력이 이 세상의 모든 역사를 어떻게 변화시켰는지 살펴보았다. 이를 바탕으로 생명의 발명 능력이 우주를 어디까지 변화시킬 수 있을지 궁금하지 않을 수 없다. 우리는 페르미 역설을 통해 단 한 종의 우주여행 종족이라도 단시간에 은하계 전체에 정착할 수 있음을 보았다. 카르다셰프 척도를 고려하면 유형 3 문명이 은하 전체의 에너지를 어떻게 수확할 수 있는지 알 수 있다. 정말 오래된 문명에 대해 물었을 때, 우리는 그들이 물리법칙을 바꿀 수 없었을지 궁금해했다. 어쩌면 우리 우주 자체가 일부 초진화 종족의 실험이나 게임에서 파생된 결과물일지도 모른다. 어쩌면 생명체가 진화하고 창조하고 발명하면서 이미 지구를 변화시킨 것처럼 우주를 변화시킬지도 모른다.

우리는 생명이 어떤 일을 할 수 있는지 알지 못하며, 알 수도 없다. 〈쥬라기 공원Jurassic Park〉 첫 번째 영화에서 이안 맬컴(제프 골드블럼이 연기한 캐릭터)이 말했듯이 "생명은 방법을 찾는다". 이제 우리는 우주적 규모로 이런 질문을 할 수 있다. "무엇을 위한 방법을 찾는가?" 답은 "무엇이든, 모든 것"이 될 수 있다. 만약 우리가 다른 생명의 예를 하나라도 발견한다면, 일어날 수 있는 일의 '공간'은 순식간에 폭발적으로 늘어날 것이다. 모든 것, 즉 우주 전체와 그 안에서 우리의 위치가 순식간에 훨씬 더 흥미로워진다.

따라서 생명 신호를 발견하면 판도를 바꿀 수 있다. 하지만 외계 문명의 증거를 발견한다면 전혀 다른 차원으로 나아갈 수 있다. 이러한 종류의 발견이 중요한 이유는 몇 가지가 있다. 첫째, 이러한 발견이 미생물에서 복잡한 기술 종으로의 진화라는 측면에서 지구에서 일어난 일이 다른 곳에서도 일어났음을 보여준다는 단순한 사실이다. 이 발견을 통해 수많은 질문이 쏟아져 나올 수 있으며, 각 질문은 우리 자신에 대해 우리가 알고 있는 것을 재구성하는 힘을 가지고 있다. 외계 문명을 건설한 생명체도 우리와 같은 방식으로 사회적일까? 그들은 어떻게 스스로를 조직할까? 그들은 집단 지성을 가지고 있을까, 아니면 우리와 같은 개인들로 이루어진 집단일까? 우리와 같은 방식으로 기호를 사용하고 정보를 처리할까? 그들은 어떤 종류의 기술을 사용할까? 우리가 그러한 기술의 기반이 되는 원리를 파악할 수 있을까? 멀리서라도 그들의 기술에 대해 충분히 배우면 지금 여기에서 유용하게 사용할 수 있을까?

하지만 무엇보다도 외계 문명 발견의 중요한 점은 그것이 시작에 불과하다는 사실이다. 기술 신호가 있는 행성을 발견하면, 더 크고 더 좋고 더 발전된 망원경을 만들기 위한 경쟁이 시작된다. 그 후 몇 년 동안 우리는 그 문명을 가진 세계를 엄청나게 연구할 것이다.

접촉하는 방법에 대해서도 결정해야 할 것이다. 아주 천천히 대화를 시작해야 할까? 외계인이 50광년 떨어진 곳에 있다면 한 번 연락하고 응답하는 데 100년이 걸린다는 사실을 기억하라. 하지만 우리는 한 번이라도 연락하는 것이 좋다고 생각할 수 있다. 어쩌면 잠시 지켜보는 쪽이 현명하다고 판단할 수도 있다. 결국, 우리는 더 나은 관측을 위해 별을 가로질러 로봇 탐사선을 보내기 시작하고, 그 과정에서 탐사선을 외계인에게 보내는 UFO로 만들 수도 있다.

의심할 여지 없이 외계 문명을 발견한 후의 인류는 예전과 같지 않을 것이다. 그렇다고 해서 우리가 서로를 더 친절하게 대하는 등 반드시 다르게 행동해야 한다는 의미는 아니다(나는 그러길 바라지만). 하지만 장기적으로는 이러한 발견이 제기하는 질문이 우리의 종교(예수는 외계인 역시 구하러 왔을까?), 윤리(우리가 소중히 여기는 가치는 보편적인 것일까, 아니면 단지 지역적인 것일까?), 예술(너무나 다른 존재가 있다는 것을 알면서 어떻게 책, 영화, 노래에서 우리 자신을 표현할 수 있을까?)에 변화를 가져올 수 있다.

다른 문명의 발견이 정말로 중요한 또 다른 이유가 있다. 그것은 우리 자신의 미래를 보여줄 수 있다. 이것이 21세기 초에 인간이 된다는 것의 또 다른 이상한 점이다. 22세기가 존재할지 어떨지 확실하지 않다.

지난 100여 년 동안 우리는 지구와 사회를 재편한 놀랍고 강력한 기술을 개발해 왔다. 이제 이러한 기술 중 상당수가 우리를 위협할 수도 있을 것처럼 보인다. 기후변화(우리의 에너지 수확 기술), 인공지능(우리의 정보처리 기술), 핵전쟁(우리의 군사 기술), 이 모든 것이 얼마나 더 오래 지속될지 확실하지 않다. 나는 이러한 위협 중 어떤 것도 인류를 멸종시킬 수 있다고 생각하지는 않는다. 멸종은 쉬운 일이 아니다. 하지만 각각의 위협은 우리 모두가 생존을 위해 의존하는 글로벌 기술 문명을 무너뜨릴 만큼 통제 불능 상태가 될 가능성을 내포하고 있다. 여기에서 외계인이 등장한다.

우리보다 더 발전된 문명을 하나라도 발견한다면 이는 우리도 거기까지 도달할 수 있다는 것을 보여주는 증거가 될 것이다. 현재로서는 우주가 실제로 장기적으로 지속 가능한 첨단 문명을 '실현'하고 있는지 알 수 없다. 우리는 우주가 별을 만든다는 것을 알고 있다. 혜성과 블랙홀을 만든다는 것도 알고 있다. 우리는 그런 것들을 아주 많이 보았다. 하지만 우주의 어느 문명도 우리의 수준을 크게 넘지 못하고 멸망할 가능성은 얼마든지 있다. 다른 문명을 발견하는 일은 수학자들이 존재 증명이라고 부르는 것이다. 이것은 우리가 도달해야 할 곳이(우리가 이루어야 할 종류의 문명이) 존재할 수 있음을 보여준다. 큰 안도가 될 것이다. 우리에게 많은 희망을 줄 것이다. 그리고 그 세계와 문명을 연구함으로써 장기적이고 지속 가능한 첨단 문명이 되려면 무엇이 필요한지에 대한 단서를 얻을 수도 있다. 생물권과 기술권 모두의 번영을 위해 지구와 사회가 어떻게 함께 작동하는지 이해할 수 있을지도 모른다.

마지막으로, UFO가 외계 우주선으로 밝혀진다면, 음… 그러니까… **이런 말도 안 되는!** 그 발견이 왜 중요한지는 내가 말씀드릴 필요가 없을 것이다. 이것은 한 마디로 이런 의미다. (a) 다른 세계에도 생명체가 존재한다. (b) 다른 세계에도 문명이 존재한다. (c) 그들은 지구에 있으며, 우리와 함께 먹고, 죽이고, 가르치고, 짝짓기를 한다.

하지만 이 마지막 '말도 안 되는'에는 큰 부록이 있다. UFO가 인간의 기술로는 불가능한 방식으로 움직인다는 것을 확실하게 증명할 수 있다고 상상해 보자. 그게 우리가 가진 전부라면 어떻게 될까? 그들은 여전히 파리에 착륙하지 않고 자신들의 우주선 밖으로 나오지 않는다. 그들은 여전히 우리가 그들을 잘 볼 수 있을 만큼 충분히 오랫동안 가만히 머물러 있지 않을 것이다. 그런 경우라면 다른 관찰하기 어려운 현상과 마찬가지로 그저 과학적 연구를 계속해야 한다. 그렇다면 하나를 포획하려는 것이 좋은 생각일까? 격추를 시도해야 할까? 어떤 식으로든 그들이 외계인이라는 증거가 있다고 해도 접촉할 수 없을지도 모른다. 하지만 그렇다고 해서 이 발견의 중요성이 줄어들지는 않는다. 인간과 외계인의 직접적인 접촉이 없더라도 우리가 인간이 아닌 무언가가 우리 하늘을 배회하고 있다는 사실을 증명할 수 있다는 거니까. 그 지식은 더 많은 질문과 그 질문에 대한 더 많은 과학으로 우리를 이끌 것이다. 외계인과 관련된 모든 시나리오는 이런 식으로 진행된다. 각 질문은 다음 질문과 그 너머의 질문으로 이어진다. 이것이 바로 이 모든 것을 흥미진진하게 만드는 점이다.

외계인을 찾는 것은 역사상 가장 위대한 과학적 업적이 될 것이며, 온갖 위대한 과학적 발견과 마찬가지로 인류 역사의 궤적을 바꿀 것이다. 그렇기 때문에 이 오래된 미스터리를 풀고자 우리가 이룬 진전이 중요한 것이다. 그렇기 때문에 우리가 이 해안선에 서서 이 위대한 여정을 시작하기 위해 배를 바다로 밀어 넣을 준비를 하고 있다는 사실이 중요하다. 여러분과 나, 그리고 오늘날 살아있는 모든 사람들은 운이 좋은 사람들이다. 우리 모두는 조상들이 생명과 우주에 대해 던졌던 질문을 같이 품고 있지만, 그 해답이 나올 때는 우리만이 그 자리에 있을 수 있다.

기다릴 만큼 기다렸다. 이야기는 충분히 했다. 이제 우리 스스로 알아낼 때가 왔다.

가자!

이 책을 쓰면서 정말 재미있었고, 그 과정에서 도움을 주신 모든 분들께 정말 감사드립니다. 이 책이 얼마나 멋진 책인지 말씀드리기 전에 먼저 모든 세부 사항을 제대로 파악하기 위해 열심히 노력했지만 놓치고 만 오류는 전적으로 내 잘못이라는 점을 말씀드리고 싶습니다.

이제 감사의 말을 계속하겠습니다. 무엇보다 내 에이전트이기도 한 친구 하워드 윤에게 감사의 말을 전하고 싶습니다. 이 책의 아이디어는 우리 둘의 공동 작업이었습니다. 나는 사람들이 우주 생명체를 찾는 과정에서 얼마나 많은 변화가 일어나고 있는지 보여줄 수 있는 책을 쓰고 싶었는데, 하워드는 그 범위를 넓히는 방법을 찾아냈죠. UFO 기술에 관한 장은 그의 아이디어였고, 내가 생각하고 글을 쓰게 하는 기폭제가 되었습니다. 고마워요, 하워드.

다음으로 하퍼콜린스의 담당 편집자인 세라 하우젠에 대해 말씀드리고 싶습니다. 세라의 통찰력은 책에 대한 아이디어를 한 단계 더 발전시키는 동시에, 집필하는 동안 다양한 방향을 모색할 수 있는 공간을 제공했습니다. 세라의 편집은 예리하고 핵심을 찌르며 핵심적이었습니다. 덕분에 내가 가장 편한 목소리로 글을 쓸 수 있었고, 내러티브가 과학적이거나 개인적인 수렁으로 빠지지 않을 수 있었습니다. 세라의 지원과 작업에 깊이 감사드립니다. 고마워요, 세라.

책의 초기 버전을 보고 피드백을 주신 독자들이 많았습니다. 그들이 제공한 시간과 통찰력에 매우 감사드립니다. 모건 라이언은 처음에는 사실 확인으로 시작했지만 사실과 스타일 모두에서 일종의 수호천사가 되었습니다. 우리의 대화는 단백질 구조부터 레드 제플린의 사소한 이야기까지 다양했지만 하나같이 즐거웠습니다. 똑똑한 펜실베이니아 주립대 우주생물학 대학원생인 다니 부흐하이스터도 큰 도움이 되었습니다. 훌륭한 저자 세라 스콜스에게 UFO와 UAP에 관한 장을 검토해 달라고 부탁했는데, 그녀의 전문 지식에 큰 감사를 표합니다. 재능 있는 SF 작가인 조너선 셔우드가 제공해 준 통찰력에 감사드립니다. 또한 프로젝트 전반에 걸쳐 지원을 아끼지 않은 Quane Brothers와, 일찍부터 책을 읽어준 디비전 2의 파트너 잭 바움가트너에게도 매우 감사드립니다. 절친한 친구인 타드 스펜서는 원고를 읽어주었을 뿐만 아니라 표지 아트를 구상하는 데 큰 도움을 주었습니다. 이러한 토론을 통해 디자인과 일러스트레이션의 목적과 관련해 깊이 있는 영역으로 나아갈 수 있었습니다.

NASA의 대기 기술 흔적 분류CAT 지원금 팀원들에게 특별한 고마움을 전하고 싶습니다. 그들 중 다수가 이 책에 어떤 식으로든 등장합니다. 지난 몇 년 동안 함께 일한 것은 기쁨이자 매우 고무적인 일이었습니다. 이 팀에는 내 공동 조사자인 제이콥 하크미스라, 라비 코파라쿠, 마나스비 링암, 소피아 셰이크, 제이슨 라이트와 뛰어난 재능을 가진 학생들인 메이시 휴스턴, 닉 투세이, 코너 마티니가 포함되어 있습니다. 나는 제이콥과 라비에게 여러 번 조언을 구했고, 그들은 친절하게 초고를 읽어주었습니다. 제이슨은 역사와 현재 과학의 측면에서 SETI에 관한 모든 지식의 원천입니다.

로체스터 대학교의 피터 이글린스키와 린지 발리치에게도 우주생물학을 알리는 데 도움을 준 것에 감사의 말을 전하고 싶습니다. 또한 책 표지와 관련해서 멋진 디자인 아이디어를 제공한 마이클 오사드치우에게도 감사드립니다.

마지막으로 가장 훌륭한 대화를 나눈 우디 설리번, 댄 왓슨, 에릭 블랙맨, 조나단 캐롤넬렌백, 개빈 슈미트, 데이비드 키핑, 구랍 고슐, 마르셀로 글라이저, 에번 톰슨, 존 던, 조앤 핼리팩스, 아메데오 발비, 세라 워커, 데이비드 그린스푼, 데미안 소윈스키에게 감사의 인사를 전하고 싶습니다. 또한 내 호언장담에 회의적인 반응을 보이며 항상 나와 논쟁을 벌이거나 웃음을 선사하는 평생 친구인 로버트 핀커스와 폴 그린에게도 감사드립니다.

우리 모두 〈분노의 질주Fast and Furious〉 시리즈를 통해 알다시피, 결국 모든 것은 가족으로 귀결되죠. 그래서 해리슨, 새디와 미야니, 엘리자베스와 헨드릭, 레온…. 고마워. 너희가 없었다면 난 길을 잃었을 거야.

그리고 언제나, 영원한 내 사랑 얼래나.

제1장 그들은 어떻게 여기에 왔을까?
외계인에 대한 오래된 질문은 어떻게 현대적 형태를 띠게 되었나

1. 페르미와 친구들 사이의 논의에 관한 기록은 다음의 논문에서 찾을 수 있다. Eric M. Jones, "'Where Is Everybody': An Account of Fermi's Question"(Los Alamos National Laboratory, Mar. 1985), https://www.osti.gov/biblio/5746675.

2. Megan Garber, "The Man Who Introduced the World to Flying Saucers", *Atlantic*, June 15, 2014, https://www.theatlantic.com/technology/archive/2014/06/the-man-who-introduced-the-world-to-flying-saucers/372732/.

3. Russell Lee, "1947: Year of the Flying Saucer", National Air and Space Museum, Smithsonian Institution, June 24, 2022, https://airandspace.si.edu/stories/editorial/1947-year-flying-saucer.

4. Donovan Webster, "In 1947, A High-Altitude Balloon Crash Landed in Roswell. The Aliens Never Left", *Smithsonian Magazine*, July 5, 2017, https://www.smithsonianmag.com/smithsonian-institution/in-1947-high-altitude-balloon-crash-landed-roswell-aliens-never-left-180963917.

5. Kal K. Korff, "What Really Happened at Roswell", *Skeptical Inquirer*, vol. 21, no. 4, July–Aug. 1997, https://skepticalinquirer.org/1997/07/what-really-happened-at-roswell.

6. Edward J. Ruppelt, *The Report on Unidentified Flying Objects*(New York: Doubleday, 1956). See chapter 2. Also see: "Estimate of the Situation", especially note 9, https://military-history.fandom.com/wiki/Estimate_of_the_Situation#cite_note-9.

7. Sarah Scoles, *They Are Already Here: UFO Culture and Why We See Saucers*(New York: Simon & Schuster, 2020), 69.

8. *Report of Meeting of Scientific Advisory Panel on Unidentified Flying Objects Convened by Office of Scientific Intelligence*, CIA, Jan. 14–18, 1953, The Black Vault, https://documents.theblackvault.com/documents/ufos/robertsonpanelreport.pdf.

9. Scoles, *They Are Already Here*, 74.

10. Scoles, *They Are Already Here*, 78; and "Project Blue Book—Unidentified Flying Objects", National Archives, https://www.archives.gov/research/military/air-force/ufos.

제2장 그래서 어떻게 하면 될까?
외계인에 대한 탐구 형태를 만들었고 지금도 만들고 있는 중요한 아이디어들

1. Keith Cowing, "Independent Review of the Community Report from the Biosignature Standards of Evidence Workshop," press release, National Academies of Science, Oct. 3, 2022, https://astrobiology.com/2022/10/independent-review-of-the-community-report-from-the-biosignature-standards-of-evidence-workshop.html.

2. Su-Shu Huang, "The Problem of Life in the Universe and the Mode of Star Formation", *Publications of the Astronomical Society of the Pacific* 71, no. 422 (Oct. 1959): 421–24.

3. Hannah Ritchie and Max Roser, "Energy Production and Consumption", Our World in Data, https://ourworldindata.org/energy-production-consumption.

4. Jason T. Wright, "Dyson Spheres", *Serbian Astronomical Journal*

200(2020): 1-18, https://arxiv.org/abs/2006.16734.

5. Jonathan H. Jiang et al., "Avoiding the Great Filter: Predicting the Timeline for Humanity to Reach Kardashev Type I Civilization", *Galaxies* 10, no. 3 (May 2022): 68, https://arxiv.org/pdf/2204.07070.pdf.

제3장 UFO와 UAP는 도대체 무엇인가?
이들이 외계인을 찾는 데 어떻게 활용되는지, 혹은 활용되지 않는지

1. Stephen J. Garber, "Searching for Good Science: The Cancellation of NASA's SETI Program", *Journal of the British Interplanetary Society* 52(1999): 3-12, https://history.nasa.gov/garber.pdf; and Daniel Oberhaus, "A Brief History of Scientists Searching for Extraterrestrial Life", *Motherboard*, Vice, Dec. 4, 2015, https://www.vice.com/en/article/jmaawd/a-brief-history-of-scientists-searching-for-extraterrestrial-life-124.

2. 이 사기극에 관한 이야기는 여러 매체에서 보도되었다. "How an Alien Autopsy Hoax Captured the World's Imagination for a Decade", *Time*, June 24, 2016, https://time.com/4376871/alien-autopsy-hoax-history/and Neil Morris, "The Alien Autopsy... Oh, No, Not Again!" Personal Pages, University of Manchester.

3. UFO Encounter 1: Sample Case Selected by the UFO Subcommittee of the AIAA", *Astronautics and Aeronautics*, July 1971, http://kirkmcd.princeton.edu/JEMcDonald/mcdonald_aa_9_7_66_71.pdf.

4. James E. McDonald, "Science in Default: Twenty-Two Years in Inadequate UFO Investigations"(General Symposium, Unidentified Flying Objects, American Association for the Advancement of Science, 134th Meeting, Dec. 27, 1969), http://kirkmcd.princeton.edu/JEMcDonald/mcdonald_aaas_69.pdf.

5. Helene Cooper, Ralph Blumenthal, and Leslie Kean, "Glowing Auras and 'Black Money': The Pentagon's Mysterious U.F.O. Program", *New York Times*, Dec. 16, 2017, https://www.nytimes.com/2017/12/16/us/politics/pentagon-program-ufo-harry-reid.html.

6. ABC News, "Pentagon declassifies Navy 'UFO' Videos", April 27,

2020, https://www.youtube.com/watch?v=lWLZgnmRDs4; https://www.youtube.com/watch?v=2TumprpOwHY.

7. Bill Whitaker, "UFOs Regularly Spotted in Restricted U.S. Airspace, Report on the Phenomena Due Next Month", *60 Minutes*, CBS News, https://www.cbsnews.com/news/ufo-military-intelligence-60-minutes-2021-05-16.

8. Keith Kloor, "The Media Loves This UFO Expert Who Says He Worked for an Obscure Pentagon Program: Did He?", *Intercept*, https://theintercept.com/2019/06/01/ufo-unidentified-history-channel-luis-elizondo-pentagon.

9. Scoles, *They Are Already Here*.

10. Bryan Bender, "Ex-Official Who Revealed UFO Project Accuses Pentagon of 'Disinformation' Campaign", *Politico*, May 2, 2021, https://www.politico.com/news/2021/05/26/ufo-whistleblower-ig-complaint-pentagon-491098.

11. Mick West, "I Study UFOs, and I Don't Believe the Alien Hype: Here's Why", *Guardian*, https://www.theguardian.com/commentisfree/2021/jun/11/i-study-ufos-and-i-dont-believe-the-alien-hype-heres-why.

12. *Preliminary Assessment: Unidentified Aerial Phenomena*, Office of the Director of National Intelligence, June 25, 2021, https://www.dni.gov/files/ODNI/documents/assessments/Prelimary-Assessment-UAP-20210625.pdf.

13. Keith Kloor, "Pentagon UFO Study Led by Researcher Who Believes in the Supernatural", *Science*, June 29, 2022, https://www.science.org/content/article/pentagon-ufo-study-led-researcher-who-believes-supernatural.

제4장 그들이 정말로 외계인이라면?
UFO가 ET라면 그들은 어떻게 여기에 왔고 도대체 뭘 하고 있을까?

1. 이 아이디어 중 일부는 내가 쓴 칼럼에 먼저 실렸다. "If UFOs Are Alien Spaceships, How Did They Get Here?" Big Think, Nov. 11, 2021,

https://bigthink.com/13-8/ufo-light-speed.

2. David G. Messerschmitt, Philip Lubin, and Ian Morrison, "Optimal Mass and Speed for Interstellar Flyby with Directed-Energy Propulsion", June 27, 2022, arXiv, https://arxiv.org/abs/2206.13929.

3. Dennis Overbye, "Reaching for the Stars, Across 4.24 Light-Years: A Visionary Project Aims for Alpha Centauri, a Star 4.37 Light-Years Away", *New York Times*, Apr. 12, 2016.

제5장 우주의 앞마당?
외계인을 어디에서 찾을까

1. Comets, Vanderbilt University, https://www.vanderbilt.edu/AnS/physics/astrocourses/ast201/comets.html. Daisy Dobrijevic and Charles Q. Choi, "Comets: Everything You Need to Know About the 'Dirty Snowballs' of Space," last updated Jan. 18, 2023, Space.com, https://www.space.com/comets.html.

제6장 우주의 감시인
ET를 어떻게 감시할 것인가

1. Now much of the focus is on the TESS mission, which took over after Kepler completed its run. TESS stands for Transiting Exoplanet Survey Satellite. See: "Planet Hunters TESS," Zooniverse, https://www.zooniverse.org/projects/nora-dot-eisner/planet-hunters-tess.

2. Thomas G. Beatty, "The Detectability of Nightside City Lights on Exoplanets", *Monthly Notices of the Royal Astronomical Society 000*(preprint, Feb. 21, 2022): 1-12, https://arxiv.org/pdf/2105.09990.pdf.

3. Svetlana V. Berdyugina and Jeff R. Kuhn 2019, "Surface Imaging of Proxima b and Other Exoplanets: Albedo Maps, Biosignatures, and Technosignatures", *Astronomical Journal* 158(Nov. 25, 2019): 246.

4. Manasvi Lingam and Abraham Loeb, "Natural and Artificial Spectral Edges in Exoplanets", *Monthly Notices of the Royal Astronomical Society: Letters* 470, no. 1(Sept. 2017): L82–L86, https://doi.org/10.1093/mnrasl/slx084.

294

제7장 외계인도 그럴까?
외계인을 찾는다면 무엇을 발견하게 될까?

1. Richard E. Lenski, "Convergence and Divergence in a Long-Term Experiment with Bacteria", *American Naturalist* 190, no. S1(Aug. 2017), https://www.journals.uchicago.edu/doi/full/10.1086/691209.

(*원문 그대로 싣되, 국내에 번역 소개된 책은 원제 옆에 한국어판 제목을 적었다—편집자)

일반 독자들에게 추천

- Phillip Ball, *The Book of Minds*(필립 볼, 《마음의 과학》)
- Martin Beech, *Terraforming*
- Lee Billings, *Five Billion Years of Solitude*(리 빌링스, 《50억 년 동안의 고독》)
- A. Allsuch Boardman, *An Illustrated History of UFOs*
- Milan M. Ćirković, *The Great Silence: Science and Philosophy of Fermi's Paradox*
- Paul Davis, *The Eerie Silence*(폴 데이비스, 《침묵하는 우주》)
- Steven J. Dick, *Astrobiolology, Discovery and Societal Impact*
- Steven J. Dick, *Plurality of Worlds: The Extraterrestrial Debate from Democritus to Kant*
- Donald Goldsmith, *Exoplanets*
- David Grinspoon, *Earth in Human Hands*
- Kevin Hand, *Alien Oceans*(케빈 피터 핸드, 《우주의 바다로 간다면》)
- Arik Kershenbaum, *The Zoologists Guide to the Galaxy*
- Kal K. Korff, *The Rosewell UFO Crash*

- Dirk Schulze-Makuch and William Bains, *The Cosmic Zoo*
- Simon Conway Morris, *From Extraterrestrials to Animal Minds*
- Kart T. Pflock, *Rosewell*
- Mark Pilkington, *Mirage Men*
- Sarah Scoles, *They Are Already Here: UFO Culture and Why We See Saucers*
- Peter Ward and Donald Brownlee, *Rare Earth*
- Steven Webb, *Where Is Everybody: 75 Solutions to the Fermi Paradox*

좀 더 난이도 있는 책

- Manasvi Lingham and Avi Loeb, *Life in the Cosmos*
- Douglas A. Vakoch and Maureen Dowd, *The Drake Equation: Estimating the Prevalence of Extraterrestrial Life Through the Ages*

옮긴이_ 이강환

천문학자이자 저술가. 서울대학교 천문학과를 졸업한 뒤 같은 학교 대학원에서 박사학위를 받았고, 영국 켄트 대학교에서 로열 소사이어티 펠로우로 연구를 수행했다. 국립과천과학관 천문우주전시팀장, 서대문자연사박물관 관장을 역임했다. 지은 책으로《빅뱅의 메아리: 우주가 빛에 새긴 모든 흔적 우주배경복사》,《우주의 끝을 찾아서》,《응답하라 외계생명체》가 있고, 옮긴 책으로《신기한 스쿨버스》시리즈,《우리는 모두 외계인이다》,《더 위험한 과학책》,《기발한 천체물리》,《별을 향해 떠나는 여행자를 위한 안내서》,《빅뱅의 질문들》,《타다, 아폴로 11호》등이 있으며 다수의 천문학 책을 감수했다. 현재 우주 기업 '스펙스'를 창업하여 초분광 관련 기술을 개발하고 있다.

외계인 방정식

초판 1쇄 인쇄 2026년 4월 20일
초판 1쇄 발행 2026년 5월 7일

지은이 | 애덤 프랭크
옮긴이 | 이강환
발행인 | 강봉자, 김은경

펴낸곳 | (주)문학수첩
주소 | 경기도 파주시 회동길 503-1(문발동 633-4) 출판문화단지
전화 | 031-955-9088(마케팅부) 031-955-9532(편집부)
팩스 | 031-955-9066
등록 | 1991년 11월 27일 제16-482호

ISBN 979-11-7383-043-3 03440

*파본은 구매처에서 바꾸어 드립니다.